理工系のための
ベクトル解析
多変数関数の微分積分

中谷広正
新谷誠
宮崎佳典
松田健
著

東京図書

まえがき

ベクトルを用いることによって，複数の値をまとめて一つの量として扱えます．そこで理工学では，さまざまな対象をベクトルによって記述し，それらを解析することによって各種の問題を解決しています．そのために理工系の技術者として，多変数関数の微積分とベクトル解析について知っておかなければなりません．

そこで本書では，多変数関数の微積分とベクトル解析の基礎から応用までをわかりやすく解説します．読者の皆さんは1変数関数の微積分をこれまでに学んだことがあると仮定しました．その上で新たに学んでほしい概念や定理については，数学的な厳密性を欠いたとしても，わかりやすさを優先して解説しました．そして，説明のための図もできる限り多く載せるようにしました．また，解説とともに例題や練習問題をつけ，それらの解答も紙面の許す限り詳しいものにしました．

本書の内容は，ベクトルと線形代数の基礎（1, 2章），多変数関数の微積分（3, 4章），ベクトル解析（5, 6, 7章）の3つに大別できます．第1章ではベクトルの幾何学的意味と基本演算を学び，多くの読者にとっては初となる行列と行列式を第2章で学びます．つぎに第3章で多変数関数の微分，第4章で多変数関数の積分を学びます．そして，第5章でスカラー場・ベクトル場での演算とその性質，第6章では曲線や曲面上での積分を学び，それらの積分の間に成り立つ公式を第7章で学びます．

そして，本書を執筆にあたっては大学・高専での教科書・参考書として利用いただけることを目指しました．通年授業の「ベクトル解析」には，すべての章を利用いただけます．あるいは，1, 2, 5, 6, 7章を中心に講義項目を絞っていただければ半期授業の「ベクトル解析」にも利用いただけます．また，3, 4章は半期授業の「微分積分」の利用に適しています．その場合には，5章以降を応用として適宜活用してください．さらに，1, 2, 3, 4章は大学初年度の教養数学に役立てていただけます．

最後に，本書を執筆する機会を与えていただき原稿に対して適切な指示を下さった東京図書編集部の松永智仁様に心より謝意を申し上げます．

2016年3月　著者

目　次

第1章

ベクトル

本書のゴールは，ベクトルを用いた微分や積分を扱うベクトル解析です．そのため，この章ではベクトルの基礎から学習します．ベクトルの幾何学的な意味と成分計算について，自由自在に計算できることを目指しましょう．

§1.1　集合に関する記号の定義

集合に関する記号について，簡単にまとめておきます．本書では，$\boldsymbol{R}$を実数全体の集合として表すことにします．集合Aにaという要素（または元といいます）が含まれることは，

$$a \in A$$

のように表します．$a \in A$のことを，aは集合Aに属するともいいます．$b \notin A$と表す場合は，bは集合Aに属さない，または，bは集合Aの要素でないといいます．2つの集合A, Bがあるとします．集合Bのすべての要素が，集合Aの要素であるとき，BをAの部分集合といい，

$$B \subset A$$

と表します．集合AとBの共通部分は

$$A \cap B = \{x; x \in A \text{ and } x \in B\}$$

と表し，集合Aと集合Bの和集合は

$$A \cup B = \{y; y \in A \text{ or } y \in B\}$$

と表します．

例題 1.1：

$$A = \{-2, -1, 0, 1, 2\} \quad B = \{-1, 1, 3\}$$

とするとき，集合Bは集合Aの部分集合であるかどうか判定しなさい．また，$A \cap B$と$A \cup B$を求めなさい．

…………………………………………………………………………………

解：　集合Bの要素3は$3 \notin A$であるから，BはAの部分集合ではありません．また，

$$A \cap B = \{-1, 1\}, \quad A \cup B = \{-2, -1, 0, 1, 2, 3\}$$

となります．

§1.2　幾何ベクトル

はじめに n 次元ユークリッド空間の定義について述べます．n 次元実ユークリッド空間では，n 個の実数の組 $(a_1, a_2, \cdots, a_n)$ を点または座標と呼び，空間上の 2 点 $\mathrm{A}(a_1, a_2, \cdots, a_n)$, $\mathrm{B}(b_1, b_2, \cdots, b_n)$ の距離を

$$\mathrm{AB} = \sqrt{(b_1 - a_1)^2 + (b_2 - a_2)^2 + \cdots + (b_n - a_n)^2} \tag{1.1}$$

と定義します．n 個の 0 からなる組 $(0, 0, \cdots, 0)$ のことを原点といい，$\mathrm{O} = (0, 0, \cdots, 0)$ と表します．簡単に言えば，2 次元ユークリッド空間 $\boldsymbol{R}^2$ では 2 つの点の間の距離を三平方の定理を用いて計算するということになります．

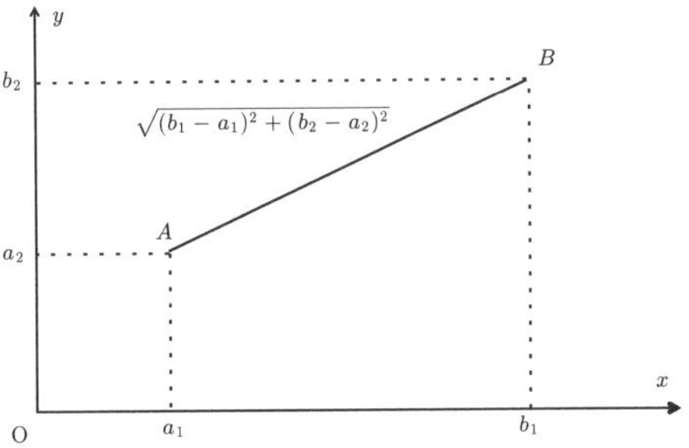

図 1.1　$\boldsymbol{R}^2$ での 2 点間の距離

参考までに，以下の性質を満足する関数 $d_n : \boldsymbol{R}^n \times \boldsymbol{R}^n \to \boldsymbol{R}$ を距離といいます．

1. $d_n(\boldsymbol{x}, \boldsymbol{x}) = 0$
2. $d_n(\boldsymbol{x}, \boldsymbol{y}) = d_n(\boldsymbol{y}, \boldsymbol{x})$
3. $d_n(\boldsymbol{x}, \boldsymbol{z}) \leqq d_n(\boldsymbol{x}, \boldsymbol{y}) + d_n(\boldsymbol{y}, \boldsymbol{z})$

ただし，$\boldsymbol{x} = (x_1, x_2, \cdots, x_n), \boldsymbol{y} = (y_1, y_2, \cdots, y_n)$ は $\boldsymbol{R}^n$ 上の点を表す記号として使っています．また，

$$d_n(\boldsymbol{x}, \boldsymbol{y}) = \sqrt{(x_1 - y_1)^2 + (x_2 - y_2)^2 + \cdots + (x_n - y_n)^2}$$

と定義します．$d_n(\boldsymbol{x}, \boldsymbol{y})$ が距離の 3 つの性質を満たすこと（特に 3 番目の性質）は，あとで学習するコーシー・シュワルツの不等式を用いることで示すことができます．

例題 1.2：　(1) $\boldsymbol{R}^2$ 上の2点 A$(-2,3)$, B$(1,-1)$ の間の距離 AB を求めなさい.

(2) $\boldsymbol{x}=(x_1,x_2), \boldsymbol{y}=(y_1,y_2), \boldsymbol{z}=(z_1,z_2) \in \boldsymbol{R}^2$ とするとき,

$$d_2(\boldsymbol{x},\boldsymbol{z}) \leqq d_2(\boldsymbol{x},\boldsymbol{y}) + d_2(\boldsymbol{y},\boldsymbol{z})$$

が成り立つことを確認しなさい.

解：　(1) AB$=\sqrt{(1+2)^2+(-1-3)^2}=\sqrt{9+16}=5$.

(2) $d_2(\boldsymbol{x},\boldsymbol{y})=\sqrt{(x_1-y_1)^2+(x_2-y_2)^2}$ であるから, 示すことは

$$\sqrt{(x_1-z_1)^2+(x_2-z_2)^2} \leqq \sqrt{(x_1-y_1)^2+(x_2-y_2)^2}+\sqrt{(y_1-z_1)^2+(y_2-z_2)^2}$$

です. $x_1-y_1=X_1, x_2-y_2=X_2, y_1-z_1=Y_1, y_2-z_2=Y_2$ とおいてみると,

$$\begin{aligned} x_1-z_1 &= (x_1-y_1)+(y_1-z_1)=X_1+Y_1 \\ x_2-z_2 &= (x_2-y_2)+(y_2-z_2)=X_2+Y_2 \end{aligned}$$

となりますから

$$\sqrt{(X_1+Y_1)^2+(X_2+Y_2)^2} \leqq \sqrt{X_1^2+X_2^2}+\sqrt{Y_1^2+Y_2^2}$$

を示せばよいことが分かります. 一般に, 実数 A, B に対して $0 \leqq A \leqq B$ であるとき, $A^2 \leqq B^2$ なら $A \leqq B$ が成り立ちますから,

$$\left(\sqrt{X_1^2+X_2^2}+\sqrt{Y_1^2+Y_2^2}\right)^2-\left(\sqrt{(X_1+Y_1)^2+(X_2+Y_2)^2}\right)^2 \geqq 0$$

を示せばよいことになります. 平方根の中身はすべて0以上ですから, 上の不等式の左辺を展開すると

$$\begin{aligned} &(X_1^2+X_2^2)+(Y_1^2+Y_2^2)+2\sqrt{(X_1^2+X_2^2)(Y_1^2+Y_2^2)}-((X_1^2+X_2^2) \\ &\qquad +(Y_1^2+Y_2^2)+2X_1Y_1+2X_2Y_2) \\ &=2\sqrt{(X_1^2+X_2^2)(Y_1^2+Y_2^2)}-2(X_1Y_1+X_2Y_2) \geqq 0 \end{aligned}$$

となることが分かります. なお, 等号が成立するのは, 3点 $\boldsymbol{x},\boldsymbol{y},\boldsymbol{z}$ が同一直線上にあり, x と z の間に y があるときであることも分かります.

■**練習問題 1.1**　(1) $\boldsymbol{R}^2$ 上の 2 点 A$(-5,3)$, B$(7,-2)$ の間の距離を求めなさい.
(2) $\boldsymbol{R}^3$ 上の 2 点 C$(1,0,2)$, D$(0,1,4)$ の間の距離を求めなさい.

n 次元ユークリッド空間 $\boldsymbol{R}^n$ 上の異なる 2 点を結ぶ線分に向きを指定したものを有向線分といいます. $\boldsymbol{R}^n$ 上の 2 点 A, B が与えられたとき, 始点を A, 終点を B とする有向線分を $\overrightarrow{\mathrm{AB}}$ と表します.

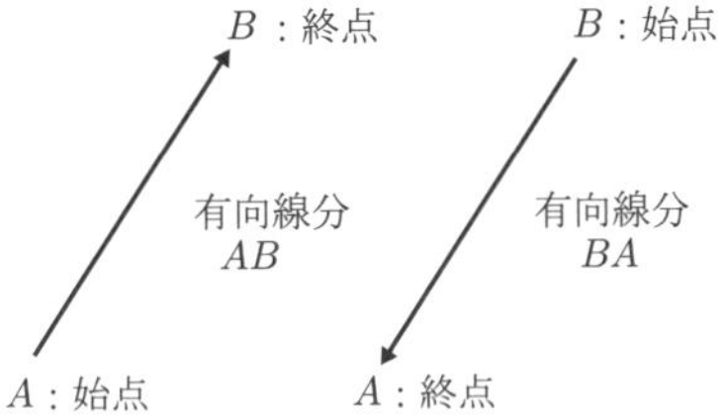

図 1.2　有向線分

例題 1.3：　図 1.3 上の点 C,D,E,F に対して, 有向線分 $\overrightarrow{\mathrm{CD}}$ と $\overrightarrow{\mathrm{FE}}$ を図示しなさい.

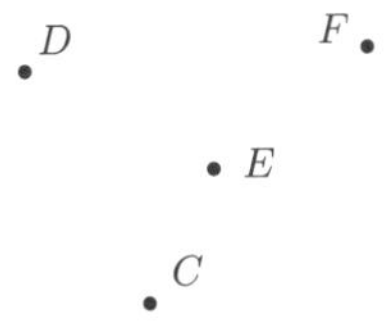

図 1.3　例題 1.3 の図

…………………………………………………………………………

解：　有向線分 $\overrightarrow{\mathrm{CD}}$ の始点は C, 終点は D であるから図 1.4 のように示します. 有向線分 $\overrightarrow{\mathrm{FE}}$ も同様です.

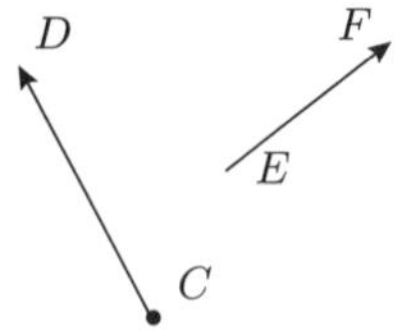

図 1.4　例題 1.3 の答え

定義 1.1　**幾何ベクトル**

有向線分の位置については考えず，その大きさと向きだけを考えた有向線分のことを幾何ベクトルといいます．有向線分で表されるベクトル $\overrightarrow{\mathrm{AB}}$ を AB ベクトルと読みます．

$\boldsymbol{R}^n$ 上には，有向線分 $\overrightarrow{\mathrm{AB}}$ と同じ向きで同じ長さの有向線分が無数に存在します．

例題 1.4：　図 1.5 から，$\overrightarrow{\mathrm{AB}}$ と同じ向きで同じ長さの有向線分を選び，幾何ベクトルの形で答えなさい．

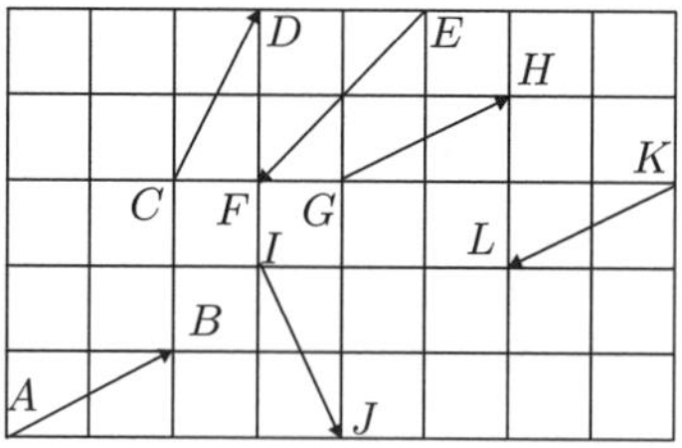

図 1.5　例題 1.4 の答え

解：　$\overrightarrow{\mathrm{AB}}$ は図の目盛りに向かって，右方向に 2 つ，上方向に 1 つだけ進むベクトルです．これと同じものは $\overrightarrow{\mathrm{GH}}$ 以外にありません．

■**練習問題 1.2**　正六角形 ABCDEF を考えとき，$\overrightarrow{\mathrm{AB}}, \overrightarrow{\mathrm{BC}}$ と同じ向きで同じ長さのベクトルを求めなさい.

$\boldsymbol{R}^n$ 上の 2 点 C, D（既出の 2 点 A, B とは異なるものとします）からなる有向線分 $\overrightarrow{\mathrm{CD}}$ の向きと長さが有向線分 $\overrightarrow{\mathrm{AB}}$ と同じである（線分 AB が平行移動により線分 CD に移る）ことを $\overrightarrow{\mathrm{AB}} \sim \overrightarrow{\mathrm{CD}}$ と表すと

(1) $\overrightarrow{\mathrm{AB}} \sim \overrightarrow{\mathrm{AB}}$

(2) $\overrightarrow{\mathrm{AB}} \sim \overrightarrow{\mathrm{CD}}$ なら $\overrightarrow{\mathrm{CD}} \sim \overrightarrow{\mathrm{AB}}$

(3) $\overrightarrow{\mathrm{AB}} \sim \overrightarrow{\mathrm{CD}}$ かつ $\overrightarrow{\mathrm{CD}} \sim \overrightarrow{\mathrm{EF}}$ なら $\overrightarrow{\mathrm{AB}} \sim \overrightarrow{\mathrm{EF}}$

が成り立ち，関係 ∼ は同値関係となることが分かります．ただし，E, F は $\boldsymbol{R}^n$ 上の点です.

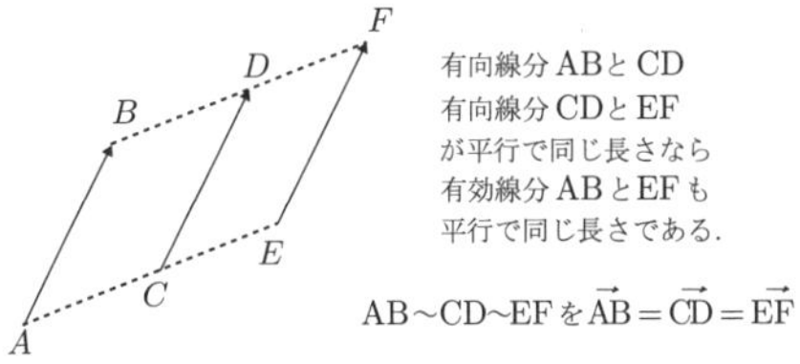

図 1.6　ベクトルの同値関係のイメージ図

有向線分 $\overrightarrow{\mathrm{AB}}$ と同値関係が成り立つすべてのものを集めた集合のことを同値類といい，有向線分の同値類とは，始点と終点の位置は考えずにその向きと長さだけを考えたもので，このような有向線分のことを幾何ベクトルまたは単にベクトルといいます．本書では，ベクトルを $\boldsymbol{a}$ のように太字で表すことにします．以下，$\overrightarrow{\mathrm{AB}} \sim \overrightarrow{\mathrm{CD}}$ であることを

$$\overrightarrow{\mathrm{AB}} = \overrightarrow{\mathrm{CD}}$$

と表すことにしましょう.

定義 1.2　**位置ベクトル**

点 A を始点として，始点 A から終点 B の方向に向かうベクトルのことを，点 A に対する点 B の位置ベクトルといいます.

$\boldsymbol{R}^n$ 上の原点 O を始点として，任意の点 A を終点とするベクトルを考えると，$\overrightarrow{\mathrm{OA}}$ は点 O に対する点 A の位置ベクトルとなります．

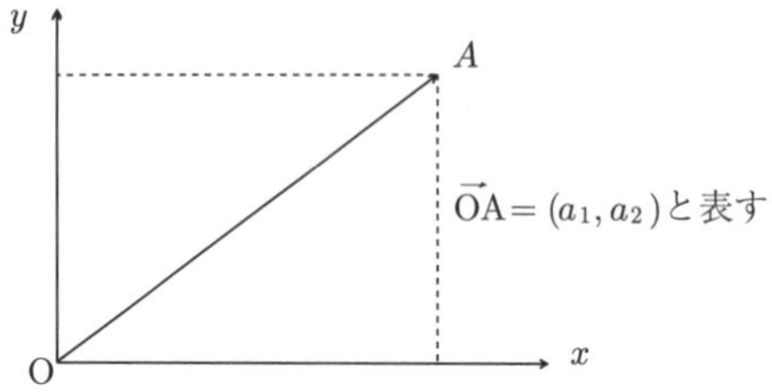

図 1.7 $\boldsymbol{R}^2$ 上の点 A の位置ベクトルの図

このように，始点を $\boldsymbol{R}^n$ の原点にすることで，$\boldsymbol{R}^n$ 上の任意の点 A と，位置ベクトル $\overrightarrow{\mathrm{OA}}$ を一対一に対応付けすることができます．したがって，位置ベクトルと点の座標を対応付けすることができるため，ベクトルを次のように表現できるようになります．

定義 1.3　ベクトルの成分表示

$\boldsymbol{R}^n$ 上の点 $\mathrm{A} = (a_1, a_2, \cdots, a_n)$ の位置ベクトルを点 A の座標を用いて $\boldsymbol{a} = \overrightarrow{\mathrm{OA}} = (a_1, a_2, \cdots, a_n)$ と表します．これを n 次元ベクトル $\boldsymbol{a}$ の成分表示と呼びます．$a_1, a_2, \cdots, a_n$ をそれぞれ $\boldsymbol{a}$ の第 1 成分，第 2 成分，$\cdots$，第 n 成分といいます．

例題 1.5： $\boldsymbol{R}^3$ 上の点 A(3, 0, 2) の位置ベクトルとその成分を求めなさい．

解： 位置ベクトルは $\overrightarrow{\mathrm{OA}}$ で，成分は $\overrightarrow{\mathrm{OA}} = (3, 0, 2)$ となります．

■練習問題 1.3 $\boldsymbol{R}^2$ 上の 2 点 A, B を考える．これらの点の座標がそれぞれ A(2, 3), B$(x, -y)$ と与えられているとき，位置ベクトル $\overrightarrow{\mathrm{OA}}$ と $\overrightarrow{\mathrm{OB}}$ の成分をそれぞれ求めなさい．

§1.3　ベクトルのノルムとスカラー倍

定義 1.4　**ベクトルのノルム（大きさ）**

ベクトル $\overrightarrow{\mathrm{AB}}$ のノルムは，線分 AB の長さで表され，$|\overrightarrow{\mathrm{AB}}|$ のように絶対値記号を用いて表されます．ベクトル $\boldsymbol{a}$ のノルムも同様に $|\boldsymbol{a}|$ と表します．$\boldsymbol{a} = (a_1, a_2, \cdots, a_n)$ であるとき，

$$|\boldsymbol{a}| = \sqrt{a_1^2 + a_2^2 + \cdots + a_n^2}$$

が成り立ちます．

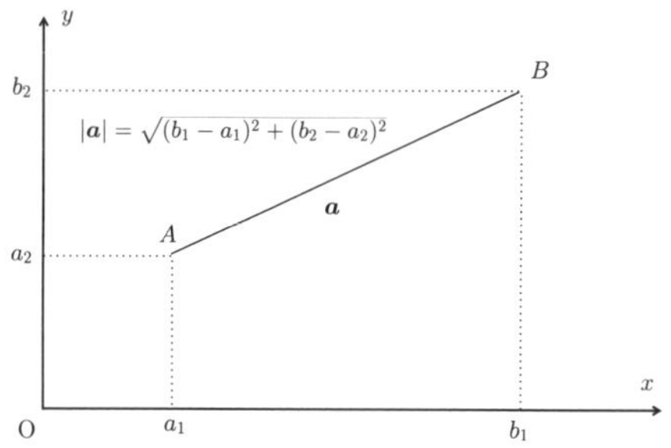

図 1.8　$\boldsymbol{R}^2$ のベクトルのノルム（ベクトルのノルムは線分の長さ）

始点と終点が同じであるベクトル $\overrightarrow{\mathrm{AA}}$ を零ベクトルといい $\mathbf{0}$ と表します．

零ベクトル $\mathbf{0}$ の成分はすべて 0 です．零ベクトルの向きは考えません．また，零ベクトルのノルムは $|\mathbf{0}| = 0$ となります．

例題 1.6：　$\boldsymbol{R}^2$ の 2 点 A(1, 1), B(4, 5) を考える．このとき $\overrightarrow{\mathrm{AB}}, \overrightarrow{\mathrm{BA}}$ の成分とノルムをそれぞれ求めなさい．

……………………………………………………………………………………

解：　$\overrightarrow{\mathrm{AB}}$ の成分は $\overrightarrow{\mathrm{AB}} = (4-1, 5-1) = (3, 4)$，ノルムは $|\overrightarrow{\mathrm{AB}}| = \sqrt{3^2 + 4^2} = 5$ となります．

$\overrightarrow{\mathrm{BA}}$ の成分は $\overrightarrow{\mathrm{BA}} = (1-4, 1-5) = (-3, -4)$，ノルムは $|\overrightarrow{\mathrm{BA}}| = \sqrt{(-3)^2 + (-4)^2} = 5$ となります．

■練習問題 1.4　$\boldsymbol{R}^3$ 上の2点 C$(0,-1,3)$, D$(2,0,1)$ を考える．このとき，$\overrightarrow{\mathrm{CD}}$, $\overrightarrow{\mathrm{DC}}$ の成分とノルムをそれぞれ求めなさい．

定義 1.5　**ベクトルのスカラー倍**

k を実数とします．ベクトル $\boldsymbol{a}$ を k 倍することを $k\boldsymbol{a}$ と表し，ベクトルのスカラー倍といいます．$\boldsymbol{a} = (a_1, a_2, \cdots, a_n)$ であるとき，

$$k\boldsymbol{a} = (ka_1, ka_2, \cdots, ka_n)$$

が成り立ちます．

$k > 0$ であるときはベクトルの方向を変えずその大きさを k 倍するという意味になり，$k < 0$ であるときはベクトルの方向を反対向きに変えて大きさを k 倍するという意味になります．ここで，ベクトルの方向を反対向きに変えるとはベクトルを始点を中心にして180度回転させて出来るベクトルを考えることになります．

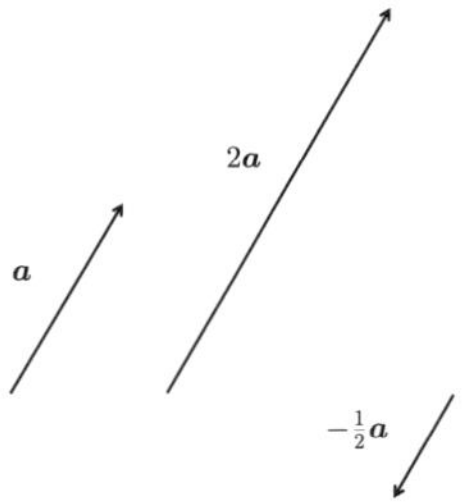

図 1.9　ベクトルのスカラー倍

$k = 0$ の場合，$k\boldsymbol{a}$ は零ベクトル $\boldsymbol{0}$ となります．これはベクトルの成分表示を考えれば当たり前ですが，成分表示を使わずに証明することもできます．ベクトル $\boldsymbol{a}$ に対して，$-\boldsymbol{a}$ をベクトル $\boldsymbol{a}$ の逆ベクトルといいます．逆ベクトルはもとのベクトルの反対向きのベクトルで大きさはもとのベクトルと同じものになります．$\boldsymbol{a} = (a_1, a_2, \cdots, a_n)$ の場合，$-\boldsymbol{a} = (-a_1, -a_2, \cdots, -a_n)$ となります．

例題 1.7： $\boldsymbol{a} = (2, 0, -1), \boldsymbol{b} = (-1, 1, 2)$ とするとき，$-\boldsymbol{a}, 2\boldsymbol{a}, -3\boldsymbol{b}, 0\boldsymbol{b}$ をそれぞれ求めなさい.

解： ベクトルのスカラー倍は，それぞれの成分をスカラー倍すればよいので，

$$\begin{aligned} -\boldsymbol{a} &= -(2, 0, -1) = (-2, -0, -(-1)) = (-2, 0, 1) \\ 2\boldsymbol{a} &= 2(2, 0, -1) = (4, 0, -2) \\ -3\boldsymbol{b} &= -3(-1, 1, 2) = (3, -3, -6) \\ 0\boldsymbol{b} &= 0(-1, 1, 2) = (0, 0, 0) = \boldsymbol{0} \end{aligned}$$

となります.

例題 1.8： 図 1.10 のベクトル $\boldsymbol{a}$ に対して，点 O を始点として以下のベクトルを図示しなさい.

(1) $3\boldsymbol{a}$　(2) $-2\boldsymbol{a}$

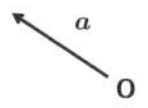

図 1.10　例題 1.8 の図

解： (1) と (2) の答えは図 1.11 のようになります.

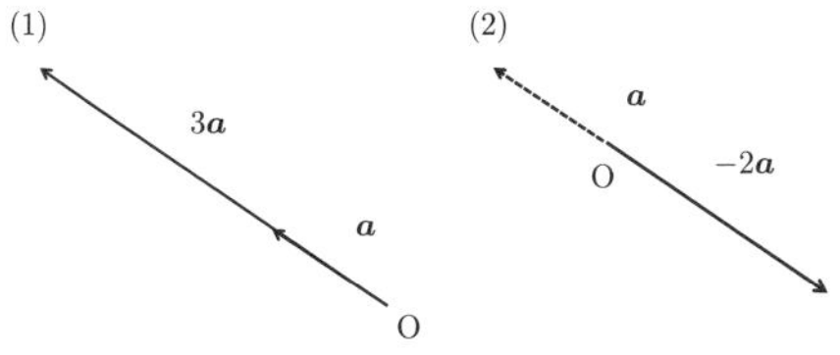

図 1.11　例題 1.8 の答えの図

■練習問題 1.5　角 A が直角である直角二等辺三角形 OAB を考える．OA $=$ AB $= 2$, $\boldsymbol{a} = \overrightarrow{\mathrm{OA}}$, $\boldsymbol{b} = \overrightarrow{\mathrm{OB}}$ とするとき，以下の問いに答えなさい．
(1) $\boldsymbol{a}, \boldsymbol{b}$ の成分をそれぞれ求めなさい．
(2) $2\boldsymbol{a}, -3\boldsymbol{b}$ の成分をそれぞれ求め，点 O を始点としてそれぞれのベクトルを図示しなさい．

ベクトルのスカラー倍については以下の関係式が成立します．ベクトルの成分で考えればどれも自明ですが，幾何ベクトルの性質からいずれの場合も証明することができます．

定理 1.1　**ベクトルのスカラー倍の性質**

任意の実数 k, l に対して

1. $(k + l)\boldsymbol{a} = k\boldsymbol{a} + l\boldsymbol{a}$
2. $k(l\boldsymbol{a}) = (kl)\boldsymbol{a}$
3. $1\boldsymbol{a} = \boldsymbol{a}$

が成り立ちます．

これらの性質は $\boldsymbol{a} = \overrightarrow{\mathrm{OA}}$ のようにおいて，有向線分 OA の長さを定数倍することを考えれば明らかでしょう．

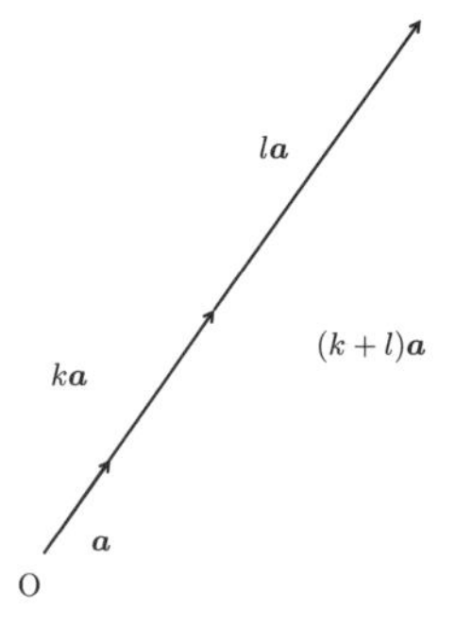

図 1.12　定理 1.1 のイメージ図

定義 1.6　**単位ベクトル**

ノルムが1であるベクトルを単位ベクトルといいます．ベクトル $\boldsymbol{a}$ のノルムは $|\boldsymbol{a}|$ ですから，ベクトル $\boldsymbol{a}$ の $\frac{1}{|\boldsymbol{a}|}$ 倍

$$\frac{1}{|\boldsymbol{a}|}\boldsymbol{a}$$

のノルムは1となり，これをベクトル $\boldsymbol{a}$ の単位ベクトルといいます．また，ベクトル $\boldsymbol{a}$ を単位ベクトルにすることを，ベクトル $\boldsymbol{a}$ の正規化といいます．

例題 1.9：　次のベクトルの単位ベクトルを求めなさい．

(1) $\boldsymbol{x} = (1, -3)$　　(2) $\boldsymbol{y} = (1, -2, 2)$

解：　(1) ベクトル $\boldsymbol{x}$ のノルムは $|\boldsymbol{x}| = \sqrt{1^2 + (-3)^2} = \sqrt{10}$ であるから，$\boldsymbol{x}$ の単位ベクトルは

$$\frac{1}{|\boldsymbol{x}|}\boldsymbol{x} = \frac{1}{\sqrt{10}}\boldsymbol{x}$$

となります．

(2) ベクトル $\boldsymbol{y}$ のノルムは $|\boldsymbol{y}| = \sqrt{1^2 + (-2)^2 + 2^2} = \sqrt{9} = 3$ であるから，$\boldsymbol{y}$ の単位ベクトルは

$$\frac{1}{|\boldsymbol{y}|}\boldsymbol{y} = \frac{1}{3}\boldsymbol{y}$$

となります．

■**練習問題 1.6**　ベクトル $\boldsymbol{a} = (-3, 4), \boldsymbol{b} = (2, 0, -1)$ の単位ベクトルをそれぞれ求めなさい．

§1.4　ベクトルの加法

定義 1.7　ベクトルの加法

向きが同じでなく，零ベクトルでない2つのベクトル $\boldsymbol{a}$ と $\boldsymbol{b}$ を考えます．$\boldsymbol{a} = \overrightarrow{\mathrm{OA}}, \boldsymbol{b} = \overrightarrow{\mathrm{OB}}$ とし，線分 OB と同じ向きで同じ長さの線分 AC を考えます．このとき，$\boldsymbol{b} = \overrightarrow{\mathrm{OB}} = \overrightarrow{\mathrm{AC}}$ が成り立つため，2つのベクトル $\boldsymbol{a}, \boldsymbol{b}$ の加法を

$$\boldsymbol{a} + \boldsymbol{b} = \overrightarrow{\mathrm{OA}} + \overrightarrow{\mathrm{AC}} = \overrightarrow{\mathrm{OC}}$$

と定義します．ベクトルの成分表示を用いると，$\boldsymbol{a} = (a_1, a_2, \cdots, a_n), \boldsymbol{b} = (b_1, b_2, \cdots, b_n)$ であるとき，

$$\boldsymbol{a} + \boldsymbol{b} = (a_1 + b_1, a_2 + b_2, \cdots, a_n + b_n)$$

と定義します．

つまりベクトルの加法は，同一平面上にある3点 O, A, B があるとき，2つのベクトル $\overrightarrow{\mathrm{OA}}, \overrightarrow{\mathrm{OB}}$ の加法は，線分 OA と線分 OB を2辺とする平行四辺形の対角線 OC からなるベクトル $\overrightarrow{\mathrm{OC}}$ として定義されます．

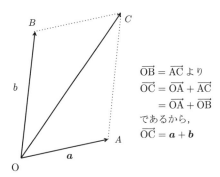

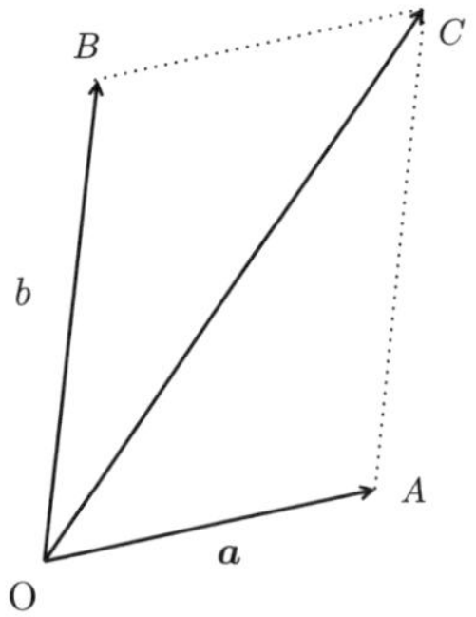

$\overrightarrow{\mathrm{OB}} = \overrightarrow{\mathrm{AC}}$ より
$\overrightarrow{\mathrm{OC}} = \overrightarrow{\mathrm{OA}} + \overrightarrow{\mathrm{AC}}$
$= \overrightarrow{\mathrm{OA}} + \overrightarrow{\mathrm{OB}}$
であるから，
$\overrightarrow{\mathrm{OC}} = \boldsymbol{a} + \boldsymbol{b}$

図 1.13　ベクトルの加法と平行四辺形

したがって，$\boldsymbol{a} + \boldsymbol{b} = \boldsymbol{b} + \boldsymbol{a}$ が成り立ちます．さらに相似な平行四辺形を考えれば

$$k(\boldsymbol{a} + \boldsymbol{b}) = k\boldsymbol{a} + k\boldsymbol{b}$$

が成り立つことが分かります.

例題 1.10：　図 1.14 のベクトル $\boldsymbol{a}, \boldsymbol{b}$ に対して，点 O を始点として次のベクトルを図示しなさい.

(1) $\boldsymbol{a}+\boldsymbol{b}$　　(2) $3\boldsymbol{a}+2\boldsymbol{b}$

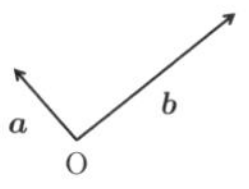

図 1.14　例題 1.10 の図

解：　(1) と (2) の答えは，それぞれ図 1.15 の $\boldsymbol{c}$ と $\boldsymbol{d}$ となります.

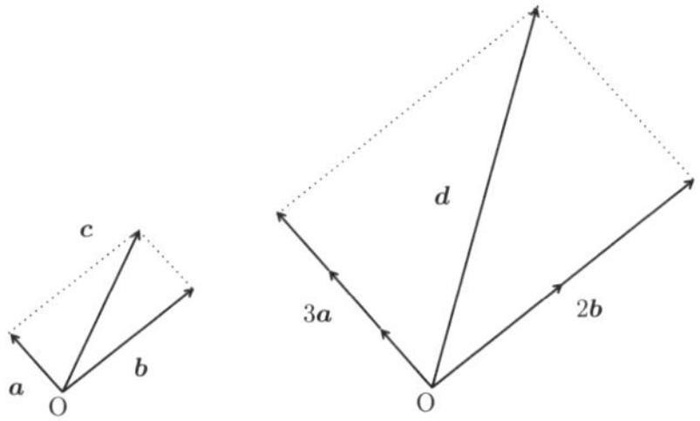

図 1.15　例題 1.10 の答え

定義 1.8　**ベクトルの減法**

ベクトルの減法は $\overrightarrow{\mathrm{OB}} = -\overrightarrow{\mathrm{BO}}$ であることを利用して

$$\begin{aligned}\boldsymbol{a}-\boldsymbol{b} &= \overrightarrow{\mathrm{OA}}-\overrightarrow{\mathrm{OB}} = \overrightarrow{\mathrm{OA}}+\overrightarrow{\mathrm{BO}} \\ &= \overrightarrow{\mathrm{BO}}+\overrightarrow{\mathrm{OA}} = \overrightarrow{\mathrm{BA}}\end{aligned}$$

となります．ベクトルの成分表示を用いると，$\boldsymbol{a} = (a_1, a_2, \cdots, a_n), \boldsymbol{b} = (b_1, b_2, \cdots, b_n)$ であるとき，

$$\boldsymbol{a} - \boldsymbol{b} = (a_1 - b_1, a_2 - b_2, \cdots, a_n - b_n)$$

と定義します.

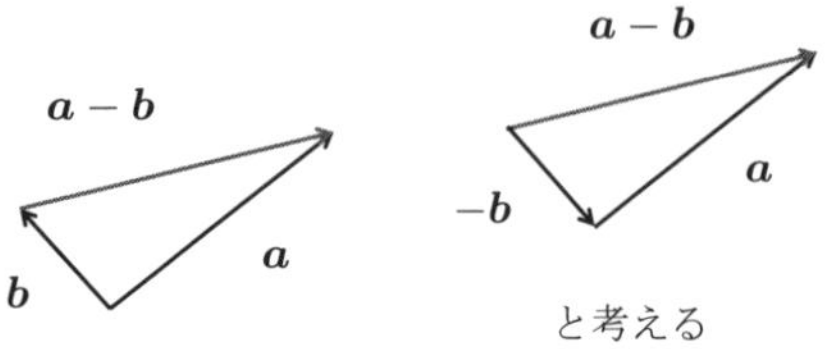

図 1.16　ベクトルの減法

例題 1.11：　図 1.17 のベクトル $\boldsymbol{a}, \boldsymbol{b}$ に対して，点 O を始点として次のベクトルを図示しなさい.

(1) $\boldsymbol{a} - \boldsymbol{b}$　　(2) $2\boldsymbol{a} - \frac{1}{2}\boldsymbol{b}$

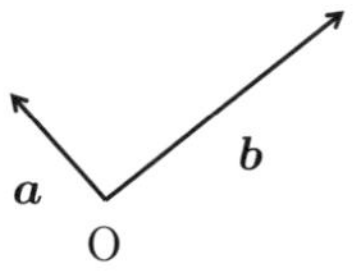

図 1.17　例題 1.11 の図

解：　(1) と (2) の答えは，それぞれ図 1.18 の $\boldsymbol{c}$ と $\boldsymbol{d}$ となります.

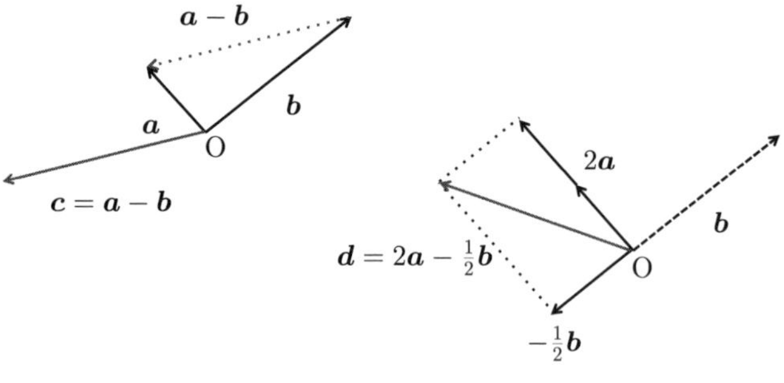

図 1.18　例題 1.11 の答え

定理 1.2　ベクトルの演算法則

ベクトルの演算について，成立する関係式を列挙します．$\boldsymbol{a}, \boldsymbol{b}, \boldsymbol{c}, \boldsymbol{0}$ はベクトルであり，k, l は実数であるとします．

1. $\boldsymbol{a}+\boldsymbol{b}=\boldsymbol{b}+\boldsymbol{a}$
2. $(\boldsymbol{a}+\boldsymbol{b})+\boldsymbol{c}=\boldsymbol{a}+(\boldsymbol{b}+\boldsymbol{c})$
3. $\boldsymbol{a}+\boldsymbol{0}=\boldsymbol{a}$
4. $0\boldsymbol{a}=\boldsymbol{0}$
5. $1\boldsymbol{a}=\boldsymbol{a}$
6. $k(\boldsymbol{a}+\boldsymbol{b})=k\boldsymbol{a}+k\boldsymbol{b}$
7. $(k+l)\boldsymbol{a}=k\boldsymbol{a}+l\boldsymbol{a}$
8. $k(l\boldsymbol{a})=(kl)\boldsymbol{a}$

が成り立ちます．

定理 1.2 において性質 1, 4, 5, 6, 7, 8 については既に示していますから，ここでは 2, 3 の性質について考えます．性質 2 はベクトルの加法において結合法則が成り立つことを意味します．ベクトルの加法は，与えられた 2 つのベクトルに対して，1 つのベクトルを対応させる写像（関数）であり，このような演算のことを 2 項演算といいます．2 項演算では，3 つのベクトルの加法 $\boldsymbol{a}+\boldsymbol{b}+\boldsymbol{c}$ を一度の計算で演算することはできません．このような場合，先に $\boldsymbol{a}+\boldsymbol{b}$ を計算して，その演算結果と $\boldsymbol{c}$ の加法を求める $(\boldsymbol{a}+\boldsymbol{b})+\boldsymbol{c}$ という演算と，$\boldsymbol{b}+\boldsymbol{c}$ を計算して，$\boldsymbol{a}$ とその演算結果との加法を求める $\boldsymbol{a}+(\boldsymbol{b}+\boldsymbol{c})$ という演算のどちらかをすることになりますので，これらの演算結果が一致するかどうかを調べる必要があります．次の例題で，成分を計算せずに幾何ベクトルの性質を用いて定理 1.2 の 2, 3 の性質を示しましょう．

例題 1.12：　(1) 結合法則 $(\boldsymbol{a}+\boldsymbol{b})+\boldsymbol{c}=\boldsymbol{a}+(\boldsymbol{b}+\boldsymbol{c})$ が成り立つことを示しなさい．

(2) 零ベクトル $\mathbf{0}$ に対して，$\boldsymbol{a}+\mathbf{0}=\boldsymbol{a}$ となることを示しなさい．

……………………………………………………………………

解：　(1) $\boldsymbol{a}=\overrightarrow{\mathrm{AB}}, \boldsymbol{b}=\overrightarrow{\mathrm{BC}}, \boldsymbol{c}=\overrightarrow{\mathrm{CD}}$ とおく．すると図 1.19 のように 3 つのベクトル $\boldsymbol{a}, \boldsymbol{b}, \boldsymbol{c}$ を図示することができます．幾何ベクトルの性質から

$$\begin{aligned}(\boldsymbol{a}+\boldsymbol{b})+\boldsymbol{c} &= (\overrightarrow{\mathrm{AB}}+\overrightarrow{\mathrm{BC}})+\overrightarrow{\mathrm{CD}}=\overrightarrow{\mathrm{AC}}+\overrightarrow{\mathrm{CD}}\\ &=\overrightarrow{\mathrm{AD}}\end{aligned}$$

$$\begin{aligned}\boldsymbol{a}+(\boldsymbol{b}+\boldsymbol{c}) &= \overrightarrow{\mathrm{AB}}+(\overrightarrow{\mathrm{BC}}+\overrightarrow{\mathrm{CD}})=\overrightarrow{\mathrm{AB}}+\overrightarrow{\mathrm{BD}}\\ &=\overrightarrow{\mathrm{AD}}\end{aligned}$$

となるため，

$$(\boldsymbol{a}+\boldsymbol{b})+\boldsymbol{c}=\boldsymbol{a}+(\boldsymbol{b}+\boldsymbol{c})=\boldsymbol{a}+\boldsymbol{b}+\boldsymbol{c}$$

が成り立つことが分かります．

(2) 証明には定理 1,2 の性質 1 と零ベクトル $\mathbf{0}$ の定義を用います．

$$\boldsymbol{a}=\overrightarrow{\mathrm{AB}},\quad \mathbf{0}=\overrightarrow{\mathrm{AA}}$$

とおきます．すると，

$$\begin{aligned}\boldsymbol{a}+\mathbf{0} &= \overrightarrow{\mathrm{AB}}+\overrightarrow{\mathrm{AA}}=\overrightarrow{\mathrm{AA}}+\overrightarrow{\mathrm{AB}}=\overrightarrow{\mathrm{AB}}\\ &=\boldsymbol{a}\\ \mathbf{0}+\boldsymbol{a} &= \overrightarrow{\mathrm{AA}}+\overrightarrow{\mathrm{AB}}=\overrightarrow{\mathrm{AB}}\\ &=\boldsymbol{a}\end{aligned}$$

となることが分かります．したがって，$\boldsymbol{a}+\mathbf{0}=\mathbf{0}+\boldsymbol{a}=\boldsymbol{a}$ が成り立つことが分かります．

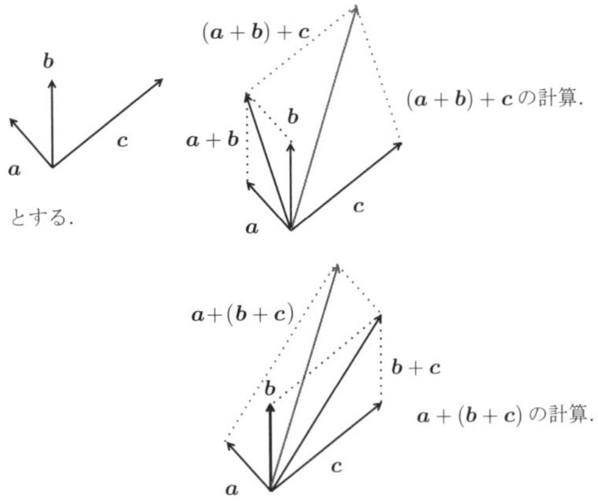

図 1.19　結合法則の図

定理 1.2 の性質により，ベクトルの計算は文字の計算と同じようにできることが分かります.

例題 1.13：　次の計算をしなさい.

$3(\boldsymbol{a}+\boldsymbol{b})-2(2\boldsymbol{a}-3\boldsymbol{b})$

……………………………………………………………………………

解：

$$\begin{aligned} 3(\boldsymbol{a}+\boldsymbol{b})-2(2\boldsymbol{a}-3\boldsymbol{b}) &= 3\boldsymbol{a}+3\boldsymbol{b}-4\boldsymbol{a}+6\boldsymbol{b} \\ &= (3-4)\boldsymbol{a}+(3+6)\boldsymbol{b} \\ &= -\boldsymbol{a}+9\boldsymbol{b} \end{aligned}$$

と計算します.

■**練習問題 1.7**　次の計算をしなさい.

(1) $-(\boldsymbol{x}-2\boldsymbol{y})+2(\boldsymbol{x}-3\boldsymbol{y})$

(2) $3(-\boldsymbol{a}+\boldsymbol{b}-2\boldsymbol{c})-2(\boldsymbol{a}+2\boldsymbol{b}-\boldsymbol{c})$

§1.5　基本ベクトル

定義 1.9　$\boldsymbol{R}^n$ の基本ベクトル

$i = 1, 2, \cdots, n$ とします．第 i 成分のみ 1 で残りの成分が 0 である n 次元ベクトルのことを，n 次元基本ベクトルといい，$\boldsymbol{e}_i$ のように表します．具体的には，

$$\begin{aligned} \boldsymbol{e}_1 &= (1, 0, \cdots, 0) \\ \boldsymbol{e}_2 &= (0, 1, \cdots, 0) \\ &\vdots \\ \boldsymbol{e}_n &= (0, 0, \cdots, 1) \end{aligned}$$

と表します．ベクトル解析では，3 次元の基本ベクトルを

$$\begin{aligned} \boldsymbol{i} &= (1, 0, 0) \\ \boldsymbol{j} &= (0, 1, 0) \\ \boldsymbol{k} &= (0, 0, 1) \end{aligned}$$

と表されることが多いため，本書でも 3 次元の基本ベクトルを扱う場合は $\boldsymbol{i}, \boldsymbol{j}, \boldsymbol{k}$ を用いることにします．

基本ベクトルを利用することで，例えば $\boldsymbol{R}^4$ 上の点 (x, y, z, w) は

$$\begin{aligned} \boldsymbol{e}_1 &= (1, 0, 0, 0) \\ \boldsymbol{e}_2 &= (0, 1, 0, 0) \\ \boldsymbol{e}_3 &= (0, 0, 1, 0) \\ \boldsymbol{e}_4 &= (0, 0, 0, 1) \end{aligned}$$

とおくと，

$$\begin{aligned} (x, y, z, w) &= (x, 0, 0, 0) + (0, y, 0, 0) + (0, 0, z, 0) + (0, 0, 0, w) \\ &= x(1, 0, 0, 0) + y(0, 1, 0, 0) + z(0, 0, 1, 0) + w(0, 0, 0, 1) \\ &= x\boldsymbol{e}_1 + y\boldsymbol{e}_2 + z\boldsymbol{e}_3 + w\boldsymbol{e}_4 \end{aligned}$$

と表すことができます．次の章で扱いますが，$x\boldsymbol{e}_1 + y\boldsymbol{e}_2 + z\boldsymbol{e}_3 + w\boldsymbol{e}_4$ のことをベクトルの組 $\{\boldsymbol{e}_1, \boldsymbol{e}_2, \boldsymbol{e}_3, \boldsymbol{e}_4\}$ の線形結合といい，$\boldsymbol{R}^4$ 上の任意の点が $\boldsymbol{R}^4$ の基本ベクトル $\{\boldsymbol{e}_1, \boldsymbol{e}_2, \boldsymbol{e}_3, \boldsymbol{e}_4\}$ の線形結合で一意的に表されることが分かります．これは，後で学習するように，ベクトルの組 $\{\boldsymbol{e}_1, \boldsymbol{e}_2, \boldsymbol{e}_3, \boldsymbol{e}_4\}$ が $\boldsymbol{R}^4$ の基底の 1 つになっているからです．

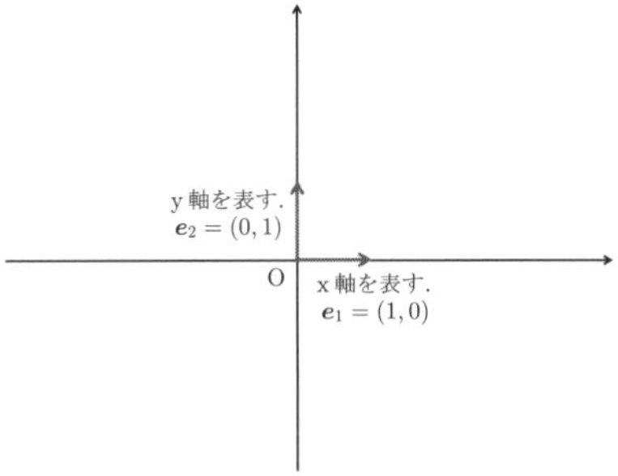

図 1.20　xy 平面の基本ベクトルは x 軸と y 軸を表す

本書はベクトル解析を扱うため，$\boldsymbol{R}^3$ 上のベクトルについて，主に考えていきます．基本ベクトルの定義のところにも書きましたが，ベクトル解析の多くの教科書ではこの 3 つの基本ベクトルを

$$\begin{aligned} \boldsymbol{i} &= (1, 0, 0) \\ \boldsymbol{j} &= (0, 1, 0) \\ \boldsymbol{k} &= (0, 0, 1) \end{aligned}$$

と表しています．本書でも $\boldsymbol{R}^3$ の基本ベクトルを $\boldsymbol{i}, \boldsymbol{j}, \boldsymbol{k}$ と表すことにします．3 つの基本ベクトル $\boldsymbol{i} = (1, 0, 0), \boldsymbol{j} = (0, 1, 0), \boldsymbol{k} = (0, 0, 1)$ はそれぞれ $\boldsymbol{R}^3$ の x 軸，y 軸，z 軸を表しています．$\boldsymbol{R}^3$ 上の点 (x, y, z) は基本ベクトル $\boldsymbol{i}, \boldsymbol{j}, \boldsymbol{k}$ の線形結合として

$$(x, y, z) = x\boldsymbol{i} + y\boldsymbol{j} + z\boldsymbol{k}$$

と表すことができ，この書き方をベクトルの成分表示ということもあります．ベクトルの足し算は

$$(x_1, y_1, z_1) + (x_2, y_2, z_2) = (x_1\boldsymbol{i} + y_1\boldsymbol{j} + z_1\boldsymbol{k}) + (x_2\boldsymbol{i} + y_2\boldsymbol{j} + z_2\boldsymbol{k})$$

$$= (x_1 + x_2)\boldsymbol{i} + (y_1 + y_2)\boldsymbol{j} + (z_1 + z_2)\boldsymbol{k}$$
$$= (x_1 + x_2, y_1 + y_2, z_1 + z_2)$$

となります.

例題 1.14： (1) $\boldsymbol{R}^3$ 上の点 $\mathrm{A}(2, 0, -1)$ の位置ベクトル $\boldsymbol{a}$ を基本ベクトル $\boldsymbol{i}, \boldsymbol{j}, \boldsymbol{k}$ の線形結合で表しなさい.
(2) $\boldsymbol{a} = 3\boldsymbol{i} + 4\boldsymbol{j} + 2\boldsymbol{k}, \boldsymbol{b} = -\boldsymbol{i} + \boldsymbol{j} - 3\boldsymbol{k}$ とするとき，ベクトルのノルム $|\boldsymbol{a} + \boldsymbol{b}|$ を求めなさい.

解： (1) $(2, 0, -1) = 2(1, 0, 0) + 0(0, 1, 0) - (0, 0, 1) = 2\boldsymbol{i} + 0\boldsymbol{j} - \boldsymbol{k}$
(2)

$$\begin{aligned}\boldsymbol{a} + \boldsymbol{b} &= (3\boldsymbol{i} + 4\boldsymbol{j} + 2\boldsymbol{k}) + (-\boldsymbol{i} + \boldsymbol{j} - 3\boldsymbol{k}) \\ &= (3 - 1)\boldsymbol{i} + (4 + 1)\boldsymbol{j} + (2 - 3)\boldsymbol{k} \\ &= 2\boldsymbol{i} + 5\boldsymbol{j} - \boldsymbol{k} \\ &= (2, 5, -1)\end{aligned}$$

であるから，$|\boldsymbol{a} + \boldsymbol{b}| = \sqrt{2^2 + 5^2 + (-1)^2} = \sqrt{30}$ となります.

■**練習問題 1.8**　(1) $\boldsymbol{R}^3$ 上の点 $\mathrm{A}(-3, 2, 4)$ の位置ベクトル $\boldsymbol{a}$ を基本ベクトル $\boldsymbol{i}, \boldsymbol{j}, \boldsymbol{k}$ の線形結合で表しなさい.
(2) $\boldsymbol{a} = \boldsymbol{i} - \boldsymbol{j} + 3\boldsymbol{k}, \boldsymbol{b} = 2\boldsymbol{i} - \boldsymbol{j} + \boldsymbol{k}$ とするとき，ベクトルのノルム $|\boldsymbol{a} - \boldsymbol{b}|$ を求めなさい.

§1.6　線形従属と線形独立

ここではまず，あらためて線形結合の定義から始めます.

定義 1.10　**線形結合**

n 個のベクトル $\boldsymbol{a}_1, \boldsymbol{a}_2, \cdots, \boldsymbol{a}_n \in \boldsymbol{R}^n$ をそれぞれスカラー倍して足し合わせてできる式

$$\boldsymbol{b} = c_1\boldsymbol{a}_1 + c_2\boldsymbol{a}_2 + \cdots + c_n\boldsymbol{a}_n \tag{1.2}$$

をベクトルの組 $\{\boldsymbol{a}_1, \boldsymbol{a}_2, \cdots, \boldsymbol{a}_n\}$ の線形結合といいます.

例題 1.15：　(1) $\boldsymbol{R}^3$ 上の点 $\mathrm{A}(3,0,-1)$ を基本ベクトルの線形結合で表しなさい.
(2) また, 点 $\mathrm{A}(3,0,-1)$ を 3 つのベクトル

$$\boldsymbol{x}_1 = (1,0,1), \boldsymbol{x}_2 = (0,1,-1), \boldsymbol{x}_3 = (0,2,3)$$

の線形結合で表しなさい.

解：　(1) は前節で学習した通り, $(3,0,-1) = 3\boldsymbol{i} + 0\boldsymbol{j} - \boldsymbol{k} = 3\boldsymbol{i} - \boldsymbol{k}$ となります.
(2) は

$$\begin{aligned}(3,0,-1) &= c_1\boldsymbol{x}_1 + c_2\boldsymbol{x}_2 + c_3\boldsymbol{x}_3 \\ &= c_1(1,0,1) + c_2(0,1,-1) + c_3(0,2,3) \\ &= (c_1, c_2 + 2c_3, c_1 - c_2 + 3c_3)\end{aligned}$$

より, 連立一次方程式

$$\begin{cases} c_1 = 3 \\ c_2 + 2c_3 = 0 \\ c_1 - c_2 + 3c_3 = -1 \end{cases}$$

を解くことで $c_1 = 3, c_2 = \frac{8}{5}, c_3 = -\frac{4}{5}$ となります. したがって,

$$(3,0,-1) = 3\boldsymbol{x}_1 + \frac{8}{5}\boldsymbol{x}_2 - \frac{4}{5}\boldsymbol{x}_3$$

と表すことができます.

■練習問題 1.9　$\boldsymbol{R}^3$ 上の任意の点は，3つのベクトル $\boldsymbol{a}_1 = (1,0,1)$, $\boldsymbol{a}_2 = (0,1,1)$, $\boldsymbol{a}_3 = (0,0,1)$ の線形結合で表されることを示しなさい．

例題1.14から分かるように，$\boldsymbol{R}^n$ 上の点をいくつかのベクトルの線形結合で表す方法は何通りもあることが分かります．しかし，点 $(3,0,-1)$ は $\boldsymbol{i} = (1,0,0)$ と $\boldsymbol{j} = (0,1,0)$ だけでは表すことができません．なぜなら，

$$c_1\boldsymbol{i} + c_2\boldsymbol{j} = (c_1, c_2, 0)$$

となり，どのように c_1, c_2 を選んでも $(3,0,-1)$ の第3成分である -1 を定められないからです．

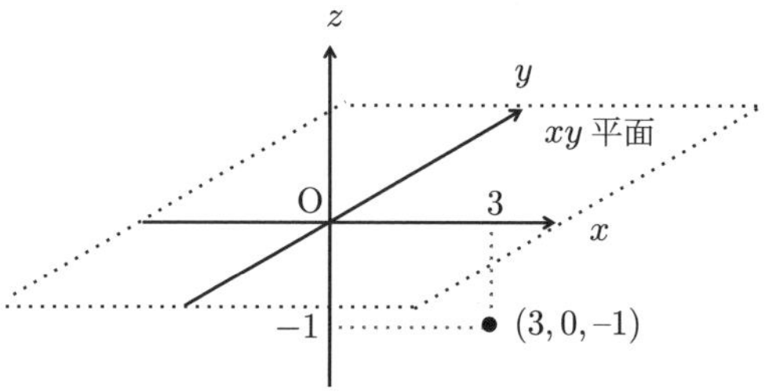

図 1.21　点 $(3,0,-1)$ は xyz 空間の xy 平面上の点ではない様子

それでは，どのようなベクトルの組であれば任意の点を，それらのベクトルへの線形結合で表すことができるのでしょうか．次に学ぶ，線形独立や線形従属という概念が，このことを理解するのに重要になります．

定義 1.11　線形独立と線形従属

零ベクトルでない n 個のベクトルの組 $\boldsymbol{a}_1, \boldsymbol{a}_2, \cdots, \boldsymbol{a}_n \in \boldsymbol{R}^n$ と実数 $c_1, c_2, \cdots, c_n$ に対して，

$$c_1\boldsymbol{a}_1 + c_2\boldsymbol{a}_2 + \cdots + c_n\boldsymbol{a}_n = \boldsymbol{0} \tag{1.3}$$

となるのが $c_1 = c_2 = \cdots = c_n = 0$ に限るとき，n 個のベクトルの組 $\boldsymbol{a}_1, \boldsymbol{a}_2, \cdots, \boldsymbol{a}_n$ は線形独立であるといいます．もし，$c_1 = c_2 = \cdots = c_n = 0$ 以外にも上記の式を満足する実数 $c_1, c_2, \cdots, c_n$ が存在する場合は，$\boldsymbol{a}_1, \boldsymbol{a}_2, \cdots, \boldsymbol{a}_n$ は線形従属であるといいます．

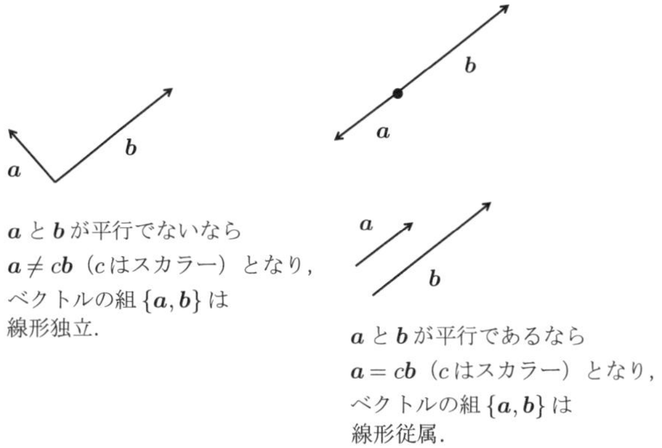

a
b
a
b
a と b が平行でないなら
a ≠ cb（c はスカラー）となり，
ベクトルの組 {a, b} は
線形独立．
a
b
a と b が平行であるなら
a = cb（c はスカラー）となり，
ベクトルの組 {a, b} は
線形従属．

図 1.22　線形独立なベクトルと線形従属なベクトルの例

例題 1.16：　次のベクトルの組について，線形独立か線形従属か判定しなさい．

(1) $\boldsymbol{x} = (1,3), \boldsymbol{y} = (1,2)$

(2) $\boldsymbol{z} = (1,3), \boldsymbol{w} = (2,6)$

(3) $\boldsymbol{a} = (1,0,1), \boldsymbol{b} = (0,1,1)$

(4) $\boldsymbol{a}_1 = (-1,1,0), \boldsymbol{a}_2 = (2,0,1), \boldsymbol{a}_3 = (0,2,-1)$

(5) $\boldsymbol{b}_1 = (1,1,0), \boldsymbol{b}_2 = (2,0,1), \boldsymbol{b}_3 = (0,2,-1)$

……………………………………………………………………

解：　(1) $c_1\boldsymbol{x} + c_2\boldsymbol{y} = \boldsymbol{0}$ とおいて，連立一次方程式の解 c_1, c_2 がどのようになるか調べます．もし，$c_1 = c_2 = 0$ 以外に解がなければ $\{\boldsymbol{x}, \boldsymbol{y}\}$ は線形独立であり，そうでなければ $\{\boldsymbol{x}, \boldsymbol{y}\}$ は線形従属であることになります．この場合は，

$$c_1(1,3) + c_2(1,2) = (0,0)$$

より，考える連立一次方程式は

$$\begin{cases} c_1 + c_2 = 0 \\ 3c_1 + 2c_2 = 0 \end{cases}$$

となるため，解は $c_1 = c_2 = 0$ 以外に無いことが分かります．したがって，$\{\boldsymbol{x}, \boldsymbol{y}\}$ は線形独立であることが分かります．

(2) (1) と同様にして $c_3\boldsymbol{z} + c_4\boldsymbol{w} = \boldsymbol{0}$ とおくと

$$c_3(1,3) + c_4(2,6) = (0,0)$$

となり，

$$\begin{cases} c_3 + 2c_4 = 0 \\ 3c_3 + 6c_4 = 0 \end{cases}$$

の解は $c_3 = -2c_4$ を満たすすべての c_3, c_4 であることが分かります．したがって，例えば $(c_3, c_4) = (0,0)$ 以外にも $t \neq 0$ とすると $(c_3, c_4) = (t, -2t)$ という解をもつため，$\{\boldsymbol{z}, \boldsymbol{w}\}$ は線形従属であることが分かります．

以下の問題は，計算の要点のみ記述することにします．

(3) $c_5(1,0,1) + c_6(0,1,1) = (0,0,0)$ とおくと，

$$\begin{cases} c_5 = 0 \\ c_6 = 0 \\ c_5 + c_6 = 0 \end{cases}$$

となるから $c_5 = c_6 = 0$ 以外に解はありません．したがって，$\{\boldsymbol{a}, \boldsymbol{b}\}$ は線形独立であることが分かります．

(4) $c_7(-1,1,0) + c_8(2,0,1) + c_9(0,2,-1) = (0,0,0)$ とおくと

$$\begin{cases} -c_7 + 2c_8 = 0 \\ c_7 + 2c_9 = 0 \\ c_8 - c_9 = 0 \end{cases}$$

となります．第3式より $c_8 = c_9$ であるから

$$\begin{cases} -c_7 + 2c_9 = 0 \\ c_7 + 2c_9 = 0 \end{cases}$$

を解けばよいことになります．第1式と第2式を足すと $4c_9 = 0$ となり，$c_7 = c_8 = c_9 = 0$ 以外に解が無いことが分かります．したがって，$\{\boldsymbol{a}_1, \boldsymbol{a}_2, \boldsymbol{a}_3\}$ は線形独立であることが分かります．

(5) $d_1(1,1,0) + d_2(2,0,1) + d_3(0,2,-1) = (0,0,0)$ とおくと

$$\begin{cases} d_1 + 2d_2 = 0 \\ d_1 + 2d_3 = 0 \\ d_2 - d_3 = 0 \end{cases}$$

となります．第3式より $d_2 = d_3$ となるから

$$\begin{cases} d_1 + 2d_3 = 0 \\ d_1 + 2d_3 = 0 \end{cases}$$

となります．したがって，$d_3 = t$ とおくと，$d_1 = -2t, d_2 = t$ となるから，この連立一次方程式の解は $(d_1, d_2, d_3) = t(-2, 1, 1)$ となることが分かります．したがって，$\{\boldsymbol{b}_1, \boldsymbol{b}_2, \boldsymbol{b}_3\}$ は線形従属であることが分かります．

■練習問題 1.10　次のベクトルの組が線形独立であるか線形従属であるか判定しなさい．

(1) $\boldsymbol{a}_1 = \left(-\frac{1}{2}, 3\right), \boldsymbol{a}_2 = (2, -12)$

(2) $\boldsymbol{a}_3 = (2, 1, 1), \boldsymbol{a}_4 = (-1, 0, 1), \boldsymbol{a}_5 = (1, 1, 1)$

(3) $\boldsymbol{a}_3 = (2, 1, 1), \boldsymbol{a}_4 = (-1, 0, 1), \boldsymbol{a}_5 = (1, 1, 2)$

§1.7　基底と次元

定理1.2でベクトルの演算の性質を紹介しましたが，$\boldsymbol{R}^n$ のベクトル以外にも同じ演算の性質を満足するものが存在します．そのような例はあとで紹介することにして，まずベクトル空間の定義について紹介します．

定義 1.12　ベクトル空間

集合 $\boldsymbol{V}$ の元 $\boldsymbol{x}, \boldsymbol{y}$ に対して，和が

$$\boldsymbol{x} + \boldsymbol{y} \in \boldsymbol{V}$$

と定義され，実数や複素数など四則演算が閉じている（例えば，実数同士の四則演算の結果は実数になりますが，このようなことを演算が閉じてい

るといいます.）集合kを考えたとき，$a \in k$に対して，スカラー倍が

$$a\boldsymbol{x} \in V$$

と定義されているとします．以下の1から8を満足するとき，集合$\boldsymbol{V}$をk-ベクトル空間といいます.

本書では$k = \boldsymbol{R}$の場合以外考えませんので，以下$\boldsymbol{R}$-ベクトル空間を単にベクトル空間といいます.

任意の$\boldsymbol{x}, \boldsymbol{y}, \boldsymbol{z} \in \boldsymbol{V}$と$a, b \in \boldsymbol{R}$に対して，

1. $\boldsymbol{x} + \boldsymbol{y} = \boldsymbol{y} + \boldsymbol{x}$（交換法則）
2. $(\boldsymbol{x} + \boldsymbol{y}) + \boldsymbol{z} = \boldsymbol{x} + (\boldsymbol{y} + \boldsymbol{z})$（結合法則）
3. $\boldsymbol{x} + \boldsymbol{0} = \boldsymbol{0} + \boldsymbol{x} = \boldsymbol{x}$（零元の存在）
4. $\boldsymbol{x} + \boldsymbol{a} = \boldsymbol{a} + \boldsymbol{x} = \boldsymbol{0}$なる$\boldsymbol{a} \in \boldsymbol{V}$が存在する
5. $a(b\boldsymbol{x}) = (ab)\boldsymbol{x}$
6. $(a + b)\boldsymbol{x} = a\boldsymbol{x} + b\boldsymbol{x}$
7. $a(\boldsymbol{x} + \boldsymbol{y}) = a\boldsymbol{x} + a\boldsymbol{y}$
8. $1\boldsymbol{x} = \boldsymbol{x}$

$\boldsymbol{R}^n$のベクトルがベクトル空間になることはすでに学習済みですから，以下のような例を考えましょう．$\boldsymbol{V}_2$を実数を係数とする高々2次の多項式全体からなる集合とします．$a_2, a_1, a_0 \in \boldsymbol{R}$とし，不定元を$x$とすると$\boldsymbol{V}_2$の元は

$$f(x) = a_2x^2 + a_1x + a_0 \in \boldsymbol{V}_2$$

と表すことができます．ここで$f(x)$において$a_2 = 0$の場合でも，$f(x) \in \boldsymbol{V}_2$となることに注意しましょう．なぜなら，$\boldsymbol{V}_2$は高々2次の多項式の集合ですから，次数が1の多項式や実数も$\boldsymbol{V}_2$に含まれるからです．$\boldsymbol{V}_2$の零元$\boldsymbol{0}$として係数がすべて0である零多項式を考えると，$\boldsymbol{V}_2$はベクトル空間になることが分かります．ただし，$\boldsymbol{V}_2'$が実数を係数とする2次の多項式全体からなる集合とすると$\boldsymbol{V}_2'$はベクトル空間にはなりません.

例題1.17： $\boldsymbol{V}_2'$が実数を係数とする2次の多項式全体からなる集合とするとき，$\boldsymbol{V}_2'$はベクトル空間にならないことを示しなさい.

解：

$$f(x) = a_2x^2 + a_1x + a_0$$
$$g(x) = b_2x^2 + b_1x + b_0$$

とおきます．もし，$a_2 + b_2 = 0$ ならば，$f(x) + g(x)$ は1次の多項式となるため，$f(x) + g(x) \notin \boldsymbol{V}_2'$ となります．したがって，$\boldsymbol{V}_2'$ はベクトル空間ではないことが分かります．

■練習問題 1.11　連立一次方程式の解空間

$$\boldsymbol{V} = \left\{(x_1, x_2, x_3) \in \boldsymbol{R}^3; p_{11}x_1 + p_{12}x_2 + p_{13}x_3 = 0, p_{21}x_1 + p_{22}x_2 + p_{23}x_3 = 0\right\}$$

の集合はベクトル空間となる．$\boldsymbol{a}, \boldsymbol{b} \in \boldsymbol{V}, k \in \boldsymbol{R}$ とするとき，$\boldsymbol{a}+\boldsymbol{b} \in \boldsymbol{V}, k\boldsymbol{a} \in \boldsymbol{V}$ となることのみを確認しなさい．

定義 1.13　**部分空間**

ベクトル空間 $\boldsymbol{V}$ の部分集合 $\boldsymbol{W}$ を考えます．$\boldsymbol{V}$ で定義されている和とスカラー倍の演算に対して $\boldsymbol{W}$ がベクトル空間になるとき，$\boldsymbol{W}$ を $\boldsymbol{V}$ の部分空間といいます．

なお，証明は省略しますが，$\boldsymbol{W}$ が $\boldsymbol{V}$ の部分空間であることと，次の3つの条件が成り立つことは同値です．

1. $\boldsymbol{0} \in \boldsymbol{W}$
2. $\boldsymbol{x}, \boldsymbol{y} \in \boldsymbol{W}$ なら $\boldsymbol{x} + \boldsymbol{y} \in \boldsymbol{W}$
3. $a \in \boldsymbol{R}, \boldsymbol{x} \in \boldsymbol{W}$ なら $a\boldsymbol{x} \in \boldsymbol{W}$

例題 1.18：　ベクトル空間 $\boldsymbol{R}^2$ の部分集合

$$\boldsymbol{W} = \{(x_1, x_2) \in \boldsymbol{R}^2; x_1 + x_2 = \alpha, \alpha \in \boldsymbol{R}\}$$

を考える．$\boldsymbol{W}$ は $\boldsymbol{R}^2$ の部分空間であるか判定しなさい．

解：　$\boldsymbol{x} = (x_1, x_2), \boldsymbol{y} = (y_1, y_2) \in \boldsymbol{W}$ とします．

$$\boldsymbol{x} + \boldsymbol{y} = (x_1 + y_1, x_2 + y_2)$$

であるから，もし $\boldsymbol{x} + \boldsymbol{y} \in \boldsymbol{W}$ であるなら

$$(x_1 + y_1) + (x_2 + y_2) = (x_1 + x_2) + (y_1 + y_2) = \alpha \tag{1.4}$$

が成り立ちます．しかし，$\boldsymbol{x} \in \boldsymbol{W}$ であるから

$$x_1 + x_2 = \alpha,$$

さらに，$\boldsymbol{y} \in \boldsymbol{W}$ であるから

$$y_1 + y_2 = \alpha$$

となり，

$$(x_1 + x_2) + (y_1 + y_2) = 2\alpha$$

が得られます．したがって，$2\alpha = \alpha$ のとき，つまり $\alpha = 0$ の場合に限って $\boldsymbol{x} + \boldsymbol{y} \in \boldsymbol{W}$ となることが分かります．また，$a\boldsymbol{x} = (ax_1, ax_2)$ であり，

$$ax_1 + ax_2 = a(x_1 + x_2) = a\alpha \tag{1.5}$$

となるため，$\alpha = 0$ であれば $ax_1 + ax_2 = 0$ となることが分かります．したがって，$a\boldsymbol{x} \in \boldsymbol{V}$ となることが分かります．以上から，$\alpha = 0$ の場合，$\boldsymbol{W}$ は $\boldsymbol{R}^2$ の部分空間となることが分かります．

■練習問題 1.12　ベクトル空間 $\boldsymbol{V}$ の部分集合 $\boldsymbol{W}$ が部分空間になることは，以下の条件を満たすことと同値であることを示しなさい．
（条件）$\boldsymbol{x}, \boldsymbol{y} \in \boldsymbol{W}, a, b \in \boldsymbol{R}$ に対して $a\boldsymbol{x} + b\boldsymbol{y} \in \boldsymbol{W}$

部分空間の判定は，練習問題 1.12 の条件を利用するのが簡単です．$\boldsymbol{V}$ をベクトル空間とし，$\boldsymbol{V}$ から k 個の元 $\boldsymbol{x}_1, \boldsymbol{x}_2, \cdots, \boldsymbol{x}_k$ を適当に選んで，以下のような

$\boldsymbol{x}_1, \boldsymbol{x}_2, \cdots, \boldsymbol{x}_k$ の線形結合からなる集合

$$\boldsymbol{L} = \{\boldsymbol{y} \in \boldsymbol{V}; \boldsymbol{y} = a_1\boldsymbol{x}_1 + a_2\boldsymbol{x}_2 + \cdots + a_k\boldsymbol{x}_k\}$$

を考えます．このとき，集合 $\boldsymbol{L}$ はベクトル空間 $\boldsymbol{V}$ の部分空間になることが分かります．このような集合 $\boldsymbol{L}$ のことを，$\boldsymbol{x}_1, \boldsymbol{x}_2, \cdots, \boldsymbol{x}_k$ が張る部分空間といいます．

xy 平面を表す集合 $\{a\boldsymbol{i} + b\boldsymbol{j} = (a, b, 0)\}$ は $\boldsymbol{i}, \boldsymbol{j}$ が張る $\boldsymbol{R}^3$ の部分空間ですが，例えば他にも $\{(1,1,0), (0,2,0)\}$ のようなベクトルの組の線形結合でも xy 平面全体を表すことができることに注意しましょう．このことは，次に学習する基底と関係があり，基底の選び方は一意的ではないことを意味しています．

■練習問題 1.13 集合 $\boldsymbol{L}$ がベクトル空間 $\boldsymbol{V}$ の部分空間となることを示しなさい．

定義 1.14 ベクトル空間の基底

ベクトル空間 $\boldsymbol{V}$ の線形独立な k 個の元 $\boldsymbol{x}_1, \boldsymbol{x}_2, \cdots, \boldsymbol{x}_k$ が $\boldsymbol{V}$ を張るとき，ベクトルの組 $\{\boldsymbol{x}_1, \boldsymbol{x}_2, \cdots, \boldsymbol{x}_k\}$ をベクトル空間 $\boldsymbol{V}$ の基底といいます．

例題 1.19： $\boldsymbol{R}^3$ の基本ベクトル $\boldsymbol{i}, \boldsymbol{j}, \boldsymbol{k}$ は，$\boldsymbol{R}^3$ の基底の 1 組となることを示しなさい．

解： 示すべきことは次の 2 つです．

(1) $\{\boldsymbol{i}, \boldsymbol{j}, \boldsymbol{k}\}$ は線形独立であること．

(2) $\boldsymbol{R}^3$ の任意の元は $\{\boldsymbol{i}, \boldsymbol{j}, \boldsymbol{k}\}$ の線形結合で表されること．

(1) については，a, b, c を実数として

$$a\boldsymbol{i} + b\boldsymbol{j} + c\boldsymbol{k} = \boldsymbol{0}$$

を満足する a, b, c を計算し，$a = b = c = 0$ 以外に解があるかどうか調べます．

$$a\boldsymbol{i} + b\boldsymbol{j} + c\boldsymbol{k} = a(1,0,0) + b(0,1,0) + c(0,0,1) = (a, b, c)$$

であり，$\mathbf{0} = (0, 0, 0)$ であるから，

$$a = b = c = 0$$

以外に解をもたないことが分かります．したがって，$\{\boldsymbol{i}, \boldsymbol{j}, \boldsymbol{k}\}$ は線形独立であることが分かります．

次に，(2) について確認します．$\boldsymbol{R}^3$ の元 (a, b, c) は任意の実数 a, b, c で構成されます．a, b, c と基本ベクトル $\{\boldsymbol{i}, \boldsymbol{j}, \boldsymbol{k}\}$ の線形結合によって，$\boldsymbol{R}^3$ の任意の点 (a, b, c) が

$$\begin{aligned}(a, b, c) &= (a, 0, 0) + (b, 0, 0) + (0, 0, c) \\ &= a(1, 0, 0) + b(0, 1, 0) + c(0, 0, 1) \\ &= a\boldsymbol{i} + b\boldsymbol{j} + c\boldsymbol{k}\end{aligned}$$

と表されることが分かります．したがって，$\boldsymbol{R}^3$ の任意の元は $\{\boldsymbol{i}, \boldsymbol{j}, \boldsymbol{k}\}$ の線形結合で表されることが分かります．以上のことから，$\{\boldsymbol{i}, \boldsymbol{j}, \boldsymbol{k}\}$ は $\boldsymbol{R}^3$ の基底の１組となることが分かります．

■**練習問題 1.14**　高々２次の実多項式全体の集合 $\boldsymbol{V}_2 = \{a_2x^2 + a_1x + a_0\}$ の基底の１組を求めなさい．

証明は省略しますが，$\boldsymbol{V}$ の任意の元 $\boldsymbol{y}$ は

$$\boldsymbol{y} = a_1\boldsymbol{x}_1 + a_2\boldsymbol{x}_2 + \cdots + a_k\boldsymbol{x}_k$$

と一意的に表され，もし，$\{\boldsymbol{x}_1, \boldsymbol{x}_2, \cdots, \boldsymbol{x}_k\}$ と $\{\boldsymbol{y}_1, \boldsymbol{y}_2, \cdots, \boldsymbol{y}_l\}$ がともにベクトル空間 $\boldsymbol{V}$ の基底であれば，$k = l$ となることが分かります．このことから，ベクトル空間の基底をなすベクトルの個数は，基底をどのようにとっても同じになることが分かります．このことを用いて，ベクトル空間の次元は以下のように定義されます．

定義 1.15　ベクトル空間の次元

ベクトル空間 $\boldsymbol{V}$ の基底の個数を，$\boldsymbol{V}$ の次元と呼び，$\dim\boldsymbol{V}$ と表します．もし，$\{\boldsymbol{x}_1, \boldsymbol{x}_2, \cdots, \boldsymbol{x}_k\}$ が $\boldsymbol{V}$ の基底なら，

$$\dim V = k$$

となります．

例題 1.20：　(1) 高々 2 次の実多項式の集合 $\boldsymbol{V}_2$ のベクトル空間としての次元を求めなさい．
(2) 一次方程式の解空間

$$\boldsymbol{W} = \left\{(x_1, x_2, x_3) \in \boldsymbol{R}^3; x_1 + x_2 - x_3 = 0\right\}$$

の基底の 1 組と解空間の次元を求めなさい．

……………………………………………………………………

解：　(1) 練習問題 1.12 より $\boldsymbol{V}_2$ の基底の 1 組は $\left\{1, x, x^2\right\}$ であるため，$\dim\boldsymbol{V}_2 = 3$ となります．
(2) $x_1 + x_2 - x_3 = 0$ において，$x_2 = s, x_3 = t$ とおくと，$x_1 = -s + t$ となることが分かります．したがって，一次方程式の解は

$$(x_1, x_2, x_3) = (-s + t, s, t) = s(-1, 1, 0) + t(1, 0, 1)$$

と実数 s, t を用いて表すことができます．2 つのベクトルの組 $\{(-1, 1, 0), (1, 0, 1)\}$ は線形独立であり，$\boldsymbol{W}$ の任意の元はこの 2 つのベクトルの組 $\{(-1, 1, 0), (1, 0, 1)\}$ の線形結合で表されることから，$\{(-1, 1, 0), (1, 0, 1)\}$ は $\boldsymbol{W}$ の基底の 1 組であることが分かります．したがって，$\dim\boldsymbol{W} = 2$ となります．

■練習問題 1.15　$\boldsymbol{V}$ をベクトル空間とし，W_1, W_2 を $\boldsymbol{V}$ の部分空間とする．W_1 と W_2 の和集合を

$$W_1 \cup W_2 = \{\boldsymbol{x}; \boldsymbol{x} \in W_1 \text{ または } \boldsymbol{x} \in W_2\},$$

共通部分を

$$W_1 \cap W_2 = \{\boldsymbol{x}; \boldsymbol{x} \in W_1 \text{ かつ } \boldsymbol{x} \in W_2\},$$

和空間を

$$W_1 + W_2 = \{\boldsymbol{x} + \boldsymbol{y}; \boldsymbol{x} \in W_1,\ \boldsymbol{y} \in W_2\},$$

とそれぞれ定義する．このとき，和集合，共通部分，和空間のうち，$\boldsymbol{V}$ の部分空間にならないものを選びなさい．

§1.8　方向余弦

定義 1.16　方向余弦

n 次元ベクトル $\boldsymbol{x} \in \boldsymbol{R}^n$ を考えます．$\boldsymbol{R}^n$ の n 個の軸は $\boldsymbol{R}^n$ の基本ベクトル $\{\boldsymbol{e}_1, \boldsymbol{e}_2, \cdots, \boldsymbol{e}_n\}$ であり，

$$\begin{aligned}\boldsymbol{x} &= (x_1, x_2, \cdots, x_n) \\ &= x_1\boldsymbol{e}_1 + x_2\boldsymbol{e}_2 + \cdots + x_n\boldsymbol{e}_n\end{aligned}$$

と表すことができます．ここで，$\boldsymbol{x}$ と座標軸 $\boldsymbol{e}_i$ のなす角を θ_i とすると，三角比（余弦）の定義より

$$\cos\theta_i = \frac{x_i}{|\boldsymbol{x}|}$$

となることが分かります．このようにして計算される

$$(\cos\theta_1, \cos\theta_2, \cdots, \cos\theta_n)$$

をベクトル $\boldsymbol{x}$ の方向余弦といいます．

例えば，$\boldsymbol{R}^3$ におけるベクトル $\boldsymbol{x} = (x_1, x_2, x_3)$ の方向余弦は，x 軸と $\boldsymbol{x}$ のなす角を θ_1，y 軸と $\boldsymbol{x}$ のなす角を θ_2，z 軸と $\boldsymbol{x}$ のなす角を θ_3 としてそれぞれの余弦を計算すれば良いことになります．

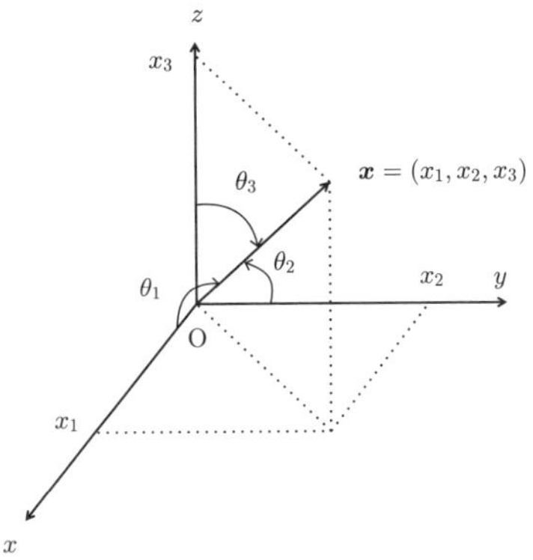

図 1.23　方向余弦のイメージ図

例題 1.21：　$\boldsymbol{R}^2$ 上の点 $\mathrm{A}(1, \sqrt{3})$ を考える．

(1) 点 A の位置ベクトル $\boldsymbol{x}$ を求めなさい．

(2) $\boldsymbol{x}$ と x 軸を表すベクトル $\boldsymbol{e}_1 = (1, 0)$ のなす角を θ_1 とするとき，$\cos\theta_1$ と θ_1 の値をそれぞれ求めなさい．

(3) $\boldsymbol{x}$ と y 軸を表すベクトル $\boldsymbol{e}_2 = (0, 1)$ のなす角を θ_2 とするとき，$\cos\theta_2$ の値を求めなさい．

(4) ベクトル $\boldsymbol{x}$ の方向余弦を求めなさい．

解：　(1) $\boldsymbol{x} = (1, \sqrt{3})$.

(2) $\boldsymbol{x} = (x_1, x_2)$ であるから，$\cos\theta_1 = \frac{x_1}{\sqrt{x_1^2+x_2^2}}$ となります．$x_1 = 1, x_2 = \sqrt{3}$ を代入すると $\sqrt{x_1^2 + x_2^2} = \sqrt{1+3}$ より，$\cos\theta_1 = \frac{1}{2}$ となります．したがって，$\theta_1 = \frac{\pi}{3}$ となります．

(3) (2) と同様に $\cos\theta_2 = \frac{x_2}{\sqrt{x_1^2+x_2^2}} = \frac{\sqrt{3}}{2}$ となります．したがって，$\theta_2 = \frac{\pi}{6}$ となります．

(4) (2) と (3) によって $\boldsymbol{x}$ の方向余弦は

$$\left(\frac{x_1}{\sqrt{x_1^2 + x_2^2}}, \frac{x_2}{\sqrt{x_1^2 + x_2^2}}\right) = \left(\frac{1}{2}, \frac{\sqrt{3}}{2}\right)$$

となります．

■**練習問題 1.16**　$\boldsymbol{x} = \sum_{i=1}^{n} x_i \boldsymbol{e}_i$ であるとき，$\boldsymbol{x} = |\boldsymbol{x}|(\sum_{i=1}^{n} \boldsymbol{e}_i \cos\theta_i)$ が成り立つことを確認しなさい．ただし，$\boldsymbol{e}_n$ は $\boldsymbol{R}^n$ の基本ベクトルである．

方向余弦は，$\boldsymbol{R}^n$ 上の直線の方程式を求めるときに利用します．方向余弦は，$\boldsymbol{R}^n$ におけるある有向線分の単位ベクトルの成分を表すものでした．ある有向線分の方向余弦 $(l_1, l_2, \cdots, l_n)$ に対して，$a_1 : a_2 : \cdots : a_n = l_1 : l_2 : \cdots : l_n$ を満たす連比 $a_1 : a_2 : \cdots : a_n$ のことを直線の方向比といいます．$\boldsymbol{R}^n$ 上の点 $(x_1, x_2, \cdots, x_n)$ を通る直線 l の方向余弦を $(l_1, l_2, \cdots, l_n)$ とします．もし，点 $(y_1, y_2, \cdots, y_n)$ が直線 l 上にあるとすると，$i = 1, 2, \cdots, n$ に対して，ある実数 t が存在して

$$y_i - x_i = tl_i$$

が成り立つことが分かります．これは

$$t = \frac{y_1 - x_1}{l_1} = \frac{y_2 - x_2}{l_2} = \cdots = \frac{y_n - x_n}{l_n}$$

が成り立つことを意味しています．$n = 2$ の場合は，$\frac{y_1 - x_1}{l_1} = \frac{y_2 - x_2}{l_2}$ を変形すると

$$y_2 - x_2 = \frac{l_2}{l_1}(y_1 - x_1)$$

となり，y_1 を x，y_2 を y と考えると，上の式は点 $(a, b) = (x_1, x_2)$ を通る傾き $\frac{l_2}{l_1}$ の直線の方程式

$$y - b = \frac{l_2}{l_1}(x - a)$$

と同じものになっていることが分かります．

例題 1.22：　(1) $\boldsymbol{R}^2$ 上の点 $(1, 2)$ を通り，方向余弦が $\left(\frac{3}{5}, \frac{4}{5}\right)$ である直線の方程式を求めなさい．また，その直線の方程式の傾きを求めなさい．
(2) $\boldsymbol{R}^3$ 上の点 $(2, 0, -1)$ を通り，方向余弦が $\left(\frac{1}{\sqrt{6}}, -\frac{1}{\sqrt{6}}, \frac{2}{\sqrt{6}}\right)$ である直線の方程式を求めなさい．

解：　(1) $\frac{x-1}{\frac{3}{5}} = \frac{y-2}{\frac{4}{5}}$ を解くと，$y - 2 = \frac{4}{3}(x - 1)$ より

$$y = \frac{4}{3}x + \frac{2}{3}$$

となります．したがって，直線の傾きは $\frac{4}{3}$ です．

(2) 求める直線の方程式は

$$\frac{x-2}{\frac{1}{\sqrt{6}}} = \frac{y-0}{-\frac{1}{\sqrt{6}}} = \frac{z+1}{\frac{2}{\sqrt{6}}}$$

より，$x - 2 = -y = \frac{z+1}{2}$ となります．

■**練習問題 1.17** $\boldsymbol{R}^3$ 上の点 $(1, 3, -2)$ を通る方向余弦が $\left(-\frac{1}{\sqrt{6}}, \frac{2}{\sqrt{6}}, \frac{1}{\sqrt{6}}\right)$ である直線の方程式を求めなさい．

§1.9 内積

定義 1.17 ベクトルの内積

2 つのベクトル $\boldsymbol{x}, \boldsymbol{y} \in \boldsymbol{R}^n$ を考えます．$\boldsymbol{x} = (x_1, x_2, \cdots, x_n), \boldsymbol{y} = (y_1, y_2, \cdots, y_n)$ であるとき，

$$\boldsymbol{x} \cdot \boldsymbol{y} = \sum_{i=1}^{n} x_i y_i$$

をベクトル $\boldsymbol{x}$ と $\boldsymbol{y}$ の内積といいます．

ベクトルの内積は以下の 3 つの性質を満たすことが確認できます．

1. $\boldsymbol{x} \cdot \boldsymbol{x} \geqq 0$
2. $\boldsymbol{x} \cdot \boldsymbol{y} = \boldsymbol{y} \cdot \boldsymbol{x}$
3. $(a\boldsymbol{x} + b\boldsymbol{y}) \cdot \boldsymbol{z} = a\boldsymbol{x} \cdot \boldsymbol{z} + b\boldsymbol{y} \cdot \boldsymbol{z}$

これらの性質は内積の公理とよばれています．性質 1，2 は成分の計算から明らかです．性質 3 については，次の例題で示します．

例題 1.23：　a, b を実数とし，$\boldsymbol{x} = (x_1, x_2, \cdots, x_n), \boldsymbol{y} = (y_1, y_2, \cdots, y_n)$, $\boldsymbol{z} = (z_1, z_2, \cdots, z_n)$ とする．このとき，次のことを示しなさい．

(1) $\boldsymbol{x} \cdot \boldsymbol{x} = |\boldsymbol{x}|^2$

(2) $(a\boldsymbol{x} + b\boldsymbol{y}) \cdot \boldsymbol{z} = a\boldsymbol{x} \cdot \boldsymbol{z} + b\boldsymbol{y} \cdot \boldsymbol{z}$

解：　(1) 内積とベクトルの大きさの定義から，

$$\boldsymbol{x} \cdot \boldsymbol{x} = \sum_{i=1}^{n} x_i^2 = |\boldsymbol{x}|^2$$

となります．

(2) $(a\boldsymbol{x} + b\boldsymbol{y}) = (ax_1 + by_1, ax_2 + by_2, \cdots, ax_n + by_n)$ となるから

$$\begin{aligned}(a\boldsymbol{x} + b\boldsymbol{y}) \cdot \boldsymbol{z} &= \sum_{i=1}^{n}(ax_i + by_i)z_i \\ &= \left(\sum_{i=1}^{n} ax_i z_i\right) + \left(\sum_{i=1}^{n} by_i z_i\right) \\ &= a\left(\sum_{i=1}^{n} x_i z_i\right) + b\left(\sum_{i=1}^{n} y_i z_i\right) \\ &= a\boldsymbol{x} \cdot \boldsymbol{z} + b\boldsymbol{y} \cdot \boldsymbol{z}\end{aligned}$$

が成り立ちます．

■**練習問題 1.18**　$|\boldsymbol{x} + \boldsymbol{y}|^2 = |\boldsymbol{x}|^2 + 2\boldsymbol{x} \cdot \boldsymbol{y} + |\boldsymbol{y}|^2$ となることを示しなさい．

2つの零ベクトルでないベクトル $\boldsymbol{x}, \boldsymbol{y}$ のなす角を θ とします．この2つのベクトルの始点を $\boldsymbol{R}^n$ のある1点におくと，2つのベクトルの終点を結ぶ線分の長さは $|\boldsymbol{x} - \boldsymbol{y}|$ となります．ここで，余弦定理を使うと

$$|\boldsymbol{x} - \boldsymbol{y}|^2 = |\boldsymbol{x}|^2 + |\boldsymbol{y}|^2 - 2|\boldsymbol{x}||\boldsymbol{y}|\cos\theta$$

が成り立ちます．これを変形すると，

$$\cos\theta = \frac{\boldsymbol{x} \cdot \boldsymbol{y}}{|\boldsymbol{x}||\boldsymbol{y}|}$$

が成り立つことがわかります．余弦定理について簡単に復習すると，三角形 ABC において，$BC = a, CA = b, AB = c, \angle BAC = \theta$ とするとき，$a^2 = b^2 + c^2 - 2bc\cos\theta$ が成り立ちます．

例題 1.24： (1) 零ベクトルでない $\boldsymbol{x}$ と $\boldsymbol{y}$ のなす角が $\theta = \frac{\pi}{2}$ であるとき，$\boldsymbol{x} \cdot \boldsymbol{y} = 0$ となることを示しなさい．

(2) $\boldsymbol{x} = (1, 1), \boldsymbol{y} = (\sqrt{3}, 1)$ であるとき，2つのベクトルのなす角 θ を求めなさい．ただし，$0 < \theta < \pi$ とする．

解： (1) $\cos\frac{\pi}{2} = 0$ であり，$|\boldsymbol{x}| \neq 0, |\boldsymbol{y}| \neq 0$ であるから，零ベクトルでない任意のベクトル $\boldsymbol{x}, \boldsymbol{y}$ に対して，

$$\boldsymbol{x} \cdot \boldsymbol{y} = |\boldsymbol{x}||\boldsymbol{y}|\cos\frac{\pi}{2} = 0$$

となります．

(2)

$$\begin{aligned} \boldsymbol{x} \cdot \boldsymbol{y} &= \sqrt{3} + 1 \\ |\boldsymbol{x}| &= \sqrt{1+1} = \sqrt{2}, \quad |\boldsymbol{y}| = \sqrt{3+1} = 2 \end{aligned}$$

であるから，

$$\begin{aligned} \cos\theta = \frac{\sqrt{3}+1}{2\sqrt{2}} &= \frac{1}{\sqrt{2}}\left(\frac{\sqrt{3}}{2} + \frac{1}{2}\right) \\ = \cos\frac{\pi}{4}\left(\cos\frac{\pi}{6} + \sin\frac{\pi}{6}\right) &= \cos\left(\frac{\pi}{4} - \frac{\pi}{6}\right) = \cos\frac{\pi}{12} \end{aligned}$$

となることが分かります．したがって，$\theta = \frac{\pi}{12}$（度数法では 15 度）となります．

■**練習問題 1.19** $\boldsymbol{x} = (1, -1), \boldsymbol{y} = (3, 2)$ であるとき，$\boldsymbol{x} \cdot \boldsymbol{y}$ を求めなさい．

$\boldsymbol{x} \cdot \boldsymbol{y} = |\boldsymbol{x}||\boldsymbol{y}|\cos\theta$ と変形することでベクトルの内積の幾何的な性質について

考察することができるようになります．2つのベクトル $\boldsymbol{x} = \overrightarrow{\mathrm{OA}}, \boldsymbol{y} = \overrightarrow{\mathrm{OB}}$ を考えます．点Bから直線OAに垂線をおろしたときの交点をCとします．このとき，$|\overrightarrow{\mathrm{OC}}| = |\boldsymbol{y}|\cos\theta$ であることが分かります．$|\boldsymbol{y}|\cos\theta$ をベクトル $\boldsymbol{y}$ のベクトル $\boldsymbol{x}$ への正射影といいます．

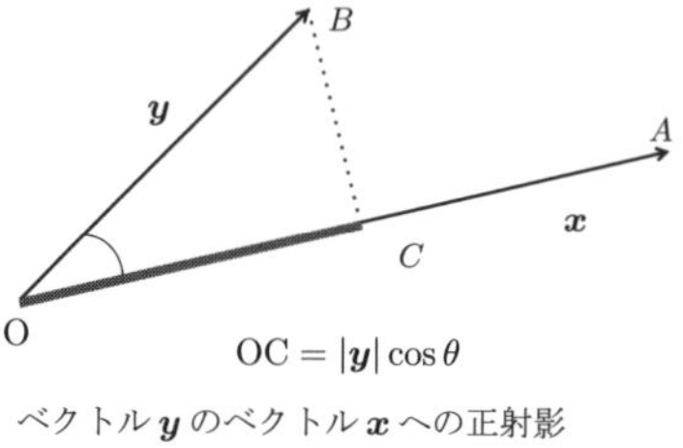

図 1.24　正射影

この2つのベクトルが同じ方向を向くとき，$\theta = 0$ であるから内積は最大値 $|\boldsymbol{x}||\boldsymbol{y}|$ をとり，反対の方向を向くときは $\theta = \pi$ であるから内積は最小値 $-|\boldsymbol{x}||\boldsymbol{y}|$ をとることが分かる．

最後に，内積の性質から得られる重要なシュワルツの不等式について紹介します．

定理 1.3　シュワルツの不等式

$\boldsymbol{x}, \boldsymbol{y} \in \boldsymbol{R}^n$ とします．このとき

$$|\boldsymbol{x}|^2|\boldsymbol{y}|^2 \geqq (\boldsymbol{x} \cdot \boldsymbol{y})^2$$

が成り立ちます．

証明　$\boldsymbol{x} = (x_1, x_2, \cdots, x_n), \boldsymbol{y} = (y_1, y_2, \cdots, y_n)$ として，$\displaystyle\sum_{i=1}^{n}(x_i t + y_i)^2$ を考えます．この式は任意の実数 t に対して非負となります．この式を展開してみましょう．

$$\sum_{i=1}^{n}(x_i t + y_i)^2 = \sum_{i=1}^{n}(x_i^2 t^2 + 2x_i y_i t + y_i^2)$$

$$
\begin{aligned}
&= \left(\sum_{i=1}^{n} x_i^2\right) t^2 + 2\left(\sum_{i=1}^{n} x_i y_i\right) t + \left(\sum_{i=1}^{n} y_i^2\right) \\
&\geqq 0
\end{aligned}
$$

となります．最後の2次不等式は，2次方程式の判別式が

$$
\left(\sum_{i=1}^{n} x_i y_i\right)^2 - \left(\sum_{i=1}^{n} x_i^2\right)\left(\sum_{i=1}^{n} y_i^2\right) \leqq 0
$$

となることと同値ですから，これは

$$
(\boldsymbol{x}\cdot\boldsymbol{y})^2 - |\boldsymbol{x}|^2|\boldsymbol{y}|^2 \leqq 0
$$

と書き換えられます．したがって，$|\boldsymbol{x}|^2|\boldsymbol{y}|^2 \geqq (\boldsymbol{x}\cdot\boldsymbol{y})^2$ が得られます．等号が成立するのは，

$$
x_1 : x_2 : \cdots : x_n = y_1 : y_2 : \cdots : y_n \text{ または } \boldsymbol{x} = \boldsymbol{0} \text{ または } \boldsymbol{y} = \boldsymbol{0}
$$

が成り立つときであることも分かります． ■

例題 1.25： 次の問いに答えなさい．

(1) $x + y + z \geqq 3$ であるとき，$x^2 + y^2 + z^2 \geqq x + y + z$ であることを示しなさい．

(2) $p, q, x, y > 0$ かつ $p + q = 1$ であるとき，$\sqrt{px + qy} \geqq p\sqrt{x} + q\sqrt{y}$ であることを示しなさい．

…………………………………………………………………………

解： (1) $\boldsymbol{a} = \left(\frac{1}{3}, \frac{1}{3}, \frac{1}{3}\right), \boldsymbol{b} = (x, y, z)$ とおくと，

$$
\begin{aligned}
|\boldsymbol{a}|^2 &= \frac{1}{9} + \frac{1}{9} + \frac{1}{9} = \frac{1}{3}, \quad |\boldsymbol{b}|^2 = x^2 + y^2 + z^2 \\
\boldsymbol{a}\cdot\boldsymbol{b} &= \frac{x}{3} + \frac{y}{3} + \frac{z}{3}
\end{aligned}
$$

であるから，シュワルツの不等式 $|\boldsymbol{a}|^2|\boldsymbol{b}|^2 \geqq (\boldsymbol{a}\cdot\boldsymbol{b})^2$ より，

$$
\begin{aligned}
\frac{1}{3}(x^2 + y^2 + z^2) &\geqq \left(\frac{x}{3} + \frac{y}{3} + \frac{z}{3}\right)^2 \\
(x^2 + y^2 + z^2) &\geqq 3\left(\frac{x}{3} + \frac{y}{3} + \frac{z}{3}\right)\left(\frac{x}{3} + \frac{y}{3} + \frac{z}{3}\right) \\
&= (x + y + z)\left(\frac{x}{3} + \frac{y}{3} + \frac{z}{3}\right)
\end{aligned}
$$

$$\geqq 3\left(\frac{x}{3}+\frac{y}{3}+\frac{z}{3}\right)$$
$$= x+y+z$$

が得られます．等号が成立するのは

$$\frac{1}{3}:\frac{1}{3}:\frac{1}{3} = x:y:z \text{ かつ } x+y+z=3$$

が成り立つときですから，$x=y=z=1$ となります．

(2) $\boldsymbol{a}=(\sqrt{p},\sqrt{q}), \boldsymbol{b}=(\sqrt{px},\sqrt{qy})$ とおくと，

$$|\boldsymbol{a}|^2 = p+q=1,\ \ |\boldsymbol{b}|^2 = px+qy$$
$$\boldsymbol{a}\cdot\boldsymbol{b} = p\sqrt{x}+q\sqrt{y}$$

となります．したがって，$|\boldsymbol{a}|^2|\boldsymbol{b}|^2 \geqq (\boldsymbol{a}\cdot\boldsymbol{b})^2$，$px+qy>0$ より

$$px+qy \geqq (p\sqrt{x}+q\sqrt{y})^2$$
$$\sqrt{px+qy} \geqq p\sqrt{x}+q\sqrt{y}$$

となります．等号が成立するのは

$$\sqrt{p}:\sqrt{q}=\sqrt{px}:\sqrt{qy},$$

つまり，$\sqrt{x}:\sqrt{y}=1:1$ となるときですから，$x=y$ となります．

■**練習問題 1.20**　$x+y+z+w \geqq 4$ であるとき，$x^2+y^2+z^2+w^2 \geqq x+y+z+w$ であることを示しなさい．

§1.10　外積

定義 1.18　ベクトルの外積

$\boldsymbol{x}=(x_1,x_2,x_3), \boldsymbol{y}=(y_1,y_2,y_3) \in \boldsymbol{R}^3$ を考えます．2つのベクトル $\boldsymbol{x},\boldsymbol{y}$ の外積を

$$\boldsymbol{x}\times\boldsymbol{y} = (x_2y_3-x_3y_2, x_3y_1-x_1y_3, x_1y_2-x_2y_1)$$

$$= (x_2y_3 - x_3y_2)\boldsymbol{i} + (x_3y_1 - x_1y_3)\boldsymbol{j} + (x_1y_2 - x_2y_1)\boldsymbol{k}$$

と定義します.

$\boldsymbol{i} = (1,0,0), \boldsymbol{j} = (0,1,0), \boldsymbol{k} = (0,0,1)$ は $\boldsymbol{R}^3$ の基本ベクトルです. 基本ベクトルの外積がどのような性質をもつのか, 例題を通して学習しましょう.

例題 1.26： 次が成り立つことを確認しなさい.

$$\boldsymbol{i} \times \boldsymbol{j} = \boldsymbol{k}$$

$$\boldsymbol{j} \times \boldsymbol{k} = \boldsymbol{i}$$

$$\boldsymbol{k} \times \boldsymbol{i} = \boldsymbol{j}$$

解： $\boldsymbol{i}$ と $\boldsymbol{j}$ の外積のみ計算します.

$$\boldsymbol{i} = (1,0,0) = (x_1, x_2, x_3)$$

$$\boldsymbol{j} = (0,1,0) = (y_1, y_2, y_3)$$

とおくと, x_1 と y_2 のみ 1 で, それ以外は 0 であるから,

$$\begin{aligned}\boldsymbol{i} \times \boldsymbol{j} &= (x_2y_3 - x_3y_2, x_3y_1 - x_1y_3, x_1y_2 - x_2y_1) \\ &= (0 \cdot 0 - 0 \cdot 1, 0 \cdot 0 - 1 \cdot 0, 1 \cdot 1 - 0 \cdot 0) \\ &= (0,0,1) \\ &= \boldsymbol{k}\end{aligned}$$

となります. 式中の $\cdot$ は実数同士のかけ算の記号です. 残りの証明は練習問題とします.

■**練習問題 1.21**　$\boldsymbol{j} \times \boldsymbol{k} = \boldsymbol{i}, \boldsymbol{k} \times \boldsymbol{i} = \boldsymbol{j}$ となることを確認しなさい. また, $\boldsymbol{i} \times \boldsymbol{i} = \boldsymbol{0}, \boldsymbol{j} \times \boldsymbol{j} = \boldsymbol{0}, \boldsymbol{k} \times \boldsymbol{k} = \boldsymbol{0}$ が成り立つことを確認しなさい.

ベクトルの外積は他にも以下の性質をもっています．

定理 1.4

k を実数とし，$\boldsymbol{x}, \boldsymbol{y} \in \boldsymbol{R}^3$ とすると以下の性質が成り立ちます．

1. $\boldsymbol{x} \times \boldsymbol{y} = -\boldsymbol{y} \times \boldsymbol{x}$
2. $\boldsymbol{x} \times (\boldsymbol{y} + \boldsymbol{z}) = \boldsymbol{x} \times \boldsymbol{y} + \boldsymbol{x} \times \boldsymbol{z}$
3. $(\boldsymbol{x} + \boldsymbol{y}) \times \boldsymbol{z} = \boldsymbol{x} \times \boldsymbol{z} + \boldsymbol{y} \times \boldsymbol{z}$
4. $(k\boldsymbol{x}) \times \boldsymbol{y} = \boldsymbol{x} \times (k\boldsymbol{y})$
5. $\boldsymbol{x} \times \boldsymbol{x} = \boldsymbol{0}$

ベクトルの外積は非可換な演算（つまり，$\boldsymbol{a} \times \boldsymbol{b} \neq \boldsymbol{b} \times \boldsymbol{a}$）ですが，分配法則は成り立ちます．

■練習問題 1.22　定理 1.4 を証明しなさい．

外積のノルムについて考えると以下のようにベクトルの内積が関係してくることが分かります．

$$|\boldsymbol{x} \times \boldsymbol{y}| = \sqrt{|\boldsymbol{x}|^2|\boldsymbol{y}|^2 - (\boldsymbol{x} \cdot \boldsymbol{y})^2}$$

これは以下のような計算によって確認することができます．外積の定義から，$\boldsymbol{x} \times \boldsymbol{y}$ のノルムを 2 乗したものは

$$|\boldsymbol{x} \times \boldsymbol{y}|^2 = (x_2y_3 - x_3y_2)^2 + (x_3y_1 - x_1y_3)^2 + (x_1y_2 - x_2y_1)^2$$

となります．この式の右辺を展開すると

$$\begin{aligned} |\boldsymbol{x} \times \boldsymbol{y}|^2 &= x_2^2y_3^2 - 2x_2y_2x_3y_3 + x_3^2y_2^2 \\ &\quad + x_3^2y_1^2 - 2x_1y_1x_3y_3 + x_1^2y_3^2 \\ &\quad + x_1^2y_2^2 - 2x_1y_1x_2y_2 + x_2^2y_1^2 \end{aligned}$$

となります．$2x_1y_1x_2y_2, 2x_2y_2x_3y_3, 2x_1y_1x_3y_3$ の項は

$$(x_1y_1 + x_2y_2 + x_3y_3)^2 = x_1^2y_1^2 + x_2^2y_2^2 + x_3^2y_3^2 + 2x_1y_1x_2y_2 + 2x_2y_2x_3y_3 + 2x_1y_1x_3y_3$$

という計算から得られるため，これによって，

$$
\begin{aligned}
|\boldsymbol{x}\times\boldsymbol{y}|^2 &= x_2^2y_3^2+x_3^2y_2^2+x_3^2y_1^2+x_1^2y_3^2+x_1^2y_2^2+x_2^2y_1^2\\
&\quad -2(x_2y_2x_3y_3+x_1y_1x_3y_3+x_1y_1x_2y_2)\\
&= x_2^2y_3^2+x_3^2y_2^2+x_3^2y_1^2+x_1^2y_3^2+x_1^2y_2^2+x_2^2y_1^2\\
&\quad -\Big((x_1y_1+x_2y_2+x_3y_3)^2-(x_1^2y_1^2+x_2^2y_2^2+x_3^2y_3^2)\Big)\\
&= x_1^2y_1^2+x_2^2y_2^2+x_3^2y_3^2+x_2^2y_3^2+x_3^2y_2^2+x_3^2y_1^2+x_1^2y_3^2+x_1^2y_2^2+x_2^2y_1^2\\
&\quad -(x_1y_1+x_2y_2+x_3y_3)^2\\
&= (x_1^2+x_2^2+x_3^2)(y_1^2+y_2^2+y_3^2)-(x_1y_1+x_2y_2+x_3y_3)^2\\
&= |\boldsymbol{x}|^2|\boldsymbol{y}|^2-(\boldsymbol{x}\cdot\boldsymbol{y})^2
\end{aligned}
$$

となることが分かります．この計算はシュワルツの不等式の別証明にもなっています．

ベクトルの内積は

$$\boldsymbol{x}\cdot\boldsymbol{y}=|\boldsymbol{x}||\boldsymbol{y}|\cos\theta$$

のように cos 関数が出てきますが，ベクトルの外積では sin 関数が出てくることが次のようにして分かります．ここで $0\leqq\theta\leqq\pi$ は 2 つの零でないベクトル $\boldsymbol{x},\boldsymbol{y}$ のなす角とします．

$$
\begin{aligned}
|\boldsymbol{x}\times\boldsymbol{y}| &= \sqrt{|\boldsymbol{x}|^2|\boldsymbol{y}|^2-(\boldsymbol{x}\cdot\boldsymbol{y})^2}=\sqrt{|\boldsymbol{x}|^2|\boldsymbol{y}|^2-|\boldsymbol{x}|^2|\boldsymbol{y}|^2\cos^2\theta}\\
&= \sqrt{|\boldsymbol{x}|^2|\boldsymbol{y}|^2\,(1-\cos^2\theta)}=\sqrt{|\boldsymbol{x}|^2|\boldsymbol{y}|^2\sin^2\theta}
\end{aligned}
$$

これにより，

$$|\boldsymbol{x}\times\boldsymbol{y}|=|\boldsymbol{x}||\boldsymbol{y}|\sin\theta$$

となることが分かります．

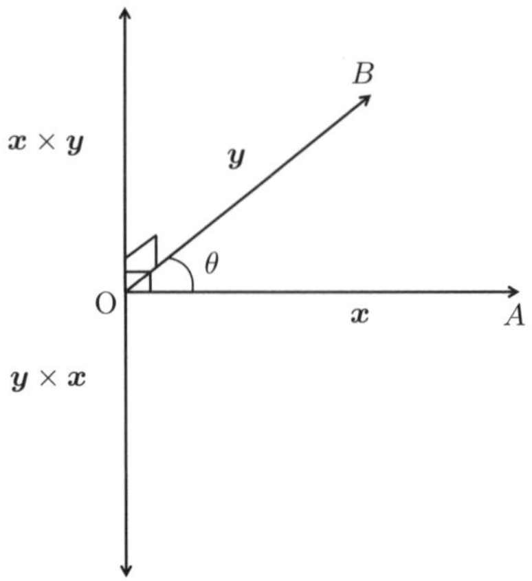

図 1.25　外積の大きさと平行四辺形の面積の関係

例題 1.27：　$\boldsymbol{x}, \boldsymbol{y}$ を 3 次元ベクトルとする．このとき，$\boldsymbol{x} \times \boldsymbol{y} \neq \boldsymbol{0}$ が成り立つことと $\{\boldsymbol{x}, \boldsymbol{y}\}$ が線形独立であることは同値であることを示しなさい．

…………………………………………………………………………

解：　証明する命題の対偶は

$\boldsymbol{x} \times \boldsymbol{y} = \boldsymbol{0}$ となることと $\{\boldsymbol{x}, \boldsymbol{y}\}$ が線形従属であることは同値である

となるため，これを示します．まず $\boldsymbol{x} = (x_1, x_2, x_3), \boldsymbol{y} = (y_1, y_2, y_3)$ として $\boldsymbol{x} \times \boldsymbol{y} = \boldsymbol{0}$ を仮定すると，

$$x_2 y_3 - x_3 y_2 = 0, \quad x_3 y_1 - x_1 y_3 = 0, \quad x_1 y_2 - x_2 y_1 = 0$$

が成り立ちます．これらを $\frac{x_2}{y_2} = \frac{x_3}{y_3}, \frac{x_3}{y_3} = \frac{x_1}{y_1}, \frac{x_1}{y_1} = \frac{x_2}{y_2}$ と変形することで

$$\frac{x_1}{y_1} = \frac{x_2}{y_2} = \frac{x_3}{y_3}$$

が成り立つことが分かります．これは，比の関係 $x_1 : x_2 : x_3 = y_1 : y_2 : y_3$ が成り立つことを意味しており，ある実数 c によって，ベクトル $\boldsymbol{x}$ は

$$\boldsymbol{x} = (x_1, x_2, x_3) = (cy_1, cy_2, cy_3) = c(y_1, y_2, y_3) = c\boldsymbol{y}$$

と表されることを意味します．したがって，$\{\boldsymbol{x}, \boldsymbol{y}\}$ は線形従属であることが分かります．この逆を辿っていくことで，$\{\boldsymbol{x}, \boldsymbol{y}\}$ が線形従属であるときは $\boldsymbol{x} \times \boldsymbol{y} = \boldsymbol{0}$ となります．具体的には，$\boldsymbol{x} = (x_1, x_2, x_3), \boldsymbol{y} = (cx_1, cx_2, cx_3)$ とおいて $\boldsymbol{x} \times \boldsymbol{y}$ を計算するとよいでしょう．

■練習問題 1.23 $\boldsymbol{R}^3$ 上の平面上の異なる 2 点 A, B を考え，原点とこの 2 点を結ぶ有向線分 $\boldsymbol{x} = \overrightarrow{\mathrm{OA}}, \boldsymbol{y} = \overrightarrow{\mathrm{OB}}$ を考える．θ を $\overrightarrow{\mathrm{OA}}, \overrightarrow{\mathrm{OB}}$ のなす角として $0 < \theta < \frac{\pi}{2}$ とする．このとき，$\overrightarrow{\mathrm{OA}}, \overrightarrow{\mathrm{OB}}$ から作られる平行四辺形の面積 S を $\boldsymbol{x}$ と $\boldsymbol{y}$ の外積を用いて表しなさい．

第2章

行列と3重積

この章では，スカラー3重積とベクトル3重積について主に学習します．スカラー3重積の計算は行列式と関係があります．また，ベクトルの外積も形式的に行列式と関連させることもできます．したがって，本章では行列の基礎から学習を進めていくことにします．

§2.1　行列

1章の最後に，ベクトルの外積について学びましたが，ベクトルの外積は，行列式という概念を用いると定義を覚えやすくなります．行列式の定義を理解するために，まずは行列の定義からはじめていきます．

定義 2.1　行列と行列の成分

数や文字を長方形状に並べたものを行列といいます．行列では，横の並びのことを行，縦の並びのことを列といいます．m 個の行と，n 個の列からなる行列を $m \times n$ 型の行列（または単に $m \times n$ 行列）といいます．$\boldsymbol{A}$ を $m \times n$ 行列としましょう．行列 $\boldsymbol{A}$ の i 行目を第 i 行ベクトル，j 列目を第 j 列ベクトルといいます．また，行列 $\boldsymbol{A}$ の第 i 行かつ第 j 列にある数や文字のことを，行列 $\boldsymbol{A}$ の (i,j) 成分といい，a_{ij} のように表します．

例題 2.1：　$\boldsymbol{A} = \begin{pmatrix} 1 & 0 & -1 & y \\ 0 & x & 2 & -3 \\ 0 & 0 & 0 & 0 \end{pmatrix}$ とする．このとき，次の問いに答えなさい．

(1) 行列 $\boldsymbol{A}$ の型を求めなさい．

(2) 行列 $\boldsymbol{A}$ の第2行ベクトルと第1列ベクトルを求めなさい．

(3) 行列 $\boldsymbol{A}$ の $(3,2)$ 成分 a_{32} を求めなさい．

解：　(1) $\boldsymbol{A}$ は3行と4列からなる行列であるから 3×4 行列になります．

(2) $\boldsymbol{A}$ の第2行ベクトルは $(0, x, 2, -3)$ であり，第1列ベクトルは $\begin{pmatrix} 1 \\ 0 \\ 0 \end{pmatrix}$ となります．

(3) a_{32} は第3行ベクトル $(0,0,0,0)$ の第2成分であるから，$a_{32} = 0$ となります．

定義 2.2 **正方行列，対角行列，単位行列，零行列**

行と列の個数が等しい行列のことを正方行列といいます．$n \times n$ 行列のことを n 次正方行列と呼ぶこともあります．n 次正方行列 $\boldsymbol{A}$ のうち，行列の対角線上に並ぶ成分 $a_{ii}(1 \leqq i \leqq n)$ 以外がすべて 0 である行列を対角行列といいます．対角行列の対角成分がすべて 1 である行列を単位行列といいます．また，成分がすべて 0 である行列を零行列といいます．

行列の演算について簡単に紹介しておきます．

定義 2.3 **行列の加法**

2 つの $m \times n$ 行列 $\boldsymbol{A}, \boldsymbol{B}$ を考えます．$i = 1, 2, \cdots, m$，$j = 1, 2, \cdots, n$ とします．a_{ij}, b_{ij} をそれぞれ $\boldsymbol{A}, \boldsymbol{B}$ の (i, j) 成分とするとき，$\boldsymbol{A}$ と $\boldsymbol{B}$ の和でできる行列 $\boldsymbol{C} = \boldsymbol{A} + \boldsymbol{B}$ の (i, j) 成分を

$$c_{ij} = a_{ij} + b_{ij}$$

と定義します．行列 $\boldsymbol{C}$ は $m \times n$ 行列です．

例題 2.2： 次の計算をしなさい．

(1) $\begin{pmatrix} 1 & 0 \\ 2 & -3 \end{pmatrix} + \begin{pmatrix} -3 & 2 \\ -4 & 5 \end{pmatrix}$ (2) $\begin{pmatrix} 0 & -1 & -3 \\ 1 & 0 & 2 \end{pmatrix} + \begin{pmatrix} 1 & -1 & 0 \\ 0 & -3 & 2 \end{pmatrix}$

解： (1)

$$\begin{pmatrix} 1 & 0 \\ 2 & -3 \end{pmatrix} + \begin{pmatrix} -3 & 2 \\ -4 & 5 \end{pmatrix} = \begin{pmatrix} 1-3 & 0+2 \\ 2-4 & -3+5 \end{pmatrix} = \begin{pmatrix} -2 & 2 \\ -2 & 2 \end{pmatrix}$$

(2)

$$\begin{pmatrix} 0 & -1 & -3 \\ 1 & 0 & 2 \end{pmatrix} + \begin{pmatrix} 1 & -1 & 0 \\ 0 & -3 & 2 \end{pmatrix} = \begin{pmatrix} 1 & -2 & -3 \\ 1 & -3 & 4 \end{pmatrix}$$

定義 2.4　**行列の乗法**

$m \times n$ 行列 $\boldsymbol{A}$ と $n \times r$ 行列 $\boldsymbol{B}$ を考えます．$i = 1, 2, \cdots, m$，$j = 1, 2, \cdots, n$，$k = 1, 2, \cdots, r$ とします．行列 $\boldsymbol{A}, \boldsymbol{B}$ の積 $\boldsymbol{D} = \boldsymbol{AB}$ の (i, j) 成分を

$$d_{ik} = \sum_{j=1}^{n} a_{ij} b_{jk}$$

と定義します．行列 D は $m \times r$ 行列です．行列 $\boldsymbol{A}$ の列の個数と，行列 $\boldsymbol{B}$ の行の個数が同じでなければ，行列の掛け算 $\boldsymbol{AB}$ を定義することはできません．

例題 2.3：　次の行列の中から掛け算ができる行列の組を選び，計算しなさい．

$$\boldsymbol{A} = \begin{pmatrix} -1 & 3 \end{pmatrix}, \boldsymbol{B} = \begin{pmatrix} 1 \\ 0 \\ 3 \end{pmatrix}, \boldsymbol{C} = \begin{pmatrix} 1 & -2 & -3 \\ 1 & -3 & 4 \end{pmatrix}, \boldsymbol{D} = \begin{pmatrix} 1 & -2 \\ 1 & 0 \end{pmatrix}$$

解：　行列の型はそれぞれ，$\boldsymbol{A}$ が 1×2，$\boldsymbol{B}$ が 3×1, $\boldsymbol{C}$ が 2×3，$\boldsymbol{D}$ が 2×2 です．掛け算が計算できる行列の組み合わせは

$$\boldsymbol{AC}, \boldsymbol{AD}, \boldsymbol{BA}, \boldsymbol{CB}, \boldsymbol{DC}$$

です．

$$\begin{aligned}
\boldsymbol{AC} &= \begin{pmatrix} -1+3 & 2-9 & 3+12 \end{pmatrix} = \begin{pmatrix} 2 & -7 & 15 \end{pmatrix} \\
\boldsymbol{AD} &= \begin{pmatrix} -1+3 & 2+0 \end{pmatrix} = \begin{pmatrix} 2 & 2 \end{pmatrix} \\
\boldsymbol{BA} &= \begin{pmatrix} -1 & 3 \\ 0 & 0 \\ -3 & 9 \end{pmatrix} \\
\boldsymbol{CB} &= \begin{pmatrix} 1+0-9 \\ 1+0+12 \end{pmatrix} = \begin{pmatrix} -8 \\ 13 \end{pmatrix}
\end{aligned}$$

$$\boldsymbol{DC} = \begin{pmatrix} 1-2 & -2+6 & -3-8 \\ 1+0 & -2+0 & -3+0 \end{pmatrix} = \begin{pmatrix} -1 & 4 & -11 \\ 1 & -2 & -3 \end{pmatrix}$$

一般的に，行列の掛け算は，実数の掛け算とは異なる性質を持っています．これらの性質については，以下の練習問題を解いて確認してください．

■練習問題 2.1　$\boldsymbol{A} = \begin{pmatrix} 1 & 2 \\ 3 & 6 \end{pmatrix}, \boldsymbol{B} = \begin{pmatrix} 2 & -4 \\ -1 & 2 \end{pmatrix}, \boldsymbol{O} = \begin{pmatrix} 0 & 0 \\ 0 & 0 \end{pmatrix}$ とするとき，次の問に答えなさい．

(1) $AB \neq BA$ となることを確認しなさい．（つまり，行列の積は可換とは限りません．）

(2) $AB = O$ となることを確認しなさい．（つまり，$\boldsymbol{A}, \boldsymbol{B}$ が零行列でない場合でも，積が零行列となることがあります．このような行列 $\boldsymbol{A}, \boldsymbol{B}$ を零因子といいます．）

§2.2　行列式

ベクトルの外積の表記は，この章で学習する行列式を用いると便利です．また，あとで学習するスカラー3重積でも行列式の形が出てきます．行列式の定義は一般的な形で与えますが，本書で利用する行列式は主に 3×3 行列式になります．

以下，行列式を定義するための準備を手短に行います．

定義 2.5　**奇順列と偶順列**

1から n までの自然数を並べたものを

$$\sigma = (\sigma(1), \sigma(2), \cdots, \sigma(n))$$

と表し，n 次の順列と呼びます．特に，$\sigma(1) = 1, \sigma(2) = 2, \cdots, \sigma(i) = i, \cdots, \sigma(n) = n$ となる順列 $(1, 2, \cdots, n)$ を基本順列といいます．与えられた順列の2つの数を入れ替えることを互換といい，奇数回の互換によって基本順列に変形できる順列のことを奇順列，偶数回の互換によって基本順列に変形できる順列のことを偶順列と呼びます．

例題 2.4：　3次の順列 $\sigma_1 = (1,3,2), \sigma_2 = (2,3,1)$ は奇順列であるか偶順列であるか答えなさい．

解：　まず $\sigma_1 = (1,3,2)$ について考えます．3と2を入れ換えることで

$$(1,3,2) \to (1,2,3)$$

と基本順列になります．つまり，$\sigma_1 = (1,3,2)$ は1回の互換で基本順列にできるため，奇順列であることが分かります．同様に，$\sigma_2 = (2,3,1)$ については，はじめに3と1，次に2と1を入れ換えることで

$$(2,3,1) \to (2,1,3) \to (1,2,3)$$

となります．つまり，$\sigma_2 = (2,3,1)$ は2回の互換で基本順列にできるため，偶順列であることが分かります．

■**練習問題 2.2**　3次の順列 $\sigma_3 = (2,1,3), \sigma_4 = (3,1,2), \sigma_5 = (3,2,1)$ を奇順列であるものと偶順列であるものとに分類しなさい．

定義 2.6　行列式

$\boldsymbol{A}$ を n 次正方行列とします．S_n を n 次の順列全体の集合とし，$\sigma \in S_n$ とします．このとき，

$$|\boldsymbol{A}| = \sum_{\sigma \in S_n} \mathrm{sgn}(\sigma) a_{1\sigma(1)} a_{2\sigma(2)} \cdots a_{n\sigma(n)}$$

を $\boldsymbol{A}$ の行列式といいます．なお，$\mathrm{sgn}(\sigma)$ は，σ が奇順列の場合は -1，偶順列の場合は $+1$ という値をとるものとします．

1からnまでのn個の自然数を並べかえる操作をn次の置換ともいいます．例えば，置換

$$\sigma = \begin{pmatrix} 1 & 2 & 3 \\ 2 & 3 & 1 \end{pmatrix}$$

は，1を2に，2を3に，3を1に移し，これを

$$\sigma(1) = 2, \quad \sigma(2) = 3, \quad \sigma(3) = 1$$

のように表すこともあります．

例題 2.5： 3次正方行列 $\boldsymbol{A} = \begin{pmatrix} a_{11} & a_{12} & a_{13} \\ a_{21} & a_{22} & a_{23} \\ a_{31} & a_{32} & a_{33} \end{pmatrix}$ の行列式を求めなさい．

解： S_3 は3次の順列全体の集合で

$$\sigma_1 = (1,2,3), \sigma_2 = (1,3,2), \sigma_3 = (2,1,3)$$
$$\sigma_4 = (2,3,1), \sigma_5 = (3,1,2), \sigma_6 = (3,2,1)$$

の6個の元から構成されています．このうち，奇順列となるものは

$$\{\sigma_2 = (1,3,2), \sigma_3 = (2,1,3), \sigma_6 = (3,2,1)\}$$

であり，偶順列となるものは

$$\{\sigma_1 = (1,2,3), \sigma_4 = (2,3,1), \sigma_5 = (3,1,2)\}$$

です．したがって，奇順列となる順列に対しては

$$\mathrm{sgn}(\sigma_2) = \mathrm{sgn}(\sigma_3) = \mathrm{sgn}(\sigma_6) = -1$$

となり，偶順列に対しては

$$\mathrm{sgn}(\sigma_1) = \mathrm{sgn}(\sigma_4) = \mathrm{sgn}(\sigma_5) = 1$$

となります．単項式 $a_{1\sigma(1)}a_{2\sigma(2)}\cdots a_{n\sigma(n)}$ の部分については，いまは $n = 3$ の場合を考えているため，$a_{1\sigma(1)}a_{2\sigma(2)}a_{3\sigma(3)}$ を考えれば良いことになります．

例えば，$\sigma_6 = (3,2,1)$ に対応する単項式は $\sigma_6(1) = 3, \sigma_6(2) = 2, \sigma_6(3) = 1$ となるため，

$$a_{1\sigma_6(1)}a_{2\sigma_6(2)}a_{3\sigma_6(3)} = a_{13}a_{22}a_{31}$$

と計算します．以上まとめると，

$$\begin{aligned}|\boldsymbol{A}| &= \mathrm{sgn}(\sigma_1)a_{1\sigma_1(1)}a_{2\sigma_1(2)}a_{3\sigma_1(3)} + \mathrm{sgn}(\sigma_2)a_{1\sigma_2(1)}a_{2\sigma_2(2)}a_{3\sigma_2(3)}\\ &\quad +\mathrm{sgn}(\sigma_3)a_{1\sigma_3(1)}a_{2\sigma_3(2)}a_{3\sigma_3(3)} + \mathrm{sgn}(\sigma_4)a_{1\sigma_4(1)}a_{2\sigma_4(2)}a_{3\sigma_4(3)}\\ &\quad +\mathrm{sgn}(\sigma_5)a_{1\sigma_5(1)}a_{2\sigma_5(2)}a_{3\sigma_5(3)} + \mathrm{sgn}(\sigma_6)a_{1\sigma_6(1)}a_{2\sigma_6(2)}a_{3\sigma_6(3)}\\ &= a_{11}a_{22}a_{33} + (-1)a_{11}a_{23}a_{32}\\ &\quad +(-1)a_{12}a_{21}a_{33} + a_{12}a_{23}a_{31}\\ &\quad +a_{13}a_{21}a_{32} + (-1)a_{13}a_{22}a_{31}\\ &= a_{11}a_{22}a_{33} + a_{12}a_{23}a_{31} + a_{13}a_{21}a_{32} - a_{11}a_{23}a_{32} - a_{12}a_{21}a_{33} - a_{13}a_{22}a_{31}\end{aligned}$$

となります．

3次正方行列の行列式は本書ではとても重要になります．サラスの展開と呼ばれる計算方法がありますので，この方法を用いて3次正方行列の行列式をいつでも計算できるようにしておきましょう．

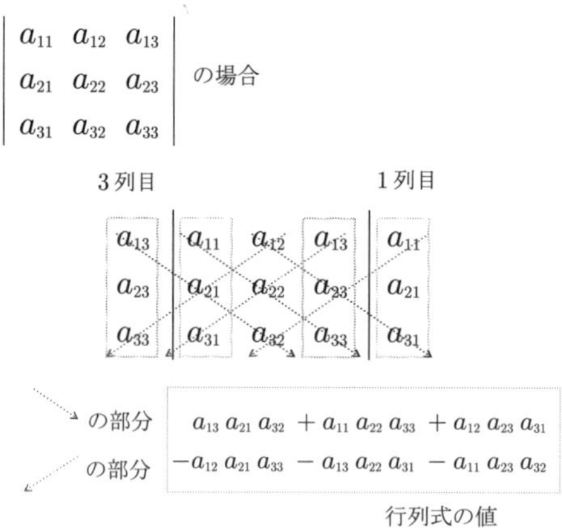

図 2.1　サラスの展開

■練習問題 2.3 次の行列の行列式を計算しなさい.

(1) $\boldsymbol{A} = \begin{pmatrix} 5 & 3 \\ 2 & 1 \end{pmatrix}$ (2) $\boldsymbol{B} = \begin{pmatrix} 2 & -1 & 3 \\ 1 & 2 & -2 \\ 3 & 1 & 1 \end{pmatrix}$

定義 2.7 行列式を用いた外積の定義

ベクトルの外積 $\boldsymbol{x} \times \boldsymbol{y}$ は次のように形式的に行列式を用いて定義されることがあります. $\boldsymbol{x} = (x_1, x_2, x_3), \boldsymbol{y} = (y_1, y_2, y_3)$ とすると

$$\boldsymbol{x} \times \boldsymbol{y} = \begin{vmatrix} x_2 & x_3 \\ y_2 & y_3 \end{vmatrix} \boldsymbol{i} + \begin{vmatrix} x_3 & x_1 \\ y_3 & y_1 \end{vmatrix} \boldsymbol{j} + \begin{vmatrix} x_1 & x_2 \\ y_1 & y_2 \end{vmatrix} \boldsymbol{k} = \begin{vmatrix} \boldsymbol{i} & \boldsymbol{j} & \boldsymbol{k} \\ x_1 & x_2 & x_3 \\ y_1 & y_2 & y_3 \end{vmatrix}$$

と表されます.

サラスの展開を用いると

$$\begin{vmatrix} \boldsymbol{i} & \boldsymbol{j} & \boldsymbol{k} \\ x_1 & x_2 & x_3 \\ y_1 & y_2 & y_3 \end{vmatrix} = x_1y_2\boldsymbol{k} + x_2y_3\boldsymbol{i} + x_3y_1\boldsymbol{j} - x_1y_3\boldsymbol{j} - x_2y_1\boldsymbol{k} - x_3y_2\boldsymbol{i}$$

$$= (x_2y_3 - x_3y_2)\boldsymbol{i} + (x_3y_1 - x_1y_3)\boldsymbol{j} + (x_1y_2 - x_2y_1)\boldsymbol{k}$$

となることが確認できます.

例題 2.6: $\boldsymbol{x} = 2\boldsymbol{i} + 1\boldsymbol{j} - \boldsymbol{k}, \boldsymbol{y} = 0\boldsymbol{i} + \boldsymbol{j} + \boldsymbol{k}$ であるとき,

$$\boldsymbol{x} \times \boldsymbol{y} = \begin{vmatrix} \boldsymbol{i} & \boldsymbol{j} & \boldsymbol{k} \\ 2 & 1 & -1 \\ 0 & 1 & 1 \end{vmatrix}$$

を計算しなさい.

…………………………………………………………………………

解: サラスの展開を用いて,

$$\begin{vmatrix} \boldsymbol{i} & \boldsymbol{j} & \boldsymbol{k} \\ 2 & 1 & -1 \\ 0 & 1 & 1 \end{vmatrix} = (1+1)\boldsymbol{i} + (0-2)\boldsymbol{j} + (2-0)\boldsymbol{k}$$
$$= (2, -2, 2)$$

と計算します．

■**練習問題 2.4**　サラスの展開を用いて，次の計算をしなさい．
(1) $\boldsymbol{x} = (1, -2, 0), \boldsymbol{y} = (2, 1, 3)$ であるとき，$\boldsymbol{x} \times \boldsymbol{y}$ を求めなさい．
(2) $\boldsymbol{a} = (0, 1, 2), \boldsymbol{b} = (2, -1, 3)$ であるとき，$\boldsymbol{a} \times \boldsymbol{b}$ を求めなさい．

以下，定理として行列式の性質についてまとめておきます．一般の n に対して同じ性質が成り立ちますが，ここでは3次正方行列 $\begin{pmatrix} a_{11} & a_{12} & a_{13} \\ a_{21} & a_{22} & a_{23} \\ a_{31} & a_{32} & a_{33} \end{pmatrix}$ の形として紹介します．

定理 2.1　**行列式の性質**

(1)

$$c\begin{vmatrix} a_{11} & a_{12} & a_{13} \\ a_{21} & a_{22} & a_{23} \\ a_{31} & a_{32} & a_{33} \end{vmatrix} = \begin{vmatrix} ca_{11} & ca_{12} & ca_{13} \\ a_{21} & a_{22} & a_{23} \\ a_{31} & a_{32} & a_{33} \end{vmatrix} = \begin{vmatrix} a_{11} & a_{12} & a_{13} \\ ca_{21} & ca_{22} & ca_{23} \\ a_{31} & a_{32} & a_{33} \end{vmatrix} = \begin{vmatrix} a_{11} & a_{12} & a_{13} \\ a_{21} & a_{22} & a_{23} \\ ca_{31} & ca_{32} & ca_{33} \end{vmatrix}$$

が成り立ちます．
(2) 2つ行ベクトルを交換すると，行列式は (-1) 倍になります．例えば，

$$\begin{vmatrix} a_{11} & a_{12} & a_{13} \\ a_{21} & a_{22} & a_{23} \\ a_{31} & a_{32} & a_{33} \end{vmatrix} = -\begin{vmatrix} a_{21} & a_{22} & a_{23} \\ a_{11} & a_{12} & a_{13} \\ a_{31} & a_{32} & a_{33} \end{vmatrix}$$

となります．
(3) まったく同じ行ベクトルを含む行列式は0になります．例えば，

$$\begin{vmatrix} a_{11} & a_{12} & a_{13} \\ a_{11} & a_{12} & a_{13} \\ a_{31} & a_{32} & a_{33} \end{vmatrix} = 0$$

となります.

(4) ある行ベクトルのスカラー倍を他の行に足しても，行列式は同じ値をとります．例えば,

$$\begin{vmatrix} a_{11} & a_{12} & a_{13} \\ a_{21} & a_{22} & a_{23} \\ a_{31} & a_{32} & a_{33} \end{vmatrix} = \begin{vmatrix} a_{11} & a_{12} & a_{13} \\ a_{21} \pm ca_{11} & a_{22} \pm ca_{12} & a_{23} \pm ca_{13} \\ a_{31} & a_{32} & a_{33} \end{vmatrix}$$

となります.

例題 2.7： 次の行列式を計算しなさい.

(1) $\begin{vmatrix} 1 & 2 & 3 \\ 0 & 1 & -1 \\ 1 & 2 & 3 \end{vmatrix}$　(2) $\begin{vmatrix} 1 & 2 & 0 \\ 0 & 1 & 0 \\ 2 & 0 & 4 \end{vmatrix}$　(3) $\begin{vmatrix} 1 & 2 & 3 \\ 4 & 5 & 6 \\ 5 & 7 & 9 \end{vmatrix}$

解： (1) 第1行と第3行が同じであるため，定理2.1の(3)より,

$$\begin{vmatrix} 1 & 2 & 3 \\ 0 & 1 & -1 \\ 1 & 2 & 3 \end{vmatrix} = 0$$

となります.

(2) 第3行は2(102)とできるため，定理2.1の(1)より,

$$\begin{vmatrix} 1 & 2 & 0 \\ 0 & 1 & 0 \\ 2 & 0 & 4 \end{vmatrix} = 2\begin{vmatrix} 1 & 2 & 0 \\ 0 & 1 & 0 \\ 1 & 0 & 2 \end{vmatrix} = 2(0+2+0-0-0-0) = 4$$

となります.

(3) 第3行は第1行と第2行を足したものであるため，定理2.1の(4)より，

$$\begin{vmatrix} 1 & 2 & 3 \\ 4 & 5 & 6 \\ 5 & 7 & 9 \end{vmatrix} = 0$$

となります．

■練習問題 2.5　定理2.1の性質を用いて，次の行列式を計算しなさい．

(1) $\begin{vmatrix} 1 & 0 & -1 \\ 2 & -1 & 3 \\ 4 & -1 & 1 \end{vmatrix}$　　(2) $\begin{vmatrix} 3 & 1 & 2 \\ 4 & 5 & 6 \\ 6 & 2 & 4 \end{vmatrix}$

§2.3　スカラー3重積

これまでにベクトルの内積と外積という2つの演算について学びましたが，ここでは，この2種類の演算を組み合わせた演算を考えます．これは例えば，実数における足し算と掛け算による $a(b+c) = ab + ac$ のような分配法則を計算することに似た作業になります．

ただし，ここからは記号の使い方に注意が必要になります．（要素がすべて実数であるベクトルを実ベクトルといいます．）

1. ここで使用する記号 $\boldsymbol{x}, \boldsymbol{y}, \boldsymbol{z}$ はいずれも3次元実ベクトル（要素がすべて実数であるベクトルを実ベクトルといいます）とします．
2. ab は実数 a と b の通常の掛け算を表すものとします．
3. $\boldsymbol{x} \cdot \boldsymbol{y}$ はベクトル $\boldsymbol{x}$ と $\boldsymbol{y}$ の内積を表します．ここでは，通常の実数の掛け算には $\cdot$ という記号を使いません．
4. $\boldsymbol{x} \times \boldsymbol{y}$ はベクトル $\boldsymbol{x}$ と $\boldsymbol{y}$ の外積を表します．

また，$\boldsymbol{x} \cdot \boldsymbol{y}$ はスカラーに，$\boldsymbol{x} \times \boldsymbol{y}$ はベクトルになることに注意してください．復習すると，$\boldsymbol{x} = (x_1, x_2, x_3), \boldsymbol{y} = (y_1, y_2, y_3)$ とすると，

$$\begin{aligned} \boldsymbol{x} \cdot \boldsymbol{y} &= x_1y_1 + x_2y_2 + x_3y_3 \\ \boldsymbol{x} \times \boldsymbol{y} &= (x_2y_3 - x_3y_2)\boldsymbol{i} + (x_3y_1 - x_1y_3)\boldsymbol{j} + (x_1y_2 - x_2y_1)\boldsymbol{k} \end{aligned}$$

となります．

定義 2.8　スカラー3重積

以下の式を，スカラー3重積と呼びます．

$$\boldsymbol{x}\cdot(\boldsymbol{y}\times\boldsymbol{z}) \tag{2.1}$$

スカラー3重積の具体的な計算は，以下の定理が示す通り，3つのベクトル $\boldsymbol{x}=(x_1,x_2,x_3),\boldsymbol{y}=(y_1,y_2,y_3),\boldsymbol{z}=(z_1,z_2,z_3)$ の成分を用いた行列式を計算することで求めることができます．

定理 2.2

スカラー3重積について，以下の等式が成り立ちます．

$$\boldsymbol{x}\cdot(\boldsymbol{y}\times\boldsymbol{z})=\begin{vmatrix} x_1 & x_2 & x_3 \\ y_1 & y_2 & y_3 \\ z_1 & z_2 & z_3 \end{vmatrix}$$

右辺は $\boldsymbol{x},\boldsymbol{y},\boldsymbol{z}$ をそれぞれ，第1行，第2行，第3行としてできる行列式です．

証明　証明は，外積と内積の計算の定義を使用するだけです．まず，左辺について考えます．

$$\boldsymbol{y}\times\boldsymbol{z}=(y_2z_3-y_3z_2)\boldsymbol{i}+(y_3z_1-y_1z_3)\boldsymbol{j}+(y_1z_2-y_2z_1)\boldsymbol{k}$$

ですから，

$$\begin{aligned}\boldsymbol{x}\cdot(\boldsymbol{y}\times\boldsymbol{z}) &= x_1(y_2z_3-y_3z_2)+x_2(y_3z_1-y_1z_3)+x_3(y_1z_2-y_2z_1) \\ &= x_1y_2z_3-x_1y_3z_2+x_2y_3z_1-x_2y_1z_3+x_3y_1z_2-x_3y_2z_1\end{aligned}$$

となります．一方，右辺の行列式は

$$\begin{vmatrix} x_1 & x_2 & x_3 \\ y_1 & y_2 & y_3 \\ z_1 & z_2 & z_3 \end{vmatrix}=x_1y_2z_3+x_2y_3z_1+x_3y_1z_2-x_1y_3z_2-x_2y_1z_3-x_3y_2z_1$$

となるため,

$$\boldsymbol{x} \cdot (\boldsymbol{y} \times \boldsymbol{z}) = \begin{vmatrix} x_1 & x_2 & x_3 \\ y_1 & y_2 & y_3 \\ z_1 & z_2 & z_3 \end{vmatrix}$$

となることが分かります.

■

例題 2.8：　(1) $\boldsymbol{x} = 2\boldsymbol{i} - \boldsymbol{j} + \boldsymbol{k}, \boldsymbol{y} = -\boldsymbol{i} + 2\boldsymbol{j} - \boldsymbol{k}, \boldsymbol{z} = \boldsymbol{i} + \boldsymbol{j} - \boldsymbol{k}$ であるとき，$\boldsymbol{x} \cdot (\boldsymbol{y} \times \boldsymbol{z})$ を外積を計算してから内積を計算して求めなさい.
(2) (1) を定理 2.2 を用いて計算しなさい.

解：　(1) はじめに外積の計算をします.

$$\boldsymbol{y} \times \boldsymbol{z} = (-2+1)\boldsymbol{i} + (-1-1)\boldsymbol{j} + (-1-2)\boldsymbol{k} = -\boldsymbol{i} - 2\boldsymbol{j} - 3\boldsymbol{k}$$

となります．したがって,

$$\boldsymbol{x} \cdot (\boldsymbol{y} \times \boldsymbol{z}) = -2 + 2 - 3 = -3$$

となります.
(2) 今度は定理 2.2 を使って計算します．サラスの展開などを用いて

$$\boldsymbol{x} \cdot (\boldsymbol{y} \times \boldsymbol{z}) = \begin{vmatrix} 2 & -1 & 1 \\ -1 & 2 & -1 \\ 1 & 1 & -1 \end{vmatrix} = -3$$

となることが分かります.

■練習問題 2.6　次の問いに答えなさい.
(1) $\boldsymbol{a} = 2\boldsymbol{i} - \boldsymbol{k}, \boldsymbol{b} = -\boldsymbol{i} + \boldsymbol{j}, \boldsymbol{c} = \boldsymbol{j} + \boldsymbol{k}$ であるとき，スカラー3重積 $\boldsymbol{a} \cdot (\boldsymbol{b} \times \boldsymbol{c})$ を計算しなさい.

(2) $\boldsymbol{x} = -3\boldsymbol{i}+2\boldsymbol{j}, \boldsymbol{y} = -\boldsymbol{i}+\boldsymbol{k}, \boldsymbol{z} = \boldsymbol{j}+2\boldsymbol{k}$ であるとき，スカラー3重積 $\boldsymbol{x}\cdot(\boldsymbol{y}\times\boldsymbol{z})$ を計算しなさい．

以下の図のような3つの向きと大きさが固定されたベクトル $\boldsymbol{x}, \boldsymbol{y}, \boldsymbol{z}$ から定まる平行六面体を，ベクトル $\boldsymbol{x}, \boldsymbol{y}, \boldsymbol{z}$ の張る平行六面体と呼ぶことにします．

定理 2.3　スカラー3重積と平行六面体の体積

$\boldsymbol{x}, \boldsymbol{y}, \boldsymbol{z}$ の張る平行六面体の体積を V とすると

$$V = \boldsymbol{x}\cdot(\boldsymbol{y}\times\boldsymbol{z}) = \begin{vmatrix} x_1 & x_2 & x_3 \\ y_1 & y_2 & y_3 \\ z_1 & z_2 & z_3 \end{vmatrix}$$

が成り立ちます．

証明　$\boldsymbol{x}, \boldsymbol{y}, \boldsymbol{z}$ の張る平行六面体において，底面積は $\boldsymbol{y}, \boldsymbol{z}$ の張る平行四辺形を考えると $|\boldsymbol{y}\times\boldsymbol{z}|$ であり，高さは $|\boldsymbol{x}|\cos\theta$ であるから，この平行六面体の体積 V は

$$|\boldsymbol{x}||\boldsymbol{y}\times\boldsymbol{z}|\cos\theta \tag{2.2}$$

となることが分かります．ここで θ は，2つのベクトル $\boldsymbol{y}\times\boldsymbol{z}$ と $\boldsymbol{x}$ のなす角を表します．式2.2はベクトルの内積を表していることが分かります．分かりにくい場合は，$\boldsymbol{y}\times\boldsymbol{z} = \boldsymbol{a}$ とおいてみると，θ は $\boldsymbol{a} = \boldsymbol{y}\times\boldsymbol{z}$ と $\boldsymbol{x}$ のなす角を表しているのですから，

$$V = |\boldsymbol{x}||\boldsymbol{y}\times\boldsymbol{z}|\cos\theta = |\boldsymbol{a}||\boldsymbol{x}|\cos\theta = |\boldsymbol{x}||\boldsymbol{a}|\cos\theta = \boldsymbol{x}\cdot\boldsymbol{a}$$

となります．したがって，

$$V = \boldsymbol{x}\cdot\boldsymbol{a} = \boldsymbol{x}\cdot(\boldsymbol{y}\times\boldsymbol{z})$$

となることが分かります．これは，スカラー3重積 $\boldsymbol{x}\cdot(\boldsymbol{y}\times\boldsymbol{z})$ は，$\boldsymbol{x}, \boldsymbol{y}, \boldsymbol{z}$ の張る平行六面体の体積を表すという幾何学的な意味をもつことを表しています．■

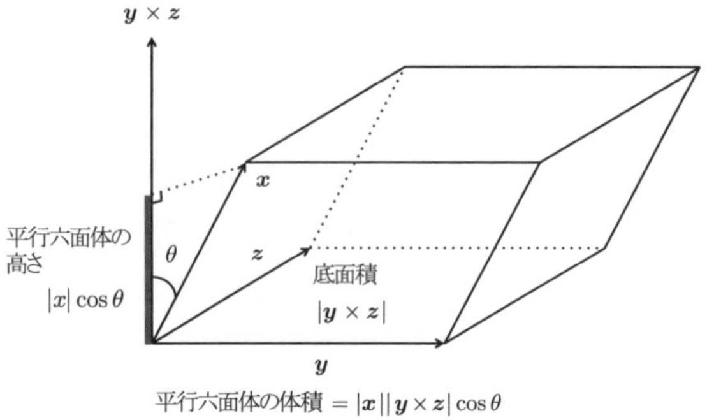

図 2.2　ベクトル $\boldsymbol{x}, \boldsymbol{y}, \boldsymbol{z}$ の張る平行六面体

例題 2.9：　次の問いに答えなさい．

(1) $\boldsymbol{x} = \boldsymbol{i} + \boldsymbol{j} - \boldsymbol{k}, \boldsymbol{y} = \boldsymbol{j} + 2\boldsymbol{k}, \boldsymbol{z} = 2\boldsymbol{i} + \boldsymbol{j}$ が張る平行六面体の体積 V を求めなさい．

(2) スカラー3重積において

$$\boldsymbol{x} \cdot (\boldsymbol{y} \times \boldsymbol{z}) = (\boldsymbol{x} \times \boldsymbol{y}) \cdot \boldsymbol{z} = (\boldsymbol{z} \times \boldsymbol{x}) \cdot \boldsymbol{y}$$

が成り立つことを確かめなさい．

解：　(1) $\boldsymbol{x}, \boldsymbol{y}, \boldsymbol{z}$ が張る平行六面体の体積は

$$V = \boldsymbol{x} \cdot (\boldsymbol{y} \times \boldsymbol{z}) = \begin{vmatrix} 1 & 1 & -1 \\ 0 & 1 & 2 \\ 2 & 1 & 0 \end{vmatrix} = 0 + 0 + 4 - (0 - 2 + 2) = 4$$

となります．

(2) スカラー3重積 $\boldsymbol{x} \cdot (\boldsymbol{y} \times \boldsymbol{z})$ は，$\boldsymbol{x}, \boldsymbol{y}, \boldsymbol{z}$ が張る平行六面体の体積を表しています．この平行六面体の体積を求める際，底面を $\boldsymbol{x}, \boldsymbol{y}$ が張る平行四辺形とすると高さは $|\boldsymbol{z}|\cos\theta_1$ となり，底面を $\boldsymbol{z} \times \boldsymbol{x}$ が張る平行四辺形とすると高さは $|\boldsymbol{y}|\cos\theta_2$ となります．ここで，θ_1, θ_2 はそれぞれ，$\boldsymbol{x} \times \boldsymbol{y}$ と $\boldsymbol{z}$ のなす角，$\boldsymbol{z} \times \boldsymbol{x}$ と $\boldsymbol{y}$ のなす角を表します．あとは，定理 2.3 の証明と同じです．

■**練習問題 2.7**　零ベクトルでない3つの3次元ベクトル $\boldsymbol{x}, \boldsymbol{y}, \boldsymbol{z}$ を考える．3つのベクトルの中に同じベクトルがあるとき，スカラー3重積 $\boldsymbol{x} \cdot (\boldsymbol{y} \times \boldsymbol{z})$ が0になることを示しなさい．

定理 2.4

ベクトルの組 $\{\boldsymbol{x}, \boldsymbol{y}, \boldsymbol{z}\}$ が線形従属であることと，$\boldsymbol{x} \cdot (\boldsymbol{y} \times \boldsymbol{z}) = 0$ となることは同値になります．

証明　$\{\boldsymbol{x}, \boldsymbol{y}, \boldsymbol{z}\}$ が線形従属なら，例えば，実数 p, q を用いて

$$\boldsymbol{z} = p\boldsymbol{x} + q\boldsymbol{y}$$

のように表すことができます．すると，行列式の性質（p.58 定理 2.1(4)）から

$$\begin{aligned}\boldsymbol{x} \cdot (\boldsymbol{y} \times \boldsymbol{z}) &= \begin{vmatrix} x_1 & x_2 & x_3 \\ y_1 & y_2 & y_3 \\ z_1 & z_2 & z_3 \end{vmatrix} = \begin{vmatrix} x_1 & x_2 & x_3 \\ y_1 & y_2 & y_3 \\ px_1 + qy_1 & px_2 + qy_2 & px_3 + qy_3 \end{vmatrix} \\ &= 0\end{aligned}$$

となることが分かります．

■

■**練習問題 2.8**　$\boldsymbol{x} = \boldsymbol{i} + 2\boldsymbol{j} + 3\boldsymbol{k}, \boldsymbol{y} = \boldsymbol{i} + \boldsymbol{j} + \boldsymbol{k}, \boldsymbol{z} = 2\boldsymbol{i} + 3\boldsymbol{j} + 4\boldsymbol{k}$ とするとき，ベクトルの組 $\{\boldsymbol{x}, \boldsymbol{y}, \boldsymbol{z}\}$ が線形従属であることを確認し，スカラー3重積が0になることを確認しなさい．

スカラー3重積 $\boldsymbol{x} \cdot (\boldsymbol{y} \times \boldsymbol{z})$ は行列式から計算されることから分かる通り，正と負の両方の値をとることが分かります．スカラー3重積は3つのベクトルの張る正六面体の体積を表すのですから，その値が負の値をとることはおかしい話に感じるかもしれません．しかし，3次元の座標系には「右手系」と「左手系」の2通りの座標の取り方が存在します．結論だけ言いますと，$\boldsymbol{x} \cdot (\boldsymbol{y} \times \boldsymbol{z}) > 0$ となるとき，$\boldsymbol{x}, \boldsymbol{y}, \boldsymbol{z}$ は右手系の基底に，$\boldsymbol{x} \cdot (\boldsymbol{y} \times \boldsymbol{z}) < 0$ となるとき，$\boldsymbol{x}, \boldsymbol{y}, \boldsymbol{z}$ は左手系の基底になります．本書では右手系を用いていきます．

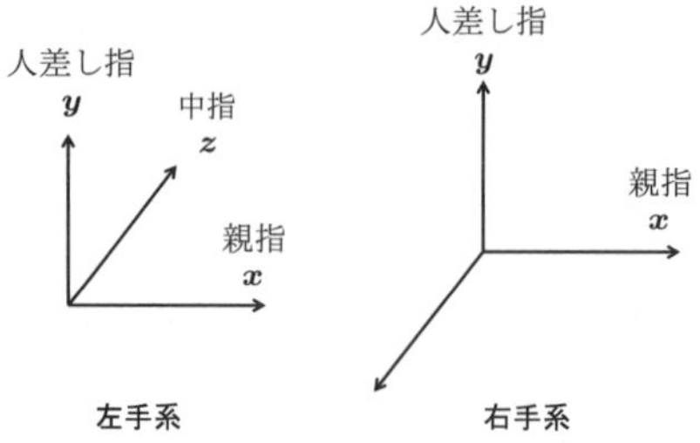

図 **2.3**　右手系と左手系

§2.4　ベクトル3重積

前節では，スカラー3重積 $\boldsymbol{x}\cdot(\boldsymbol{y}\times\boldsymbol{z})$ について考えました．この式の内積 $\cdot$ と外積 $\times$ を交換して

$$\boldsymbol{x}\times(\boldsymbol{y}\cdot\boldsymbol{z})$$

という式を考えると，この式は計算できないことが分かります．なぜなら，内積の計算 $\boldsymbol{y}\cdot\boldsymbol{z}$ はスカラーとなり，$\boldsymbol{x}$ との外積の計算ができなくなるからです．外積の計算は3次元ベクトル同士でしかできません．その他，次の2式

$$\boldsymbol{x}\cdot(\boldsymbol{y}\cdot\boldsymbol{z}),\ (\boldsymbol{x}\cdot\boldsymbol{y})\cdot\boldsymbol{z}$$

も計算できないことが分かります．内積の計算も，互いにベクトル同士でなければなりませんが，一度内積の計算をするとスカラーになるために計算ができなくなるのです．しかし，次の2式

$$\boldsymbol{x}(\boldsymbol{y}\cdot\boldsymbol{z}),\ (\boldsymbol{x}\cdot\boldsymbol{y})\boldsymbol{z}$$

は計算することができます．

例題 2.10：　$\boldsymbol{x}=(1,-1),\boldsymbol{y}=(3,2),\boldsymbol{z}=(0,2)$ であるとき，$\boldsymbol{x}(\boldsymbol{y}\cdot\boldsymbol{z})$ と $(\boldsymbol{x}\cdot\boldsymbol{y})\boldsymbol{z}$ を計算しなさい．

解：　$\boldsymbol{y}\cdot\boldsymbol{z}=0+4=4,\ \boldsymbol{x}\cdot\boldsymbol{y}=3-2=1$ であるから，

$$\begin{aligned} \boldsymbol{x}(\boldsymbol{y}\cdot\boldsymbol{z}) &= (1,-1)4 = 4(1,-1) = (4,-4) \\ (\boldsymbol{x}\cdot\boldsymbol{y})\boldsymbol{z} &= 1(0,2) = (0,2) \end{aligned}$$

となります．

これまで，内積と外積に関する演算について考えてきましたが，残りは

$$\boldsymbol{x}\times(\boldsymbol{y}\times\boldsymbol{z}),\ (\boldsymbol{x}\times\boldsymbol{y})\times\boldsymbol{z}$$

という外積に関する計算があります．例題2.10の計算は次で紹介するベクトル3重積の中に出てきます．

定義 2.9　ベクトル3重積

以下の式を，ベクトル3重積と呼びます．

$$\boldsymbol{x}\times(\boldsymbol{y}\times\boldsymbol{z})$$

ベクトル3重積の幾何的な意味を考えてみましょう．$\boldsymbol{y}\times\boldsymbol{z}$ は外積の定義からベクトルになります．外積の定義から，$\boldsymbol{x}$ と $\boldsymbol{x}\times(\boldsymbol{y}\times\boldsymbol{z})$ は垂直に交わっていることが分かります．同様に，$(\boldsymbol{y}\times\boldsymbol{z})$ と $\boldsymbol{x}\times(\boldsymbol{y}\times\boldsymbol{z})$ も垂直に交わっています．ここで，$(\boldsymbol{y}\times\boldsymbol{z})$ は $\boldsymbol{y},\boldsymbol{z}$ の張る平面に垂直に交わっているため，次の2つのことが分かります．

1. 2つのベクトル $\boldsymbol{x}$ と $\boldsymbol{y}\times\boldsymbol{z}$ は同一平面上にある．
2. 3つのベクトル $\boldsymbol{y},\boldsymbol{z},\boldsymbol{x}\times(\boldsymbol{y}\times\boldsymbol{z})$ は同一平面上にある．

したがって，ベクトル3重積 $\boldsymbol{x}\times(\boldsymbol{y}\times\boldsymbol{z})$ は

$$\boldsymbol{x}\times(\boldsymbol{y}\times\boldsymbol{z}) = c_1\boldsymbol{y} + c_2\boldsymbol{z}$$

という形で表されることが分かります．さらに，係数 c_1, c_2 の部分も，3つのベクトル $\boldsymbol{x},\boldsymbol{y},\boldsymbol{z}$ による内積で求められることが以下の定理から分かります．

定理 2.5

$\boldsymbol{x} \times (\boldsymbol{y} \times \boldsymbol{z}) = (\boldsymbol{x} \cdot \boldsymbol{z})\boldsymbol{y} - (\boldsymbol{x} \cdot \boldsymbol{y})\boldsymbol{z}$ が成り立ちます.

証明　ベクトルの外積 $\boldsymbol{x}\times(\boldsymbol{y}\times\boldsymbol{z})$ を具体的に計算していきます. $\boldsymbol{x} = (x_1, x_2, x_3)$, $\boldsymbol{y} = (y_1, y_2, y_3)$, $\boldsymbol{z} = (z_1, z_2, z_3)$ とおくと,

$$\boldsymbol{y} \times \boldsymbol{z} = (y_2z_3 - y_3z_2)\boldsymbol{i} + (y_3z_1 - y_1z_3)\boldsymbol{j} + (y_1z_2 - y_2z_1)\boldsymbol{k}$$

となります. したがって, $\boldsymbol{x} \times (\boldsymbol{y} \times \boldsymbol{z})$ の第1成分は

$$\begin{aligned}
& x_2(y_1z_2 - y_2z_1) - x_3(y_3z_1 - y_1z_3) = x_2y_1z_2 - x_2y_2z_1 - x_3y_3z_1 + x_3y_1z_3 \\
=& y_1(x_2z_2 + x_3z_3) - z_1(x_2y_2 + x_3y_3) \\
=& y_1(x_2z_2 + x_3z_3 + x_1z_1) - x_1y_1z_1 - z_1(x_2y_2 + x_3y_3 + x_1y_1) + x_1y_1z_1 \\
=& y_1(x_1z_1 + x_2z_2 + x_3z_3) - z_1(x_1y_1 + x_2y_2 + x_3y_3) \\
=& y_1(\boldsymbol{x} \cdot \boldsymbol{z}) - z_1(\boldsymbol{x} \cdot \boldsymbol{y})
\end{aligned}$$

となることが分かります. 同様に, 第2成分については

$$\begin{aligned}
& x_3(y_2z_3 - y_3z_2) - x_1(y_1z_2 - y_2z_1) = y_2(x_1z_1 + x_3z_3) - z_2(x_1y_1 + x_3y_3) \\
=& y_2(x_1z_1 + x_2z_2 + x_3z_3) - z_2(x_1y_1 + x_2y_2 + x_3y_3) \\
=& y_2(\boldsymbol{x} \cdot \boldsymbol{z}) - z_2(\boldsymbol{x} \cdot \boldsymbol{y})
\end{aligned}$$

となることが分かります. 第3成分についても同様に $y_3(\boldsymbol{x} \cdot \boldsymbol{z}) - z_3(\boldsymbol{x} \cdot \boldsymbol{y})$ と計算できますので, 残りは練習問題とします. ■

■練習問題 2.9　定理2.3において, 3次元ベクトル $\boldsymbol{x} \times (\boldsymbol{y} \times \boldsymbol{z})$ の第3成分が $y_3(\boldsymbol{x} \cdot \boldsymbol{z}) - z_3(\boldsymbol{x} \cdot \boldsymbol{y})$ となることを確認せよ.

定理 2.6　ヤコビの法則

3次元ベクトル $\boldsymbol{x}, \boldsymbol{y}, \boldsymbol{z}$ に対して, 以下の等式が成り立ちます.

$$\boldsymbol{x} \times (\boldsymbol{y} \times \boldsymbol{z}) + \boldsymbol{y} \times (\boldsymbol{z} \times \boldsymbol{x}) + \boldsymbol{z} \times (\boldsymbol{x} \times \boldsymbol{y}) = 0.$$

これをヤコビの法則といいます.

証明 定理2.5と同様にして，

$$\boldsymbol{y} \times (\boldsymbol{z} \times \boldsymbol{x}) = (\boldsymbol{x} \cdot \boldsymbol{y})\boldsymbol{z} - (\boldsymbol{y} \cdot \boldsymbol{z})\boldsymbol{x}$$
$$\boldsymbol{z} \times (\boldsymbol{x} \times \boldsymbol{y}) = (\boldsymbol{y} \cdot \boldsymbol{z})\boldsymbol{x} - (\boldsymbol{z} \cdot \boldsymbol{x})\boldsymbol{y}$$

が成り立つことを確かめることができます．これにより，

$$\begin{aligned}\boldsymbol{x} \times (\boldsymbol{y} \times \boldsymbol{z}) + \boldsymbol{y} \times (\boldsymbol{z} \times \boldsymbol{x}) + \boldsymbol{z} \times (\boldsymbol{x} \times \boldsymbol{y}) &= (\boldsymbol{x} \cdot \boldsymbol{z})\boldsymbol{y} - (\boldsymbol{x} \cdot \boldsymbol{y})\boldsymbol{z} \\ &\quad +(\boldsymbol{x} \cdot \boldsymbol{y})\boldsymbol{z} - (\boldsymbol{y} \cdot \boldsymbol{z})\boldsymbol{x} \\ &\quad +(\boldsymbol{y} \cdot \boldsymbol{z})\boldsymbol{x} - (\boldsymbol{z} \cdot \boldsymbol{x})\boldsymbol{y} \\ &= 0\end{aligned}$$

となることが確かめられます．内積の計算では $\boldsymbol{x} \cdot \boldsymbol{z} = \boldsymbol{z} \cdot \boldsymbol{x}$ とできることに注意しましょう． ■

例題 2.11： $\boldsymbol{x}, \boldsymbol{y}, \boldsymbol{z}$ を $\boldsymbol{x} \neq \boldsymbol{0}$，かつ $\boldsymbol{y}, \boldsymbol{z}$ が線形独立であるような3次元ベクトルとする．もし

$$\boldsymbol{x} \cdot \boldsymbol{y} = 0, \boldsymbol{x} \cdot \boldsymbol{z} = 0$$

であるなら，$\boldsymbol{x}$ と $\boldsymbol{y} \times \boldsymbol{z}$ は線形従属であることを示しなさい．

....

解： 仮定に注意すると，ベクトル3重積の性質より，

$$\boldsymbol{x} \times (\boldsymbol{y} \times \boldsymbol{z}) = (\boldsymbol{x} \cdot \boldsymbol{z})\boldsymbol{y} - (\boldsymbol{x} \cdot \boldsymbol{y})\boldsymbol{z} = 0\boldsymbol{y} - 0\boldsymbol{z} = \boldsymbol{0} - \boldsymbol{0} = \boldsymbol{0}$$

となります．$\boldsymbol{y}$ と $\boldsymbol{z}$ は線形独立であるから $\boldsymbol{y} \times \boldsymbol{z} \neq \boldsymbol{0}$ であり，仮定から $\boldsymbol{x} \neq \boldsymbol{0}$ であるから，$\boldsymbol{x} \times (\boldsymbol{y} \times \boldsymbol{z}) = \boldsymbol{0}$ は $\boldsymbol{x}$ と $\boldsymbol{y} \times \boldsymbol{z}$ は線形従属であることを意味することになります（p.46 例題1.27）．したがって，$\boldsymbol{x}$ と $\boldsymbol{y} \times \boldsymbol{z}$ は $\boldsymbol{R}^3$ 上の平行なベクトルであることが分かります．

■**練習問題 2.10**　$\boldsymbol{x} \times (\boldsymbol{y} \times \boldsymbol{z}) \neq (\boldsymbol{x} \times \boldsymbol{y}) \times \boldsymbol{z}$ であることを確認しなさい．

§2.5　四元数とベクトルの内積・外積

複素数は $i^2 = -1$ を満足する単位を用いて

$$\boldsymbol{C} = \{x + yi; x, y \in \boldsymbol{R}\}$$

と定義されます．i は虚数と呼ばれ，x を実部，y 虚部といいます．また，$x = 0$ のときは yi の部分を純虚数といいます．

四元数は，虚数 i 以外に，さらに2つの単位 j, k を付け加えて

$$\boldsymbol{H} = \{a + bi + cj + dk; a, b, c, d \in \boldsymbol{R}\}$$

と定義されます．ただし，

$$i^2 = j^2 = k^2 = ijk = -1$$

$$ij = k, jk = i, ki = j$$

$$ji = -k, kj = -i, ik = -j$$

とします．a の部分を実部といい，$a = 0$ である四元数を純四元数といいます．いま2つの純四元数

$$x = x_1 i + x_2 j + x_3 k,\ y = y_1 i + y_2 j + y_3 k$$

による積 xy を考えます．四元数 x には3次元ベクトル $\boldsymbol{x} = (x_1, x_2, x_3)$，$y$ には3次元ベクトル $\boldsymbol{y} = (y_1, y_2, y_3)$ を対応させることができます．$ij \neq ji, jk \neq kj, ki \neq ik$ に注意しながら，通常の文字式の展開を行うと，

$$\begin{aligned}
&xy = (x_1 i + x_2 j + x_3 k)(y_1 i + y_2 j + y_3 k)\\
&= x_1 y_1 i^2 + x_1 y_2 ij + x_1 y_3 ik + x_2 y_1 ji + x_2 y_2 j^2 + x_2 y_3 jk + x_3 y_1 ki + x_3 y_2 kj + x_3 y_3 k^2\\
&= -(x_1 y_1 + x_2 y_2 + x_3 y_3) + (x_1 y_2 ij + x_1 y_3 ik + x_2 y_1 ji + x_2 y_3 jk + x_3 y_1 ki + x_3 y_2 kj)\\
&= -(x_1 y_1 + x_2 y_2 + x_3 y_3) + (x_1 y_2 k + x_1 y_3(-j) + x_2 y_1(-k) + x_2 y_3 i + x_3 y_1 j + x_3 y_2(-i))\\
&= -(x_1 y_1 + x_2 y_2 + x_3 y_3) + (x_2 y_3 - x_3 y_2)i + (x_3 y_1 - x_1 y_3)j + (x_1 y_2 - x_2 y_1)k
\end{aligned}$$

が得られます．最後の式において，前半部分はベクトルの内積 $\boldsymbol{x}\cdot\boldsymbol{y}$ が，後半部分にはベクトルの外積 $\boldsymbol{x}\times\boldsymbol{y}$ がそれぞれ現れていることが分かります．ゆえに，$\boldsymbol{x}=(x_1,x_2,x_3), \boldsymbol{y}=(y_1,y_2,y_3)$ とおくと，純四元数の積は

$$xy = -\boldsymbol{x}\cdot\boldsymbol{y} + \boldsymbol{x}\times\boldsymbol{y}$$

のように表すことができます．x, y は純四元数でしたが，その積 xy は純四元数とは限らず，実部は $-\boldsymbol{x}\cdot\boldsymbol{y}$ と同じ係数をもち，純四元数部はベクトルの外積 $\boldsymbol{x}\times\boldsymbol{y}$ と同じ係数をもつことが分かります．

純四元数 x, y, z の積における結合法則

$$(xy)z = x(yz)$$

を示す際には，スカラー3重積を利用することができます．

$$\begin{aligned} x &= x_1 i + x_2 j + x_3 k \\ y &= y_1 i + y_2 j + y_3 k \\ z &= z_1 i + z_2 j + z_3 k \end{aligned}$$

とし，$\boldsymbol{x}=(x_1,x_2,x_3), \boldsymbol{y}=(y_1,y_2,y_3), \boldsymbol{z}=(z_1,z_2,z_3)$ とおきます．このとき，

$$xy = -\boldsymbol{x}\cdot\boldsymbol{y} + \boldsymbol{x}\times\boldsymbol{y}$$

であり，$-\boldsymbol{x}\cdot\boldsymbol{y}$ は実数であることに注意すると，

$$\begin{aligned} (xy)z &= (-\boldsymbol{x}\cdot\boldsymbol{y} + \boldsymbol{x}\times\boldsymbol{y})z \\ &= -(\boldsymbol{x}\cdot\boldsymbol{y})\boldsymbol{z} - (\boldsymbol{x}\times\boldsymbol{y})\cdot\boldsymbol{z} + (\boldsymbol{x}\times\boldsymbol{y})\times\boldsymbol{z} \\ &= -(\boldsymbol{x}\cdot\boldsymbol{y})\boldsymbol{z} - \begin{vmatrix} x_1 & x_2 & x_3 \\ y_1 & y_2 & y_3 \\ z_1 & z_2 & z_3 \end{vmatrix} + (\boldsymbol{x}\cdot\boldsymbol{z})\boldsymbol{y} - (\boldsymbol{y}\cdot\boldsymbol{z})\boldsymbol{x} \end{aligned}$$

が成り立ちます．

■練習問題 2.11 $x(yz)$ を求めなさい．

練習問題 2.11 の結果から，純四元数の積について，結合法則 $(xy)z = x(yz)$ が成り立つことが確認できます．実数の項をもつ四元数については，$a+x$ などと

おくことで，やはり積について結合法則が成り立つことが確認できます．

最後に，四元数の応用例として，3次元空間の点の回転の計算方法を紹介します．四元数を用いると，$\boldsymbol{R}^3$ 上の点 $\boldsymbol{x} = (x_1, x_2, x_3)$ の回転移動の計算が簡単にできるようになります．まず点 $\boldsymbol{x} = (x_1, x_2, x_3)$ を四元数

$$x = 0 + x_1 i + x_2 j + x_3 k$$

に対応させます．点の回転移動を実現するには，回転軸を決める必要がありますが，四元数を用いた回転の場合，原点を通る単位ベクトル $\boldsymbol{r} = (r_1, r_2, r_3)$ を考えます．回転軸 $\boldsymbol{r}$ を右ネジが進む方向に θ（弧度法で表すことします）だけ回転することを考えます．

計算に必要な四元数は，回転させる点の座標からなる

$$x = 0 + x_1 i + x_2 j + x_3 k$$

と，回転軸 $\boldsymbol{r} = (r_1, r_2, r_3)$ からなる

$$q = \cos\frac{\theta}{2} + r_1 \sin\frac{\theta}{2} i + r_2 \sin\frac{\theta}{2} j + r_3 \sin\frac{\theta}{2} k$$

です．回転移動後の座標は

$$x' = qx\overline{q}$$

で計算します．なお，$\overline{q}$ は q の共役四元数といい

$$\bar{q} = \cos\frac{\theta}{2} - r_1 \sin\frac{\theta}{2} i - r_2 \sin\frac{\theta}{2} j - r_3 \sin\frac{\theta}{2} k$$

とします．

例題 2.12：　$\boldsymbol{R}^3$ 上の点 $(1, 0, 0)$ を z 軸を中心に $\frac{\pi}{2}$ だけ回転移動してできる点の座標を求めなさい．

……………………………………………………………………………………

解：　まず，回転させる点 $(1, 0, 0)$ は四元数を用いて

$$x = 0 + 1i + 0j + 0k = i$$

と表されます．回転軸は z 軸ですから

$$
\begin{aligned}
q &= \cos\frac{\theta}{2} + r_1 \sin\frac{\theta}{2} i + r_2 \sin\frac{\theta}{2} j + r_3 \sin\frac{\theta}{2} k \\
&= \cos\frac{\theta}{2} + 0 \sin\frac{\theta}{2} i + 0 \sin\frac{\theta}{2} j + 1 \sin\frac{\theta}{2} k \\
&= \cos\frac{\theta}{2} + \sin\frac{\theta}{2} k
\end{aligned}
$$

となります．したがって，q の共役四元数は

$$
\overline{q} = \cos\frac{\theta}{2} - \sin\frac{\theta}{2} k
$$

となります．いま，$\theta = \frac{\pi}{2}$ より，したがって，

$$
\begin{aligned}
qx\overline{q} &= \left(\cos\frac{\pi}{4} + \sin\frac{\pi}{4} k\right) i \left(\cos\frac{\pi}{4} - \sin\frac{\pi}{4} k\right) \\
&= \left(\frac{1}{\sqrt{2}} i + \frac{1}{\sqrt{2}} ki\right)\left(\frac{1}{\sqrt{2}} - \frac{1}{\sqrt{2}} k\right) \\
&= \left(\frac{1}{\sqrt{2}} i + \frac{1}{\sqrt{2}} j\right)\left(\frac{1}{\sqrt{2}} - \frac{1}{\sqrt{2}} k\right) \\
&= \left(\frac{1}{\sqrt{2}}\right)^2 i + \left(\frac{1}{\sqrt{2}}\right)^2 j - \left(\frac{1}{\sqrt{2}}\right)^2 ik - \left(\frac{1}{\sqrt{2}}\right)^2 jk \\
&= \frac{1}{2} i + \frac{1}{2} j - \frac{1}{2}(-j) - \frac{1}{2} i \\
&= j
\end{aligned}
$$

$(0,1,0)$ となります．

§2.6　点の運動

❶　直線上の点の運動

直線上を移動する点 P の座標 x が時刻 t の関数 $x = f(t)$ と表されるとき，時刻 t における点 P の速度は

$$
v = \lim_{h \to 0} \frac{f(t+h) - f(t)}{(t+h) - t} = f'(t)
$$

と表され，時刻 t における点 P の加速度は

$$\alpha = \lim_{h \to 0} \frac{f'(t+h) - f'(t)}{(t+h) - t} = f''(t)$$

と表されます．$f'(t), f''(t)$ はそれぞれ $f(t)$ の第1次導関数，第2次導関数を表します．

例題 2.13：　数直線上を移動する点Pの時刻 t における座標 x が

$$x = f(t) = t^2 - t$$

と表されるとき，$t = 3$ における点Pの速度と加速度を求めなさい．

…………………………………………………………………………

解：　時刻 t における点Pの速度は $f'(t)$，加速度は $f''(t)$ から求めることができます．

$$f'(t) = 2t - 1, \quad f''(t) = 2$$

であるから，3秒後の点Pの速さは $f'(3) = 5$，加速度は $f''(3) = 2$ とそれぞれ求めることができます．

■練習問題 2.12　数直線上を移動する点Qの時刻 t における座標 x が

$$x = f(t) = 2t^3 - t^2$$

と表されるとき，$t = 2$ における点Qの速度と加速度を求めなさい．

❷　平面上の点の運動

平面上の曲線を移動する点Pの座標 (x, y) が時刻 t の関数

$$\boldsymbol{r}(t) = (x, y) = (f_1(t), f_2(t))$$

と表されるとき，時刻 t における点Pの速度ベクトルは

$$\boldsymbol{v}(t) = (f_1'(t), f_2'(t))$$

と表され，時刻 t における点Pの加速度ベクトルは

$$\boldsymbol{\alpha}(t) = \left(f_1''(t), f_2''(t)\right)$$

と表されます．また，時刻 t における点 P の速度と加速度はそれぞれ $|\boldsymbol{v}(t)|, |\boldsymbol{\alpha}(t)|$ で求めることができます．記号 $\boldsymbol{r}(t), \boldsymbol{v}(t), \boldsymbol{\alpha}(t)$ は 2 次元のベクトル値関数といいます．

$$\boldsymbol{r}'(t) = \boldsymbol{v}(t), \quad \boldsymbol{r}''(t) = \boldsymbol{\alpha}(t)$$

のように記述する場合もあります．

例題 2.14：　平面上の原点 O を中心とする半径 r の円周上を移動する点 P に対して，動径 OP が毎秒 ω ラジアン左回りに回転するとき，時刻 t における点 P の速度ベクトル $\boldsymbol{v}(t)$ と速度 $|\boldsymbol{v}(t)|$ を求めなさい．ただし，点 P は円周上の点 $(r, 0)$ を出発して左回りに回転するものとする．

解：　点 P が円周上の点 $(r, 0)$ を出発して t 秒後に点 (x, y) にいるとします．このとき，動径 OP と x 軸の正の方向のなす角は ωt と表されることから，

$$\begin{aligned} x &= f_1(t) = r\cos(\omega t) \\ y &= f_2(t) = r\sin(\omega t) \end{aligned}$$

となります．したがって，時刻 t における点 P の速度ベクトルは

$$\boldsymbol{v}(t) = \left(f_1'(t), f_2'(t)\right) = (-r\omega\sin(\omega t), r\omega\cos(\omega t))$$

となり，時刻 t における点 P の速度は，$r > 0, \omega > 0$ より

$$\begin{aligned} |\boldsymbol{v}(t)| &= \sqrt{(-r\omega\sin(\omega t))^2 + (r\omega\cos(\omega t))^2} \\ &= \sqrt{r^2\omega^2\left(\sin^2(\omega t) + \cos^2(\omega t)\right)} \\ &= r\omega \end{aligned}$$

となります．

■**練習問題 2.13**　例題 2.14 において，時刻 t における点 P の加速度ベクトル $\boldsymbol{\alpha}$

と加速度 $|\boldsymbol{\alpha}|$ をそれぞれ求めなさい．また，$\boldsymbol{v}\cdot\boldsymbol{\alpha}=0$ となることを確認しなさい．

❸ 空間上の点の運動

3次元空間上の曲線を移動する点Pの座標 (x,y,z) が時刻 t の関数

$$\boldsymbol{r}(t)=(x,y,z)=(f_1(t),f_2(t),f_3(t))$$

と表されるとき，時刻 t における点Pの速度ベクトルは

$$\boldsymbol{v}(t)=\left(f_1'(t),f_2'(t),f_3'(t)\right)$$

と表され，時刻 t における点Pの加速度ベクトルは

$$\boldsymbol{\alpha}(t)=\left(f_1''(t),f_2''(t),f_3''(t)\right)$$

と表されます．また，時刻 t における点Pの速度と加速度はそれぞれ $|\boldsymbol{v}(t)|,|\boldsymbol{\alpha}(t)|$ で求めることができます．計算は平面上の点の運動と同様にできます．

❹ 力のモーメント

$\boldsymbol{R}^3$ 上の点Aの位置ベクトルを $\boldsymbol{r}$ とし，点Aを始点とするベクトル $\boldsymbol{F}$ を考えます．ベクトル $\boldsymbol{r}$ の始点は原点ですから，点Aに力 $\boldsymbol{F}$ を加えると，原点Oを中心とした回転を考えることができます．このような，物体に回転運動を生じさせる力の効果のことを，力のモーメント，またはトルクといいます．具体的には，点Oの周りのベクトル $\boldsymbol{F}$ の力のモーメント $\boldsymbol{M}$ を

$$\boldsymbol{M}=\boldsymbol{r}\times\boldsymbol{F}$$

と定義します．2つのベクトル $\boldsymbol{r}$ と $\boldsymbol{F}$ のなす角を θ とおくと，

$$|\boldsymbol{M}|=|\boldsymbol{r}||\boldsymbol{F}|\sin\theta$$

となります．

例題 2.15： $\boldsymbol{R}^3$ 上の点 A(1,2,3) と点Aを始点とするベクトル $\boldsymbol{F}=(1,0,-2)=\boldsymbol{i}-2\boldsymbol{k}$ を考える．このとき，原点Oの周りのベクトル $\boldsymbol{F}$ のモーメント $\boldsymbol{M}$ を求めなさい．

解： 点 A の位置ベクトルは $\boldsymbol{r} = \boldsymbol{i} + 2\boldsymbol{j} + 3\boldsymbol{k}$ で与えられるから，

$$\boldsymbol{M} = \boldsymbol{r} \times \boldsymbol{F} = \begin{vmatrix} \boldsymbol{i} & \boldsymbol{j} & \boldsymbol{k} \\ 1 & 2 & 3 \\ 1 & 0 & -2 \end{vmatrix} = -4\boldsymbol{i} + 5\boldsymbol{j} - 2\boldsymbol{k}$$

となります．

■練習問題 2.14 $\boldsymbol{R}^3$ 上の点 A$(1, 0, -1)$ と点 A を始点とするベクトル $\boldsymbol{F} = (1, 1, 0) = \boldsymbol{i} + \boldsymbol{j}$ を考える．このとき，原点 O の周りのベクトル $\boldsymbol{F}$ のモーメント $\boldsymbol{M}$ を求めなさい．

第3章

偏微分法

この章では 1 変数関数の微分法の知識を仮定して，多変数関数の微分法について学習をします．1 変数関数の極限値では，点 x を点 a に近づけるには 2 通りあり，右極限値と左極限値を考えました．2 変数関数の極限値では，点 (x, y) を点 (a, b) に近づけるには任意の方向から直線的に，蚊取り線香のように回りながらなど，さまざまな近づけ方があります．1 変数関数の極値を求める問題では，x の値の範囲を 1 行目に書く増減表を用いました．2 変数関数の極値を求める問題では (x, y) の値の範囲を書くことが困難です．以上の例のように，1 変数関数と n 変数関数 $(n \geqq 2)$ には少しだけ違いがあります．

§3.1　空間における平面と直線の方程式

昨今はディジタル技術が発達した社会となりました．そのような状況で身の回りをふり返ってみましょう．テレビ画面やPCのモニタをみてもわかるように，空間において直線や平面を点の集合で表すことは自然に理解できます．平面と直線の点の集合から平面と直線の方程式が次のように与えられます．

❶ 直線の方程式

点 (α, β, γ) を通り，方向ベクトルが $\boldsymbol{n} = (n_x, n_y, n_z)$ の直線は $\mathrm{L} = \{(\alpha, \beta, \gamma) + t\boldsymbol{n} \mid t \in \boldsymbol{R}\}$ と書けます．（異なる 2 点 $(\alpha, \beta, \gamma), (\alpha_1, \beta_1, \gamma_1)$ を通る直線 L は，$\boldsymbol{n} = (\alpha, \beta, \gamma) - (\alpha_1, \beta_1, \gamma_1)$ とするとき，$\mathrm{L} = \{(\alpha, \beta, \gamma) + t\boldsymbol{n} \mid t \in \boldsymbol{R}\}$ とも書けます.）直線 L の方程式は，もし $n_x \neq 0, n_y \neq 0$ かつ $n_z \neq 0$ のときは

$$\frac{x-\alpha}{n_x} = \frac{y-\beta}{n_y} = \frac{z-\gamma}{n_z}$$

となり，$n_x \neq 0, n_y \neq 0$ かつ $n_z = 0$ のときは

$$\frac{x-\alpha}{n_x} = \frac{y-\beta}{n_y},\ z = \gamma \tag{3.1}$$

となり，$n_x \neq 0, n_y = 0$ かつ $n_z = 0$ のときは

$$y = \beta,\ z = \gamma$$

となります．

つまり，もし $n_x \neq 0, n_y \neq 0$ かつ $n_z \neq 0$ ならば

$$\mathrm{L} = \left\{ (x, y, z) \in \boldsymbol{R}^3 \;\middle|\; \frac{x-\alpha}{n_x} = \frac{y-\beta}{n_y} = \frac{z-\gamma}{n_z} \right\}$$

となります．なぜならば，右辺を M とおいて $\mathrm{L} \subset \mathrm{M}$ かつ $\mathrm{L} \supset \mathrm{M}$ となることを次のように示します．任意に $(x, y, z) \in \mathrm{L}$ とすると，ある $t \in \boldsymbol{R}$ が存在して $(x, y, z) = (\alpha, \beta, \gamma) + t\boldsymbol{n}$ と書けます．すると，$\frac{x-\alpha}{n_x} = \frac{(\alpha+tn_x)-\alpha}{n_x} = t, \frac{y-\beta}{n_y} = \frac{(\beta+tn_y)-\beta}{n_y} = t, \frac{z-\gamma}{n_z} = \frac{(\gamma+tn_z)-\gamma}{n_z} = t$ なので，$\frac{x-\alpha}{n_x} = \frac{y-\beta}{n_y} = \frac{z-\gamma}{n_z}$ となります．ゆえに，$(x, y, z) \in \mathrm{M}$ なので $\mathrm{L} \subset \mathrm{M}$ となります．任意に $(x, y, z) \in \mathrm{M}$ とします．$t = \frac{x-\alpha}{n_x} = \frac{y-\beta}{n_y} = \frac{z-\gamma}{n_z}$ とおくと $(x, y, z) = (\alpha + tn_x, \beta + tn_y, \gamma + tn_z) = (\alpha, \beta, \gamma) + t\boldsymbol{n} \in \mathrm{L}$ となります．ゆえに，$(x, y, z) \in \mathrm{L}$ なので $\mathrm{L} \supset \mathrm{M}$ となります．以上より，$\mathrm{L} = \mathrm{M}$ となります．

■**練習問題 3.1** 上記の記号の下で，$n_x \neq 0, n_y \neq 0$ かつ $n_z = 0$ のときは

$$\mathrm{L} = \left\{ (x, y, z) \in \boldsymbol{R}^3 \;\middle|\; \frac{x-\alpha}{n_x} = \frac{y-\beta}{n_y}, z = \gamma \right\}$$

となり，$n_x \neq 0, n_y = 0$ かつ $n_z = 0$ のときは

$$\mathrm{L} = \left\{ (x, y, z) \in \boldsymbol{R}^3 \;\middle|\; y = \beta, z = \gamma \right\}$$

となることを示しなさい．

❷ 平面の方程式

点 (α, β, γ) と，この点を通る異なる 2 つの直線 L_1 と L_2 を含む平面は直線 $\mathrm{L}_i (i = 1, 2)$ の方向ベクトルを $\boldsymbol{\ell}_i$ とすると $\mathrm{P} = \{(\alpha, \beta, \gamma) + h\boldsymbol{\ell}_1 + k\boldsymbol{\ell}_2 \mid h, k \in \boldsymbol{R}\}$ と書けます．平面 P の法線ベクトルを $\boldsymbol{n} = (a, b, c)$ とすると，平面 P の方程式は

$$a(x-\alpha) + b(y-\beta) + c(z-\gamma) = 0 \tag{3.2}$$

となります．

つまり，

$$\mathrm{P} = \left\{ (x, y, z) \in \boldsymbol{R}^3 \;\middle|\; a(x-\alpha) + b(y-\beta) + c(z-\gamma) = 0 \right\}$$

となります．

はじめに, 右辺を Q とおきます．任意に $(x, y, z) \in \mathrm{P}$ とすると，ある $h, k \in \boldsymbol{R}$ が存在して $(x, y, z) = (\alpha, \beta, \gamma) + h\boldsymbol{\ell}_1 + k\boldsymbol{\ell}_2$ と書けます．$\boldsymbol{\ell}_i = (\ell_{i1}, \ell_{i2}, \ell_{i3})$ とすると，$\boldsymbol{n}$ と $\boldsymbol{\ell}_i$ は直交することより $a(x-\alpha) + b(y-\beta) + c(z-\gamma) = a((\alpha + h\ell_{11} + k\ell_{21}) - \alpha) + b((\beta + h\ell_{12} + k\ell_{22}) - \beta) + c((\gamma + h\ell_{13} + k\ell_{23}) - \gamma) = h(a\ell_{11} + b\ell_{12} + c\ell_{13}) + k(a\ell_{21} + b\ell_{22} + c\ell_{23}) = h0 + k0 = 0$ なので $(x, y, z) \in \mathrm{Q}$ となります．ゆえに，$\mathrm{P} \subset \mathrm{Q}$ です．任意に $(x, y, z) \in \mathrm{Q}$ とすると，$a(x-\alpha) + b(y-\beta) + c(z-\gamma) = (a, b, c) \cdot (x-\alpha, y-\beta, z-\gamma)$ なので $(x-\alpha, y-\beta, z-\gamma)$ は法線ベクトル $\boldsymbol{n}$ に垂直です．点 (α, β, γ) を通り，法線ベクトル $\boldsymbol{n}$ に垂直な平面はただ一つ存在するので $(x, y, z) \in \mathrm{P}$ です．ゆえに，$\mathrm{P} \supset \mathrm{Q}$ です．以上より，$\mathrm{P} = \mathrm{Q}$ となります．

§3.2　多変数関数とグラフ

1 変数関数は，変数 x の数値に対して変数 y の数値がただ一つ対応するときに $y = f(x)$ と書きます．同様に，2 変数関数は，変数 x と y の数値に対して変数 z の数値がただ一つ対応するときに $z = f(x, y)$ と書きます．n 個の変数を $x_1, x_2, \ldots, x_n$ とする n 変数関数は $y = f(x_1, x_2, \ldots, x_n)$，または $\boldsymbol{x} = (x_1, x_2, \ldots, x_n)$ とおいて $y = f(\boldsymbol{x})$ と書きます．一般に，n 変数関数 $(n \geqq 2)$ を多変数関数といいます．

関数を入力するとグラフを表示してくれるソフトウエアをインターネットで探すことは難しくないと思います．そのソフトウエアに1変数関数を入力すると曲線が出力され，2 変数関数を入力すると曲面が出力されます．

たとえば，平面 $z = -x - y + 1$ のグラフをみてみましょう．

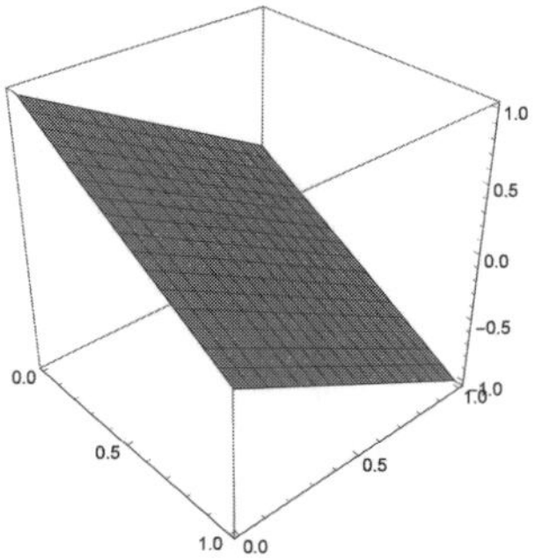

図 3.1　平面 $z = -x - y + 1$ のグラフ

x, y, z 切片がそれぞれ $(1, 0, 0), (0, 1, 0), (0, 0, 1)$ とわかります．

次に，回転放物面 $z = x^2 + y^2$ のグラフ（曲面）をみてみましょう．回転放

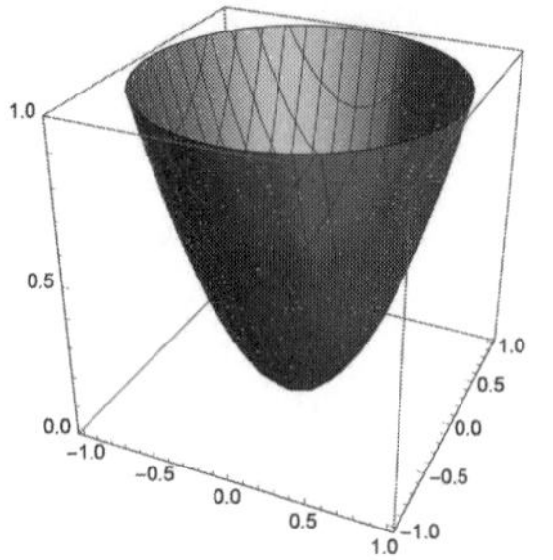

図 3.2　回転放物面 $z = x^2 + y^2$

物面は $y = 0$ $(x = 0)$ とすると，つまり平面 $y = 0$ $(x = 0)$ との交線が放物線 $z = x^2$ $(z = y^2)$ とわかります．

2 変数関数 $z = \sin x \cos y$ のグラフ（曲面）は図 3.3 のようになります．また，$z = x^3$ のグラフは図 3.4 のようになります．

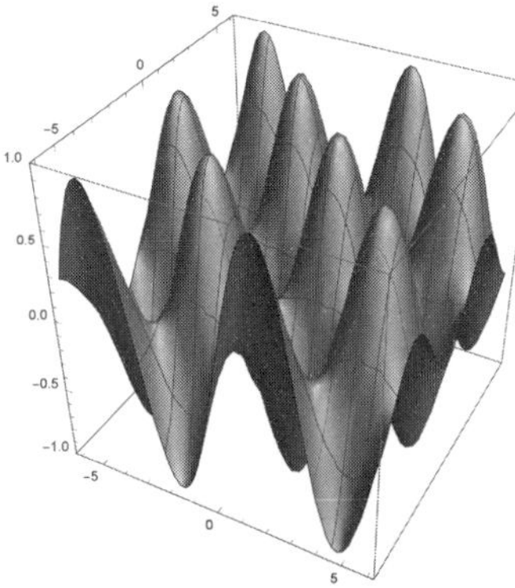

図 3.3　$z = \sin x \cos y$ のグラフ

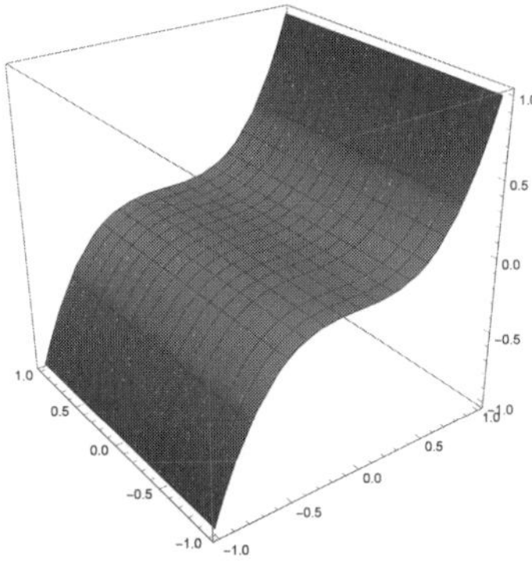

図 3.4　$z = x^3$ のグラフ

§3.3　極限値，連続関数

点 $\boldsymbol{x}$ が限りなく点 $\boldsymbol{a}$ に近づくとき，関数 $f(\boldsymbol{x})$ が限りなく値 A に近づくならば A を $\boldsymbol{a}$ における $f(\boldsymbol{x})$ の**極限値**といいます．記号では

$$\boldsymbol{x} \to \boldsymbol{a} \text{ のとき } f(\boldsymbol{x}) \to A$$

または

$$\lim_{\boldsymbol{x} \to \boldsymbol{a}} f(\boldsymbol{x}) = A$$

と書きます．いわゆる ε-δ 論法で「点 $\boldsymbol{x}$ が限りなく点 $\boldsymbol{a}$ に近づくとき，関数 $f(\boldsymbol{x})$ が限りなく A に近づく」を書くと，「任意の $\varepsilon > 0$ に対して，ある $\delta > 0$ が存在して，$0 < |\boldsymbol{x} - \boldsymbol{a}| < \delta$ を満たす任意の $\boldsymbol{x}$ について $|f(\boldsymbol{x}) - A| < \varepsilon$」となります．

例題 3.1：

$$f(x,y)=\begin{cases}\frac{\sin(x^2+y^2)}{x^2+y^2} & ((x,y)\neq(0,0)\text{ のとき})\\ 1 & ((x,y)=(0,0)\text{ のとき})\end{cases}$$

のとき，$\displaystyle\lim_{(x,y)\to(0,0)} f(x,y)=1$ となることを示しなさい．

解：　$x=r\cos\theta,\ y=r\sin\theta$ とおくと，$r=\sqrt{x^2+y^2}$ となります．すると，$(x,y)\to(0,0)\Leftrightarrow r\to 0\Leftrightarrow r^2\to 0$ なので

$$\lim_{(x,y)\to(0,0)} f(x,y)=\lim_{r\to 0}\frac{\sin\left(r^2\right)}{r^2}=\lim_{r^2\to 0}\frac{\sin\left(r^2\right)}{r^2}=1$$

となります．ゆえに，$\displaystyle\lim_{(x,y)\to(0,0)} f(x,y)=1$ となります．

■**練習問題 3.2**

$$f(x,y)=\begin{cases}\frac{x^2-y^2}{\sqrt{x^2+y^2}} & ((x,y)\neq(0,0)\text{ のとき})\\ 0 & ((x,y)=(0,0)\text{ のとき})\end{cases}$$

のとき，$\displaystyle\lim_{(x,y)\to(0,0)} f(x,y)=0$ となることを示しなさい．

関数 $f(\boldsymbol{x})$ は，$\displaystyle\lim_{\boldsymbol{x}\to\boldsymbol{a}} f(\boldsymbol{x})=f(\boldsymbol{a})$ となるとき，点 $\boldsymbol{a}$ で**連続**であるといいます．

2 変数関数 $z=f(x,y)$ が点 (a,b) で連続ならば，$z=f(x,b)$ と $z=f(a,y)$ はそれぞれ $x=a$ と $y=b$ で連続となります．しかし，逆は成り立ちません．例えば，2 変数関数

$$f(x,y)=\begin{cases}\frac{xy}{x^2+y^2} & ((x,y)\neq(0,0)\text{ のとき})\\ 0 & ((x,y)=(0,0)\text{ のとき})\end{cases}$$

は，$(x,y)\neq(0,0)$ のとき連続ですが，$(x,y)=(0,0)$ で連続ではありません．

§3.4 偏導関数

定義 3.1 **偏微分**

多変数関数を一つの変数に関して微分する（導関数を求める）ことを，**偏微分する**といいます．

2 変数関数 $z = f(x, y)$ の定義域を D として，$(a, b) \in D$ とします．1 変数関数 $z = f(x, b)$ が $x = a$ で微分可能，つまり極限値

$$f_x(a, b) = \lim_{\Delta x \to 0} \frac{f(a + \Delta x, b) - f(a, b)}{\Delta x} \tag{3.3}$$

が存在するときに $f(x, y)$ は点 (a, b) で変数 x に関して偏微分可能といいます．1 変数関数 $z = f(a, y)$ が $y = b$ で微分可能，つまり極限値

$$f_y(a, b) = \lim_{\Delta y \to 0} \frac{f(a, b + \Delta y) - f(a, b)}{\Delta y} \tag{3.4}$$

が存在するときに $f(x, y)$ は点 (a, b) で変数 y に関して偏微分可能といいます．各点 $(a, b) \in D$ において，$f_x(a, b)$ $(f_y(a, b))$ が存在するときに，$\frac{\partial z}{\partial x} = f_x(x, y)$ $\left(\frac{\partial z}{\partial y} = f_y(x, y)\right)$ を x (y) に関する**偏導関数**といいます．

例題 3.2： 2 変数関数 $z = x^2 + 0.2y + \frac{1}{3}xy^3 + 2$ を偏微分しなさい．

解： 定義 3.1 より，次のようになります．

$$\frac{\partial z}{\partial x} = 2x + 0 + \frac{1}{3}y^3 + 0 = 2x + \frac{1}{3}y^3,$$

$$\frac{\partial z}{\partial y} = 0 + 0.2 + xy^2 + 0 = xy^2 + 0.2.$$

■**練習問題 3.3** 次の多変数関数を偏微分しなさい．

(1) $z = e^{\frac{x}{y}}$ (2) $z = y \cos xy$ (3) $y = x_1^2 + x_2^2 + x_3^2$

§3.5 高次偏導関数

2 変数関数 $z = f(x, y)$ の偏導関数をさらに偏微分した偏導関数を 2 次偏導関数といいます．つまり，2 次偏導関数は次の 4 つからなります．

$$\frac{\partial}{\partial x}\left(\frac{\partial z}{\partial x}\right),\ \frac{\partial}{\partial y}\left(\frac{\partial z}{\partial x}\right),\ \frac{\partial}{\partial x}\left(\frac{\partial z}{\partial y}\right),\ \frac{\partial}{\partial y}\left(\frac{\partial z}{\partial y}\right)$$

それぞれ簡単に $f_{xx}, f_{xy}, f_{yx}, f_{yy}$ と書くことにします．

例題 3.3：　2 変数関数 $z = x^2 + 0.2y + \frac{1}{3}xy^3 + 2$ の 2 次偏導関数を求めなさい．

解：　例題 3.2 より偏導関数を偏微分すると次のようになります．

$$\frac{\partial}{\partial x}\left(\frac{\partial z}{\partial x}\right) = 2 + 0 = 2,\ \frac{\partial}{\partial y}\left(\frac{\partial z}{\partial x}\right) = 0 + y^2 = y^2,$$

$$\frac{\partial}{\partial x}\left(\frac{\partial z}{\partial y}\right) = y^2 + 0 = y^2,\ \frac{\partial}{\partial y}\left(\frac{\partial z}{\partial y}\right) = 2xy + 0 = 2xy.$$

■**練習問題 3.4**　次の 2 次偏導関数を求めなさい．

(1)　2 変数関数 $z = \cos(x + y^2)$

(2)　3 変数関数 $y = x_1^2 + x_2^2 + x_3^2$

練習問題から $f_{xy} = f_{yx}$ が推測できたと思います．次が成立します．

定理 3.1

2 変数関数 $z = f(x, y)$ の 2 次偏導関数が存在して，f_{xy} と f_{yx} が連続ならば $f_{xy} = f_{yx}$ となります．

証明

$$F(x, y) = f(x + \Delta x, y + \Delta y) - f(x + \Delta x, y) - f(x, y + \Delta y) + f(x, y),$$

$$\varphi(x) = f(x, y+\Delta y) - f(x, y), \quad \psi(y) = f(x+\Delta x, y) - f(x, y)$$

とおくと

$$F(x, y) = \varphi(x+\Delta x) - \varphi(x) = \psi(y+\Delta y) - \psi(y)$$

となります．$f(x, y)$ は x と y で偏微分可能なので，$\varphi(x)$ と $\psi(y)$ はそれぞれ x と y で微分可能です．よって，平均値の定理より，ある θ_1, θ_2 $(0 < \theta_1, \theta_2 < 1)$ について

$$\begin{aligned} \varphi(x+\Delta x) - \varphi(x) &= \Delta x \varphi'(x+\theta_1 \Delta x), \\ \psi(y+\Delta y) - \psi(y) &= \Delta y \psi'(y+\theta_2 \Delta y) \end{aligned}$$

となります．仮定より f_x と f_y はそれぞれ y と x で偏微分可能なので

$$\begin{aligned} \varphi'(x+\theta_1 \Delta x) &= f_x(x+\theta_1 \Delta x, y+\Delta y) - f_x(x+\theta_1 \Delta x, y), \\ \psi'(y+\theta_2 \Delta y) &= f_y(x+\Delta x, y+\theta_2 \Delta y) - f_y(x, y+\theta_2 \Delta y) \end{aligned}$$

の右辺に平均値の定理を適用すると，ある θ_3, θ_4 $(0 < \theta_3, \theta_4 < 1)$ について

$$\begin{aligned} f_x(x+\theta_1 \Delta x, y+\Delta y) - f_x(x+\theta_1 \Delta x, y) &= \Delta y f_{xy}(x+\theta_1 \Delta x, y+\theta_3 \Delta y), \\ f_y(x+\Delta x, y+\theta_2 \Delta y) - f_y(x, y+\theta_2 \Delta y) &= \Delta x f_{yx}(x+\theta_4 \Delta x, y+\theta_2 \Delta y) \end{aligned}$$

となります．

以上より，$f_{xy}(x+\theta_1 \Delta x, y+\theta_3 \Delta y) = f_{yx}(x+\theta_4 \Delta x, y+\theta_2 \Delta y)$ となります．したがって，$(\Delta x, \Delta y) \to (0, 0)$ とすると f_{xy} と f_{yx} は連続なので $f_{xy} = f_{yx}$ となります． ■

❶ 高次偏導関数の応用

2 変数関数のテイラーの定理は次のようになります．

定理 3.2 テイラーの定理

2 変数関数 $z = f(x, y)$ の第 $n+1$ 次偏導関数が存在して連続かつ点 (a, b) と点 $(a+\Delta x, b+\Delta y)$ を結ぶ直線が定義域に含まれるならば，ある θ $(0 < \theta < 1)$ が存在し，

$$
\begin{aligned}
f(a &+ \Delta x, b + \Delta y) \\
&= \sum_{i=0}^{n} \frac{1}{i!} \left(\Delta x \frac{\partial}{\partial x} + \Delta y \frac{\partial}{\partial y} \right)^i f(a, b) \\
&\quad + \frac{1}{(n+1)!} \left(\Delta x \frac{\partial}{\partial x} + \Delta y \frac{\partial}{\partial y} \right)^{n+1} f(a + \theta \Delta x, b + \theta \Delta y)
\end{aligned}
$$

となります. ここで, $\binom{i}{j} = \frac{i(i-1)\cdots(i-j+1)}{i!}$ を異なる i 個のものから j 個取り出した組合せの総数として, $\left(\Delta x \frac{\partial}{\partial x} + \Delta y \frac{\partial}{\partial y}\right)^0 f(a,b) = f(a,b)$, $i > 1$ のとき $\left(\Delta x \dfrac{\partial}{\partial x} + \Delta y \dfrac{\partial}{\partial y}\right)^i f(a,b) = \displaystyle\sum_{j=0}^{i} \binom{i}{j} \Delta x^{i-j} \Delta y^j \frac{\partial^i}{\partial x^{i-j} \partial y^j} f(a,b)$ とします.

証明　$F(t) = f(a + \Delta xt, a + \Delta yt)$ $(0 \leqq t \leqq 1)$ に対して（1 変数の）テイラーの定理を適用すると, ある θ $(0 < \theta < 1)$ に対して

$$
F(t) = \sum_{i=0}^{n} \frac{1}{i!} F^{(i)}(0) t^i + \frac{1}{(n+1)!} F^{(n+1)}(\theta t) t^{n+1}
$$

となります.

ここで, $F(t)$ の第 i 次導関数を $F^{(i)}(t)$ とすると

$$
F^{(i)}(t) = \sum_{j=0}^{i} \binom{i}{j} \Delta x^{i-j} \Delta y^j \frac{\partial^i}{\partial x^{i-j} \partial y^j} f(a + \Delta xt, b + \Delta yt) \tag{3.5}
$$

となることを i に関する数学的帰納法で示せます（練習問題 3.6).

$F(1)$ より, 定理が成立します. ■

■練習問題 3.5　$n = 1$ のとき, 定理 3.2 中の式の右辺を $\left(\Delta x \frac{\partial}{\partial x} + \Delta y \frac{\partial}{\partial y}\right)$, $\left(\Delta x \frac{\partial}{\partial x} + \Delta y \frac{\partial}{\partial y}\right)^2$ を使わずに書きなさい.

§3.6　合成関数の偏導関数

複雑にみえる関数において, ある式を上手に別の変数に置くことで関数の表示をシンプルにできます. つまり, 複雑にみえる関数を合成関数とみると, その関

数の（偏）微分はシンプルに表示された関数の（偏）微分と，別の変数に置かれた式の偏微分により次のように計算できます．

定理 3.3 1 変数関数と 2 変数関数の合成関数

2 変数関数 $z = f(x, y)$ が $z = g(u)$ と $u = h(x, y)$ の合成関数ならば

$$\frac{\partial z}{\partial x} = \frac{\mathrm{d}z}{\mathrm{d}u}\frac{\partial u}{\partial x}, \quad \frac{\partial z}{\partial y} = \frac{\mathrm{d}z}{\mathrm{d}u}\frac{\partial u}{\partial y}$$

となります．

例題 3.4： $z = (x + 2.4y)^2 + (x + 2.4y) + 2$ のとき，

$$\frac{\partial z}{\partial x} = 2x + 4.8y + 1, \quad \frac{\partial z}{\partial y} = 4.8x + 11.52y + 2.4$$

となることを示しなさい．

解： $u = x + 2.4y$ とおくと $z = u^2 + u + 2$ なので，定理 3.3 より

$$\frac{\partial z}{\partial x} = (2(x + 2.4y) + 1) \times 1 = 2x + 4.8y + 1,$$
$$\frac{\partial z}{\partial y} = (2(x + 2.4y) + 1) \times 2.4 = 4.8x + 11.52y + 2.4$$

となります．

定理 3.4 2 変数関数と 1 変数関数の合成関数

x と y はそれぞれ変数 t の関数で，変数 t で微分可能とします．2 変数関数 $z = f(x, y)$ が x と y で偏微分可能かつ f_x と f_y が連続ならば，z は t で微分可能で，

$$\frac{\mathrm{d}z}{\mathrm{d}t} = \frac{\partial z}{\partial x}\frac{\mathrm{d}x}{\mathrm{d}t} + \frac{\partial z}{\partial y}\frac{\mathrm{d}y}{\mathrm{d}t}$$

となります．

証明　t の増分 Δt に対する x, y, z の増分をそれぞれ $\Delta x, \Delta y, \Delta z$ とすると，

$$\Delta z = f(x+\Delta x, y+\Delta y) - f(x,y)$$

となります．よって，平均値の定理より，ある θ_1, θ_2 $(0 < \theta_1, \theta_2 < 1)$ について

$$\begin{aligned} f(x+\Delta x, y+\Delta y) - f(x, y+\Delta y) &= \Delta x f_x(x+\theta_1\Delta x, y+\Delta y), \\ f(x, y+\Delta y) - f(x,y) &= \Delta y f_y(x, y+\theta_2\Delta y) \end{aligned}$$

なので，

$$\frac{\Delta z}{\Delta t} = f_x(x+\theta_1\Delta x, y+\Delta y)\frac{\Delta x}{\Delta t} + f_y(x, y+\theta_2\Delta y)\frac{\Delta y}{\Delta t}$$

となります．ゆえに，$\Delta t \to 0$ とすると $\Delta x \to 0, \Delta y \to 0$ となり f_x, f_y は連続なので

$$\frac{\mathrm{d}z}{\mathrm{d}t} = \frac{\partial z}{\partial x}\frac{\mathrm{d}x}{\mathrm{d}t} + \frac{\partial z}{\partial y}\frac{\mathrm{d}y}{\mathrm{d}t}$$

となります．■

次の例題を解くと，1 変数関数のままで微分をすることは不可能ではないけれども定理 3.5 を使うことで，よりシンプルな（偏）微分の計算を複数回行うことで計算結果を安心して得られることがわかります．

例題 3.5：　$z = \frac{1}{1+(t\cos 2t)^2+(t\sin t)^2}$ ならば
$\frac{\mathrm{d}z}{\mathrm{d}t} = \frac{-2t(\cos^2 2t+\sin^2 t)+2t^2(2\cos 2t\sin 2t-\sin t\cos t)}{(1+(t\cos 2t)^2+(t\sin t)^2)^2}$ を示しなさい．

解：　$x = t\cos 2t, y = t\sin t$ とおきます．定義 3.1 より

$$\begin{aligned} \frac{\partial z}{\partial x} &= -\frac{2x}{(1+x^2+y^2)^2} \\ &= -\frac{2t\cos 2t}{(1+(t\cos 2t)^2+(t\sin t)^2)^2}, \\ \frac{\partial z}{\partial y} &= -\frac{2y}{(1+x^2+y^2)^2} \\ &= -\frac{2t\sin t}{(1+(t\cos 2t)^2+(t\sin t)^2)^2} \end{aligned}$$

となります．x, y をそれぞれ t で微分すると

$$\frac{\mathrm{d}x}{\mathrm{d}t} = \cos 2t - 2t \sin 2t, \quad \frac{\mathrm{d}y}{\mathrm{d}t} = \sin t + t \cos t$$

なので，定理 3.4 より

$$\begin{aligned}\frac{\mathrm{d}z}{\mathrm{d}t} &= -\frac{2t\cos 2t}{(1+(t\cos 2t)^2+(t\sin t)^2)^2}(\cos 2t - 2t\sin 2t)\\ &\quad -\frac{2t\sin t}{(1+(t\cos 2t)^2+(t\sin t)^2)^2}(\sin t + t\cos t)\\ &= \frac{-2t(\cos^2 2t + \sin^2 t) + 2t^2(2\cos 2t \sin 2t - \sin t \cos t)}{(1+(t\cos 2t)^2+(t\sin t)^2)^2}\end{aligned}$$

となります．

■**練習問題 3.6**　式 (3.5) が成り立つことを示しなさい．

定理 3.4 より，次の定理が成立することがわかります．

定理 3.5　2 変数関数と 2 変数関数の合成関数

x と y はそれぞれ変数 u と v の関数で偏微分可能とします．$z = f(x,y)$ が x と y で偏微分可能，かつ f_x と f_y が連続ならば，z は u と v で偏微分可能で，

$$\frac{\partial z}{\partial u} = \frac{\partial z}{\partial x}\frac{\partial x}{\partial u} + \frac{\partial z}{\partial y}\frac{\partial y}{\partial u}, \quad \frac{\partial z}{\partial v} = \frac{\partial z}{\partial x}\frac{\partial x}{\partial v} + \frac{\partial z}{\partial y}\frac{\partial y}{\partial v}$$

となります．

■**練習問題 3.7**　2 変数関数 $z = e^{\tan uv \cos(u+v)}$ に対し，$x = uv, y = u+v$ とおいて，定理 3.5 により

$$\begin{aligned}\frac{\partial z}{\partial u} &= (v\sec^2 uv\cos(u+v) - \tan uv \sin(u+v))e^{\tan uv\cos(u+v)},\\ \frac{\partial z}{\partial v} &= (u\sec^2 uv\cos(u+v) - \tan uv \sin(u+v))e^{\tan uv\cos(u+v)}\end{aligned}$$

となることを示しなさい．

❶ 陰関数定理

関数 $f(x,y)=0$ において，$f(x,h(x))=0$ を満たすとき，$y=h(x)$ を $f(x,y)=0$ の**陰関数**といいます．

$f(x,y)=0$ において，y を x の 1 変数関数とみて，（$t=x$ として）定理 3.4 を適用すると $f_x+f_y\frac{\mathrm{d}y}{\mathrm{d}x}=0$ なので，次の定理が成立します．

定理 3.6　陰関数定理

y は x の 1 変数関数で，微分可能とします．また，$z=f(x,y)$ は 2 変数関数として x と y で偏微分可能とします．もし，$f(x,y)=0$ かつ $f_y\neq 0$ ならば

$$\frac{\mathrm{d}y}{\mathrm{d}x}=-\frac{f_x}{f_y} \tag{3.6}$$

となります．

■**練習問題 3.8**　$x^2+4.2y^2-1=0$ ならば $\frac{\mathrm{d}y}{\mathrm{d}x}=-\frac{x}{4.2y}$ を示しなさい．

§3.7　全微分可能

2 変数関数 $z=f(x,y)$ は，Δx と Δy に関係しないある定数 A と B が存在して

$$f(a+\Delta x,b+\Delta y)-f(a,b)=A\Delta x+B\Delta y+\varepsilon(\Delta x,\Delta y)\rho \tag{3.7}$$

が成り立つときに，点 (a,b) で**全微分可能**といいます．ここで，$\varepsilon(\Delta x,\Delta y)$ は Δx と Δy に関係して，$\lim_{\rho\to 0}\varepsilon(\Delta x,\Delta y)=0$ とします．$\rho=\sqrt{\Delta x^2+\Delta y^2}$ は点 (a,b) と点 $(a+\Delta x,b+\Delta y)$ の距離です．

定理 3.7 全微分可能と偏微分可能の関係

2 変数関数 $z = f(x, y)$ は点 (a, b) で全微分可能とします.

1. $z = f(x, y)$ は点 (a, b) で連続です.
2. $z = f(x, y)$ は点 (a, b) で x と y で偏微分可能で

$$f_x(a, b) = A,\ f_y(a, b) = B$$

となります.

証明 1. 式 (3.7) より

$$\begin{aligned}\lim_{(x,y)\to(a,b)} f(x, y) &= \lim_{(\Delta x,\Delta y)\to(0,0)} f(a + \Delta x, b + \Delta y)\\ &= \lim_{(\Delta x,\Delta y)\to(0,0)} (f(a, b) + A\Delta x + B\Delta y + \varepsilon(\Delta x, \Delta y)\rho)\\ &= f(a, b)\end{aligned}$$

なので, $z = f(x, y)$ は連続です.

2. 式 (3.3),(3.7) より

$$\begin{aligned}f_x(a, b) &= \lim_{\Delta x\to 0} \frac{f(a + \Delta x, b) - f(a, b)}{\Delta x}\\ &= \lim_{\Delta x\to 0} \frac{A\Delta x + \varepsilon(\Delta x, 0)\sqrt{\Delta x^2}}{\Delta x}\\ &= A\end{aligned}$$

なので, $f_x(a, b) = A$ となります. 式 (3.4),(3.7) より

$$\begin{aligned}f_y(a, b) &= \lim_{\Delta y\to 0} \frac{f(a, b + \Delta y) - f(a, b)}{\Delta y}\\ &= \lim_{\Delta y\to 0} \frac{B\Delta y + \varepsilon(0, \Delta y)\sqrt{\Delta y^2}}{\Delta y}\\ &= B\end{aligned}$$

なので, $f_y(a, b) = B$ となります.

■

2 変数関数上のある点で偏微分可能なときに，接線を引くことができます．また，ある点で全微分可能なときは接平面をつくることができます．

例題 3.6：　回転放物面 $z = x^2 + y^2$ について，次を示しなさい．

(1)　$z = x^2 + y^2$ が全微分可能であることを示しなさい．

(2)　平面 $y = 2$ と $z = x^2 + y^2$ との交線 $z = x^2 + 4$ の，点 $(4, 2, 20)$ における接線の方程式を求めなさい．

(3)　点 $(4, 2, 20)$ における接平面の方程式を求めなさい．

解：　1.　$f(x, y) = x^2 + y^2$ とすると

$$\begin{aligned} f(x + \Delta x, y + \Delta y) - f(x, y) &= (x + \Delta x)^2 + (y + \Delta y)^2 - (x^2 + y^2) \\ &= 2x\Delta x + 2y\Delta y + \sqrt{\Delta x^2 + \Delta y^2}\rho \\ \lim_{\rho \to 0} \sqrt{\Delta x^2 + \Delta y^2} &= 0 \end{aligned}$$

なので，$f(x, y) = x^2 + y^2$ は全微分可能です．

2.　交線 $z = x^2 + 4$ の点 $(4, 2, 20)$ における接線の傾きは $(x^2 + 4)' = 2x$ なので 8 です．よって，方向ベクトルは $\boldsymbol{\ell}_1 = (1, 0, 8)$ なので，式 (3.1) より 接線 L_1 の方程式は $x - 4 = \frac{z-20}{8}, y = 2$ となります．

3.　平面 $x = 4$ との交線 $z = y^2 + 16$ の点 $(4, 2, 20)$ における接線 L_2 の傾きは $(y^2 + 16)' = 2y$ なので 4 です．よって，方向ベクトルは $\boldsymbol{\ell}_2 = (0, 1, 4)$ となります．点 $(4, 2, 20)$ における接平面には接線 L_1 と L_2 が含まれます．したがって，接平面の法線ベクトルを $\boldsymbol{n} = (a, b, c)$ とすると，$(\boldsymbol{n} \cdot \boldsymbol{\ell}_i) = 0\ (i = 1, 2)$ より $a + 8c = 0, b + 4c = 0$ となります．ゆえに，$\boldsymbol{n} = (8, 4, -1)$ となるので，式 (3.2) より接平面の方程式は $8(x - 4) + 4(y - 2) - (z - 20) = 0$ となります．

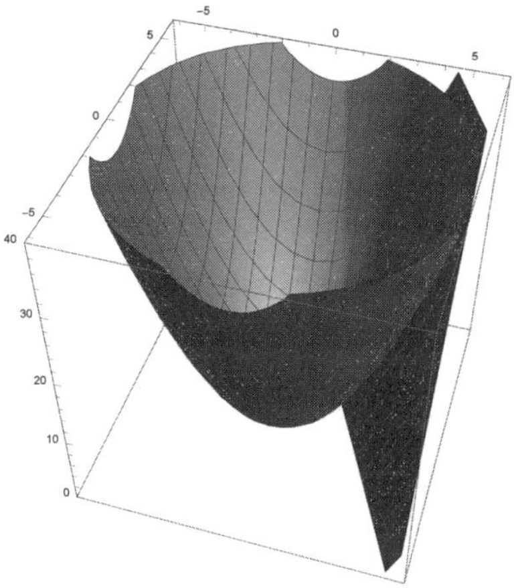

例えば，2 変数関数 $z = \sqrt{|xy|}$ は点 $(0,0)$ で偏微分可能ですが全微分可能ではないので，定理 3.7 の逆は成り立ちません．次の定理が成り立ちます．

定理 3.8

2 変数関数 $z = f(x,y)$ が x と y で偏微分可能で，f_x と f_y が連続ならば，$z = f(x,y)$ は全微分可能です．

証明　定理 3.4 の証明より，ある θ_1, θ_2 $(0 < \theta_1, \theta_2 < 1)$ について

$$f(x+\Delta x, y+\Delta y) - f(x,y) = \Delta x f_x(x+\theta_1\Delta x, y+\Delta y) + \Delta y f_y(x, y+\theta_2\Delta y)$$

となります．$\varepsilon_1(\Delta x, \Delta y) = f_x(x+\theta_1\Delta x, y+\Delta y) - f_x(x,y)$ とおくと，$(\Delta x, \Delta y) \to (0,0)$ ならば f_x は連続なので $\varepsilon_1(\Delta x, \Delta y) \to 0$ となります．$\varepsilon_2(\Delta x, \Delta y) = f_y(x, y+\theta_2\Delta y) - f_y(x,y)$ とおくと，$(\Delta x, \Delta y) \to (0,0)$ ならば f_y は連続なので $\varepsilon_2(\Delta x, \Delta y) \to 0$ となります．よって，

$$f(x+\Delta x, y+\Delta y) - f(x,y) = \Delta x f_x(x,y) + \Delta y f_y(x,y) + \Delta x \varepsilon_1(\Delta x, \Delta y) + \Delta y \varepsilon_2(\Delta x, \Delta y)$$

となります．ここで，$|\Delta x| \leqq \sqrt{\Delta x^2 + \Delta y^2}$ かつ $|\Delta y| \leqq \sqrt{\Delta x^2 + \Delta y^2}$ より

$$|\Delta x \varepsilon_1(\Delta x, \Delta y) + \Delta y \varepsilon_2(\Delta x, \Delta y)| \leqq (|\varepsilon_1(\Delta x, \Delta y)| + |\varepsilon_2(\Delta x, \Delta y)|)\sqrt{\Delta x^2 + \Delta y^2}$$

なので $\rho \to 0$ とすると $\frac{\Delta x \varepsilon_1(\Delta x, \Delta y) + \Delta y \varepsilon_2(\Delta x, \Delta y)}{\sqrt{\Delta x^2 + \Delta y^2}} \to 0$ となります．ゆえに，$z = f(x, y)$ は全微分可能です． ■

§3.8　2 変数関数の極値

多変数関数 $z = f(\boldsymbol{x})$ について，ある $\delta > 0$ が存在して $0 < |\boldsymbol{a} - \boldsymbol{x}| < \delta$ を満たす任意の $\boldsymbol{x}$ に対し $f(\boldsymbol{x}) < f(\boldsymbol{a})$（$f(\boldsymbol{x}) > f(\boldsymbol{a})$）を満たすとき，$z = f(\boldsymbol{x})$ は点 $\boldsymbol{a}$ で極大（極小）であり，$f(\boldsymbol{a})$ を極大値（極小値）といいます．極大点と極小点，極大値と極小値をまとめてそれぞれ極点，極値といいます．

定理 3.9　**極値**

2 変数関数 $z = f(x, y)$ は x と y で偏微分可能とします．もし，点 (a, b) で極値を持つならば

$$f_x(a, b) = 0 \text{ かつ } f_y(a, b) = 0$$

となります．

■**練習問題 3.9**　定理 3.9 を示しなさい．

この定理の逆は成り立ちません．例えば，$f(x, y) = x^3 + y^3$ は，$f_x(x, y) = 3x^2, f_y(x, y) = 3y^2$ なので $f_x(0, 0) = f_y(0, 0) = 0$ ですが，$x > 0$ かつ $y > 0$ のとき $f(x, y) > 0$ となり，$x < 0$ かつ $y < 0$ のとき $f(x, y) < 0$ となるので $f(0, 0)$ は極値ではありません．このような点 (a, b) を**停留点**といい，$f(a, b)$ を**停留値**といいます．

1 変数関数の極値判定の場合には，関数の増減表による方法があったのですが多変数関数では困難です．点 (a, b) で $f_x(a, b) = f_y(a, b) = 0$ のときに，$f(a, b)$ が極値かどうかを 2 次偏導関数とヘッセ行列式 $H(a, b) = \begin{vmatrix} f_{xx}(a, b) & f_{xy}(a, b) \\ f_{yx}(a, b) & f_{yy}(a, b) \end{vmatrix}$ により，次のように判定します．

定理 3.10 **極値判定**

2 変数関数 $z = f(x, y)$ の 2 次偏導関数が存在し連続とします．また，点 (a, b) について $f_x(a, b) = 0$ かつ $f_y(a, b) = 0$ とします．

1. $H(a, b) > 0$ かつ $f_{xx}(a, b) < 0$ のとき，点 (a, b) は極大点 で $f(a, b)$ は極大値です．
2. $H(a, b) > 0$ かつ $f_{xx}(a, b) > 0$ のとき，点 (a, b) は極小点 で $f(a, b)$ は極小値です．
3. $H(a, b) < 0$ のとき，点 (a, b) は停留点です．

証明　$f_x(a, b) = f_y(a, b) = 0$ なので，定理 3.7 と式 (3.7) より

$$\begin{aligned} f_{xx}(a+\Delta x, b+\Delta y) &= f_{xx}(a, b) + \psi_1(\Delta x, \Delta y) \\ f_{xy}(a+\Delta x, b+\Delta y) &= f_{xy}(a, b) + \psi_2(\Delta x, \Delta y) \\ f_{yy}(a+\Delta x, b+\Delta y) &= f_{yy}(a, b) + \psi_3(\Delta x, \Delta y) \end{aligned}$$

となります．ここで，$\psi_1(\Delta x, \Delta y) = \frac{\partial^2}{\partial x^2}\varepsilon(\Delta x, \Delta y)\rho$, $\psi_2(\Delta x, \Delta y) = \frac{\partial^2}{\partial y \partial x}\varepsilon(\Delta x, \Delta y)\rho$, $\psi_3(\Delta x, \Delta y) = \frac{\partial^2}{\partial y^2}\varepsilon(\Delta x, \Delta y)\rho$ とします．

練習問題 3.5 の解答の式に，これらを代入すると $f(a + \Delta x, b + \Delta y) - f(a, b) = \frac{1}{2}(\Delta x^2(f_{xx}(a, b) + \psi_1(\Delta x, \Delta y)) + 2\Delta x \Delta y(f(_{xy}(a, b) + \psi_2(\Delta x, \Delta y)) + \Delta y^2(f_{yy}(a, b) + \psi_3(\Delta x, \Delta y)))$ となります．f_{xx}, f_{xy}, f_{yy} は連続なので, $(\Delta x, \Delta y) \to (0, 0)$ ならば $\psi_i(\Delta x, \Delta y) \to 0$ $(i = 1, 2, 3)$ です．ゆえに，Δx と Δy が十分小さいときに $f(a + \Delta x, b + \Delta y) - f(a, b)$ の符号と $h(a, b) = \Delta x^2 f_{xx}(a, b) + 2\Delta x \Delta y f_{xy}(a, b) + \Delta y^2 f_{yy}(a, b)$ の符号は等しくなります．

1. $H(a, b) > 0$ かつ $f_{xx}(a, b) < 0$ のとき $f_{xx}(a, b)h(a, b) = (\Delta x f_{xx}(a, b) + \Delta y f_{xy}(a, b))^2 + \Delta y^2 H(a, b) > 0$ より $h(a, b) < 0$ なので，点 (a, b) は極大点 で $f(a, b)$ は極大値です．
2. 同様に，$H(a, b) > 0$ かつ $f_{xx}(a, b) > 0$ のとき，$h(a, b) > 0$ なので，点 (a, b) は極小点 で $f(a, b)$ は極小値です．
3. $H(a, b) < 0$ かつ $f_{xx}(a, b) \neq 0$ のとき，$\Delta x \neq 0, \Delta y = 0$ とすると $f_{xx}(a, b)h(a, b) = (\Delta x f_{xx}(a, b))^2 > 0$ です．$\Delta x f_{xx}(a, b) + \Delta y f_{xy}(a, b) = 0$ とすると，$f_{xx}(a, b)h(a, b) = \Delta y^2 H(a, b)) < 0$ となるので点 (a, b) は

停留点です．$H(a,b) < 0$ かつ $f_{yy}(a,b) \neq 0$ のときも同様に点 (a,b) は停留点です．$H(a,b) < 0$ かつ $f_{xx}(a,b) = f_{yy}(a,b) = 0$ のとき，$h(a,b) = 2\Delta x \Delta y f_{xy}(a,b)$ の符号は一定ではないので，点 (a,b) は停留点です．

■

例題 3.7： 2 変数関数 $f(x,y) = x^3 - 2xy - y^2 - x$ の極大点と極大値を求めなさい．

…………………………………………………………………………

解： $f_x = 3x^2 - 2y - 1, f_y = -2x - 2y$ です．定理 3.9 より，連立方程式 $3x^2 - 2y - 1 = 0, -2x - 2y = 0$ の解が極大点の候補となります．連立方程式の解は $(x,y) = (-1,1), \left(\frac{1}{3}, -\frac{1}{3}\right)$ です．

$f_{xx} = 6x, f_{xy} = f_{yx} = -2, f_{yy} = -2$ なので，$H(x,y) = -12x - 4$ です．

$(x,y) = \left(\frac{1}{3}, -\frac{1}{3}\right)$ のとき，$H(\frac{1}{3}, -\frac{1}{3}) = -8 < 0$ なので定理 3.10 3 より，$(x,y) = \left(\frac{1}{3}, -\frac{1}{3}\right)$ は停留点です．

$(x,y) = (-1,1)$ のとき，$H(-1,1) = 8 > 0$ かつ $f_{xx}(-1,1) = -6 < 0$ なので定理 3.10 1 より，極大点は $(-1,1)$ で極大値は $f(-1,1) = 1$ です．

■練習問題 3.10　2 変数関数 $f(x,y) = xe^{-x^2-y^2}$ の極大点と極大値，極小点と極小値を求めなさい．

ヘッセ行列式 $H(a,b) = 0$ のときは，定理 3.10 では判定できず，個別に判定をしなければいけないことに注意しておきます．例えば，$f(x,y) = x^2 + y^4$ について点 $(0,0)$ でヘッセ行列式の値は 0 となるので定理 3.10 では判定できません．しかし，$(a,b) \neq (0,0)$ に対して $f(a,b) = a^2 + (b^2)^2 > 0$ なので極小点は $(0,0)$ で極小値は $f(0,0) = 0$ となります．

❶ 条件付き極値

定理 3.11　ラグランジュの未定乗数法

2 変数関数 $f(x,y), g(x,y)$ は偏微分可能で f_x, f_y, g_x, g_y は連続とします．条件 $g(x,y)=0$ の下で，$z=f(x,y)$ が点 (a,b) で極値をとり，$g_x(a,b) \neq 0$ または $g_y(a,b) \neq 0$ ならば，ある定数 λ が存在して

$$f_x(a,b)+\lambda g_x(a,b)=0,\ f_y(a,b)+\lambda g_y(a,b)=0$$

となります．

証明　条件 $g(x,y)=0$ から定まる陰関数を $y=h(x)$ とします．$z=f(x,h(x))$ が $x=a$ で極値をとるので，定理 3.4 より

$$f_x(a,b)+f_y(a,b)h'(a)=0$$

となります．

$g_y(a,b) \neq 0$ とすると，定理 3.6 より

$$h'(a)=-\frac{g_x(a,b)}{g_y(a,b)}$$

なので

$$f_x(a,b)-\frac{f_y(a,b)}{g_y(a,b)}g_x(a,b)=0$$

となります．$\lambda=-\frac{f_y(a,b)}{g_y(a,b)}$ とおくと

$$f_x(a,b)+\lambda g_x(a,b)=0, \quad f_y(a,b)+\lambda g_y(a,b)=0$$

が成立します．

同様に，$g_x(a,b) \neq 0$ とすると

$$f_x(a,b)+\lambda g_x(a,b)=0, \quad f_y(a,b)+\lambda g_y(a,b)=0$$

が成立します．ゆえに，定理が成立します．■

この定理より，次の条件付き極値問題を解くことができます．

例題 3.8： 条件 $x^2+y^2=1$ の下で，$f(x,y)=xy+4$ の最大値と最小値を求めなさい．

解： $F(x,y,\lambda)=xy+4+\lambda(x^2+y^2-1)$ とおきます．定理 3.11 より，極点は

$$
\begin{aligned}
F_x &= y+2\lambda x=0\\
F_y &= x+2\lambda y=0\\
F_\lambda &= x^2+y^2-1=0
\end{aligned}
$$

の解です．(第 1 式) $\times\, 2\lambda$ − (第 2 式) より，$(4\lambda^2-1)x=0$ なので $(2\lambda+1)(2\lambda-1)x=0$ です．ゆえに，$\lambda=\pm\frac{1}{2}$ または $x=0$ です．$x=0$ と仮定すると，第 1 式より $y=0$ ですが，$x=y=0$ は第 3 式を満たさないので $x\neq 0$ です．$\lambda=-\frac{1}{2}$ とすると，第 1 式より $x=y$ なので第 3 式より $(x,y)=(\pm\frac{1}{\sqrt{2}},\pm\frac{1}{\sqrt{2}})$ となります．$\lambda=\frac{1}{2}$ とすると，第 1 式より $x=-y$ なので第 3 式より $(x,y)=(\pm\frac{1}{\sqrt{2}},\mp\frac{1}{\sqrt{2}})$ となります．

ワイエルシュトラスの定理より連続関数は有界な閉領域で最大値と最小値をとるので，最小値は $f(\pm\frac{1}{\sqrt{2}},\mp\frac{1}{\sqrt{2}})=\frac{7}{2}$，最大値は $f(\pm\frac{1}{\sqrt{2}},\pm\frac{1}{\sqrt{2}})=\frac{9}{2}$ です．

■**練習問題 3.11**　条件 $x^2+xy+y^2=1$ の下で，$f(x,y)=\frac{x^2}{2}+\frac{y^2}{2}+6$ の最大値と最小値を求めなさい．

§3.9　ベクトル関数

定義 3.2　ベクトル関数

関数を成分とするベクトルを**ベクトル関数**といいます．

例えば，$0\leqq\theta<2\pi$ のとき $f(\theta)=(\cos\theta,\sin\theta)$ はベクトル関数で，グラフは半径 1 の円周となります．また，$1\leqq r\leqq 2$，$0\leqq\theta<2\pi$ のとき

$f(r,\theta)=(r\cos\theta, r\sin\theta)$ はベクトル関数で，グラフは半径 1 の円と半径 2 の円で囲まれた部分となります．

各 x_i で偏微分可能な n 変数関数 $f_1(\boldsymbol{x}), f_2(\boldsymbol{x}), \cdots, f_m(\boldsymbol{x})$ を成分とするベクトル関数 $f(\boldsymbol{x})=(f_1(\boldsymbol{x}), f_2(\boldsymbol{x}), \cdots, f_m(\boldsymbol{x}))$ について

$$J=\begin{vmatrix} \frac{\partial f_1}{\partial x_1} & \frac{\partial f_1}{\partial x_2} & \cdots & \frac{\partial f_1}{\partial x_m} \\ \frac{\partial f_2}{\partial x_1} & \frac{\partial f_2}{\partial x_2} & \cdots & \frac{\partial f_2}{\partial x_m} \\ \vdots & \vdots & \ddots & \vdots \\ \frac{\partial f_m}{\partial x_1} & \frac{\partial f_m}{\partial x_2} & \cdots & \frac{\partial f_m}{\partial x_m} \end{vmatrix}$$

を**ヤコビアン**といいます．ここで，$\boldsymbol{x}=(x_1, x_2, \cdots, x_m)$ とします．

2 重積分の変数変換で必要になるので，2 変数関数の場合について次の定理を具体例でみます．

定理 3.12

2 変数関数 $f_i(u,v)$ $(i=1,2)$ は u,v で偏微分可能であり，各偏導関数は連続とします．ヤコビアン

$$J=\begin{vmatrix} \frac{\partial f_1}{\partial u} & \frac{\partial f_1}{\partial v} \\ \frac{\partial f_2}{\partial u} & \frac{\partial f_2}{\partial v} \end{vmatrix} \neq 0$$

ならば，ベクトル関数 $f(u,v)=(f_1(u,v), f_2(u,v))$ は 1 対 1 となります．

定数 $a,b,c,d \in \boldsymbol{R}$ に対し，ベクトル関数 $f(u,v)=(au+bv, cu+dv)$ についてヤコビアン

$$J=\begin{vmatrix} a & b \\ c & d \end{vmatrix}=ad-bc$$

が 0 ではないとします．このとき f が 1 対 1，つまり $f(u_1,v_1)=f(u_2,v_2)$ ならば $(u_1,v_1)=(u_2,v_2)$ となります．なぜならば，$f(u_1,v_1)=f(u_2,v_2)$ より

$$\begin{pmatrix} a & b \\ c & d \end{pmatrix}\begin{pmatrix} u_1 \\ v_1 \end{pmatrix}=\begin{pmatrix} a & b \\ c & d \end{pmatrix}\begin{pmatrix} u_2 \\ v_2 \end{pmatrix}$$

となります．$J \neq 0$ なので $\begin{pmatrix} a & b \\ c & d \end{pmatrix}$ の逆行列が存在するので，両辺に左から逆行列を掛けると $(u_1, v_1) = (u_2, v_2)$ となります．ゆえに，f は 1 対 1 です．また，$\begin{pmatrix} x \\ y \end{pmatrix} = \begin{pmatrix} a & b \\ c & d \end{pmatrix} \begin{pmatrix} u \\ v \end{pmatrix}$ に左から逆行列を掛けると $\begin{pmatrix} u \\ v \end{pmatrix} = \frac{1}{ad-bc} \begin{pmatrix} d & -b \\ -c & a \end{pmatrix} \begin{pmatrix} x \\ y \end{pmatrix}$ なので，逆関数 $f^{-1}(x,y) = (\frac{dx-by}{ad-bc}, \frac{-cx+ay}{ad-bc})$ となります．

■練習問題 3.12　$r > 0,\ 0 \leqq \theta < \frac{\pi}{2}$ のとき，ベクトル関数 $f(r,\theta) = (r\cos\theta, r\sin\theta)$ が 1 対 1 であり，逆関数 $f^{-1}(x,y) = (\sqrt{x^2+y^2}, \tan^{-1}(\frac{y}{x}))$ を示しなさい．ここで，$\tan^{-1}(x)$ は逆正接関数とします．

§3.10　応用：アダマール行列

n 次正方行列

$$D = \begin{pmatrix} x_{11} & x_{12} & \cdots & x_{1n} \\ x_{21} & x_{22} & \cdots & x_{2n} \\ \vdots & \vdots & \ddots & \vdots \\ x_{n1} & x_{n2} & \cdots & x_{nn} \end{pmatrix}$$

の行列式は

$$|D| = \sum_{\sigma \in S_n} \mathrm{sgn}(\sigma) x_{1\sigma(1)} \ldots x_{i\sigma(i)} \cdots x_{n\sigma(n)}$$

です．ここで，S_n は n 次対称群で，$\mathrm{sgn}(\sigma)$ は置換 σ の符号，置換 σ による i の値を $\sigma(i)$ とします．

n^2 変数関数 $f(x_{11}, \cdots, x_{ij}, \cdots, x_{nn}) = |D|$ に対して，

$$(-1)^{i+j} \frac{\partial f(x_{11}, \cdots, x_{ij}, \cdots, x_{nn})}{\partial x_{ij}} = |D_{ij}|$$

となります．ここで，D_{ij} は D の第 i 行と第 j 列を取り除いてできた $n-1$ 次の行列とします．

各行ベクトルのノルムの 2 乗 $s_i^2 = \sum_{k=1}^{n} x_{ik}^2$ とすると，行列式 $|D|$ の絶対値の最大値は，$s_1 s_2 \cdots s_n$ となることが数学者のアダマールにより 1893 年に証明されています．

それでは，成分が実数の場合に行列式の絶対値が最大となる行列を求めてみましょう．行列式の性質より，各行において絶対値が最大の成分で各成分を割ることにより，すべての成分が $|x_{ij}| \leqq 1$ のとき，この問題の本質であることがわかります．$n = 1$ のときは容易に $|D| = |1| = 1$ とわかります．$n = 2$ のときは少し努力をすると，$|D| = \begin{vmatrix} 1 & 1 \\ -1 & 1 \end{vmatrix} = 2$ を求めることができます．一般に，成分が ± 1 で異なる 2 行が直交する n 次行列 H をアダマール行列といいます．つまり，$HH^T = nI$ となります．ここで，H^T は H の転置行列を I は単位行列を表します．$HH^T = nI$ ならば $|H|^2 = |nI| = n^n$ なので H は行列式の絶対値が最大であることがわかります．

携帯電話などの無線通信に用いられる通信方式 CDMA(Code Division Multiple Access) に，アダマール行列が用いられています．アダマールは情報通信への応用を予想をしなかったと思います．

第4章

重積分

本章では，1変数の積分法の知識を生かし，多変数関数の積分法について学びます．ただ，1変数の積分法を学ぶには1変数の微分法の理解が不可欠であるように，多変数関数の積分には前章で学んだ多変数関数の微分に関する知識が必要になります．その意味で，本章は1変数の微積分ならびに多変数の微分を理解しているのが前提となります．

§4.1　2変数関数の積分 - 2重積分

多変数関数の積分で厄介なひとつが，積分領域の表現になります．1変数関数の積分では積分領域は数直線上の区間でした．それが2変数関数の積分では平面内の領域となります．さらに，3変数関数の積分では，それは空間内の領域となります．当然ですが，定積分の計算に入る前に，数式として表記された領域を理解し，定められた形式に変形する必要が生じます．1変数の積分で，被積分関数が与えられても，積分区間がわからなければ定積分できないのと同じです．平面内の領域を正しく記述することは，始点と終点を求めるという1変数の積分区間よりも一般に複雑です．さらに3変数関数の積分ともなれば，空間構成能力も必要になってきます．なお，2変数以上の関数の積分では，いわゆる不定積分という概念がありません．変数が複数存在するため，微分したら与えられた関数になるという，原始関数の考え方自身にあまり意味がないのが大きな要因です．

2変数以上の関数の積分を一般に**多重積分**といいます．2変数関数の積分ならば**2重積分**，3変数関数の積分ならば**3重積分**，そして m 変数関数の積分ならば m 重積分とも呼びます．2重積分さえ理解できれば，3重も何重も基本的な解き方は変わりませんから，本書では，特に後続の章で必要になる，2重積分を中心に（そして3重積分を少し）取り扱うことにします．

x の1変数関数 $f(x)$ に対し，閉区間 $[a,b]$ 上に定義される定積分は $\int_a^b f(x)\mathrm{d}x$ と表現しました．これに対して，2重積分では2変数関数が被積分関数となりますから，ここに新たな変数 y を導入することにしましょう．ここに，変数 x と y はそれぞれ独立変数です．xy 平面内の領域を R とし，2変数関数 $z=f(x,y)$ の R 上の積分をこれから定義していきます．

説明を簡単にするために，領域 R をここでは長方形としましょう．まず，領域 R をいくつか（仮に n 個とします）の小領域 R_i $(i=1,\ldots,n)$ に分割します．R が長方形の場合は例えば図4.1(a)のように小長方形を作ればよいです．各 R_i に対し，R_i 内の任意の点 $\mathrm{P}_i(x_i,y_i)$ を選び，

$$\sum_{i=1}^{n} f(x_i,y_i)\cdot\Delta R_i \tag{4.1}$$

について考えます．ここに ΔR_i は R_i の面積とします．

次に，各 R_i 内の任意の2点の最大距離を d_i $(i=1,\ldots,n)$ とし（長方形の場

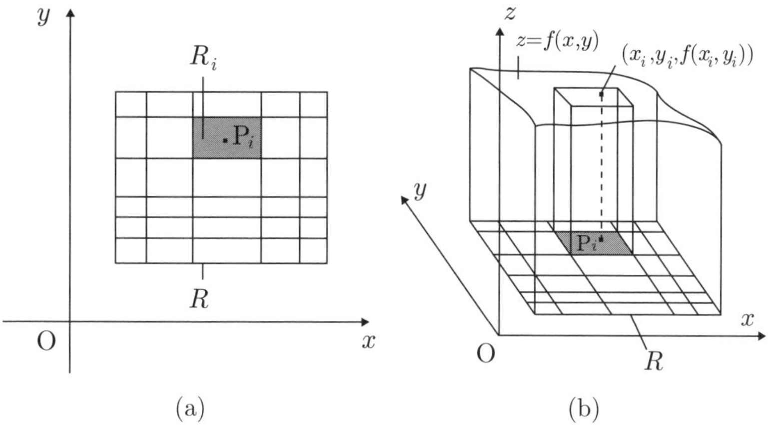

図 4.1 2変数関数 $z=f(x,y)$ の R 上の積分

合は対角線の長さがそれにあたる)，$d = \max_{1 \leqq i \leqq n} d_i$ と定義します．このとき，分割を細かくしていくと $d \to 0$ となり，式 (4.1) が分割の方法や点 P_i の取り方に関係なく一定の値 I に近づくとき，これを

$$I = \iint_R f(x,y)\mathrm{d}x\mathrm{d}y \tag{4.2}$$

と表します．これが2変数関数の積分，すなわち2重積分の定義です．

2重積分の性質を以下に挙げておきましょう．

公式 **2重積分の性質** 関数 $f(x,y), g(x,y)$ が領域 R で連続であるとすると，定数 c に対して，次の公式が成り立つ．

$$\iint_R \{f(x,y)+g(x,y)\}\mathrm{d}x\mathrm{d}y = \iint_R f(x,y)\mathrm{d}x\mathrm{d}y + \iint_R g(x,y)\mathrm{d}x\mathrm{d}y,$$

$$\iint_R cf(x,y)\mathrm{d}x\mathrm{d}y = c\iint_R f(x,y)\mathrm{d}x\mathrm{d}y,$$

$R = R_1 \cup R_2,\ R_1 \cap R_2 = \phi$ のとき

$$\iint_R f(x,y)\mathrm{d}x\mathrm{d}y = \iint_{R_1} f(x,y)\mathrm{d}x\mathrm{d}y + \iint_{R_2} f(x,y)\mathrm{d}x\mathrm{d}y.$$

なお，$f(x,y)$ が R で正のとき，(4.1) は図 4.1(b) のように底面を R_i，高さを $f(x_i,y_i) > 0$ とする立体の体積の総和ですから，2重積分は立体 $V = \{(x,y,z) \mid (x,y) \in R,\ 0 \leqq z \leqq f(x,y)\}$ の体積と考えてよいことになります．

§4.2　長方形領域上の2重積分の計算

まずは領域 R が $R=\{(x,y)\mid a\leqq x\leqq b,\ c\leqq y\leqq d\}$ （a,b,c,d はそれぞれ実数定数），つまり，長方形領域上の2重積分を考えることにしましょう．変数 x と y は独立ですから，まずは x を固定すれば，その点 x における積分は

$$S(x)=\int_c^d f(x,y)\mathrm{d}y$$

と表せるでしょう．いま，ここに x は固定されていますから，被積分関数 $f(x,y)$ 内の x も定数とみなして計算して構いません．2重積分 (4.2) とは，x に関して $S(x)$ を積分することですから，

$$I=\int_a^b S(x)\mathrm{d}x=\int_a^b\left(\int_c^d f(x,y)\mathrm{d}y\right)\mathrm{d}x \tag{4.3}$$

を計算することに等しくなります．同様にして，今度は最初に y を固定すれば，2重積分 I は

$$I=\int_c^d\left(\int_a^b f(x,y)\mathrm{d}x\right)\mathrm{d}y \tag{4.4}$$

と表せることになります．これらを，1変数の積分を順次行うことから，**累次積分**といいます．累次積分の書き方として，前者 (4.3) を

$$I=\int_a^b \mathrm{d}x\int_c^d f(x,y)\mathrm{d}y, \tag{4.5}$$

後者 (4.4) を

$$I=\int_c^d \mathrm{d}y\int_a^b f(x,y)\mathrm{d}x \tag{4.6}$$

と表記することもあります．しかしこれらは $\int_a^b \mathrm{d}x$ と $\int_c^d f(x,y)\mathrm{d}y$ との積や $\int_c^d \mathrm{d}y$ と $\int_a^b f(x,y)\mathrm{d}x$ との積を表すものではありません．

公式　**累次積分**　$R=\{(x,y)\mid a\leqq x\leqq b, c\leqq y\leqq d\}$ 上で定義される連続関数 $z=f(x,y)$ について，以下が成り立つ：

$$\iint_R f(x,y)\mathrm{d}x\mathrm{d}y=\int_a^b\left(\int_c^d f(x,y)\mathrm{d}y\right)\mathrm{d}x=\int_c^d\left(\int_a^b f(x,y)\mathrm{d}x\right)\mathrm{d}y.$$

とくに，被積分関数 $f(x,y) = g(x)h(y)$ の 2 重積分は次のように計算できます．

公式 **累次積分** $R = \{(x,y) \mid a \leqq x \leqq b, c \leqq y \leqq d\}$ 上で定義される連続関 $z = f(x,y) = g(x)h(y)$ について，以下が成り立つ：

$$\iint_R g(x)h(y)\mathrm{d}x\mathrm{d}y = \int_a^b g(x)\mathrm{d}x \cdot \int_c^d h(y)\mathrm{d}y.$$

上式の "·" は (4.5) や (4.6) と比較して，$\int_a^b g(x)\mathrm{d}x$ と $\int_c^d h(y)\mathrm{d}y$ の積であることを明示しています．

例題 4.1： $R = \{(x,y) \mid 0 \leqq x \leqq 1, 1 \leqq y \leqq 2\}$ に対して，2 重積分

$$I = \iint_R (x^2 + y)\mathrm{d}x\mathrm{d}y$$

を求めなさい．

……………………………………………………………………

解： (4.6) より

$$\iint_R (x^2 + y)\mathrm{d}x\mathrm{d}y = \int_1^2 \mathrm{d}y \int_0^1 (x^2 + y)\mathrm{d}x$$

であり，

$$\int_0^1 (x^2 + y)\mathrm{d}x = \left[\frac{1}{3}x^3 + xy\right]_0^1 = \frac{1}{3} + y \qquad (4.7)$$

が求められるから，I は

$$I = \int_1^2 \left(\frac{1}{3} + y\right)\mathrm{d}y = \left[\frac{1}{3}y + \frac{1}{2}y^2\right]_1^2 = \frac{8}{3} - \frac{5}{6} = \frac{11}{6}.$$

さて，累次積分をする際にポイントとなるのが (4.7) 内の変形です．被積分関数 $x^2 + y$ を x に関して積分するとき y は定数とみなせますから，容易に不定積分 $\frac{1}{3}x^3 + xy$ が導かれます[1)]．

---

1) (4.7) 内の $\left[\frac{1}{3}x^3 + xy\right]_0^1$ の表記は厳密には $\left[\frac{1}{3}x^3 + xy\right]_{x=0}^{x=1}$ としなければなりません．x, y どちらに対する代入演算かがわからないからです．本書では，式の中で明らかに区別が付く

念のため，もう一方の y を最初に固定した時の計算でも結果が同一になることを確かめてみましょう．(4.5) より

$$\begin{aligned}\iint_R (x^2+y)\mathrm{d}x\mathrm{d}y &= \int_0^1 \mathrm{d}x \int_1^2 (x^2+y)\mathrm{d}y = \int_0^1 \left[x^2y + \frac{1}{2}y^2\right]_1^2 \mathrm{d}x \\ &= \int_0^1 \left(x^2+\frac{3}{2}\right)\mathrm{d}x = \left[\frac{1}{3}x^3 + \frac{3}{2}x\right]_0^1 = \frac{11}{6}.\end{aligned}$$

どうでしょう．要は積分を2回繰り返しているだけですから，1変数の積分法がしっかりと理解でき，かつ，(4.5) や (4.6) の形に変形できれば，それほど難解なものと思う必要はないことがわかります．

■練習問題 4.1　次の2重積分を求めなさい．

(1) $\displaystyle\iint_R (x^2+y^3)\mathrm{d}x\mathrm{d}y,\ R=\{(x,y)\mid 0\leqq x\leqq 1, 0\leqq y\leqq 1\}$

(2) $\displaystyle\iint_R xe^{x+y}\mathrm{d}x\mathrm{d}y,\ R=\{(x,y)\mid 0\leqq x\leqq 1, 0\leqq y\leqq 1\}$

(3) $\displaystyle\iint_R \frac{1}{x+y}\mathrm{d}x\mathrm{d}y,\ R=\{(x,y)\mid 1\leqq x\leqq 2, 0\leqq y\leqq 1\}$

(4) $\displaystyle\iint_R \cos\left(\left(\frac{1}{2}x+y\right)\pi\right)\mathrm{d}x\mathrm{d}y,\ R=\left\{(x,y)\mid 0\leqq x\leqq \frac{1}{2}, 0\leqq y\leqq \frac{1}{2}\right\}$

§4.3　一般形状をした領域上の2重積分の計算

4.2 節では領域 $R=\{(x,y)\mid a\leqq x\leqq b, c\leqq y\leqq d\}$（$a,b,c,d$ は実数定数）は平面上の長方形領域でしたが，積分領域が長方形であるとは限りません．長方形でない領域は一般に次のように書き表すことができます[2)]：

$$R=\{(x,y)\mid a\leqq x\leqq b,\ y_1(x)\leqq y\leqq y_2(x)\} \tag{4.8}$$

あるいは

$$R=\{(x,y)\mid x_1(y)\leqq x\leqq x_2(y), c\leqq y\leqq d\} \tag{4.9}$$

（ここに a,b,c,d はそれぞれ実数定数）．これらは一般に長方形ではありません

場合がほとんどですので，“$x=$” を省略しています．

2) 実は (4.8) や (4.9) の形式で書けない領域も存在しますが，そのような場合はいくつかの (4.8) あるいは (4.9) の形式で表せる小領域の和の形にすることが可能です．

から，(4.2) における，R が長方形領域という定義から外れてしまいます．しかし，R を含むような長方形 $\bar{R}$ を定義し，$\bar{R}-R$ に対応する領域にも被積分関数の定義域を拡張し，かつそのときの関数値を 0 と定義すれば，先ほどの長方形領域の２重積分の問題に帰着できます．

それでは実際に，長方形ではない領域を (4.8) および (4.9) の形式で表してから２重積分を計算していきます．

例題 4.2：　図 4.2 に示される領域 R を (4.8) および (4.9) の形式で表しなさい．

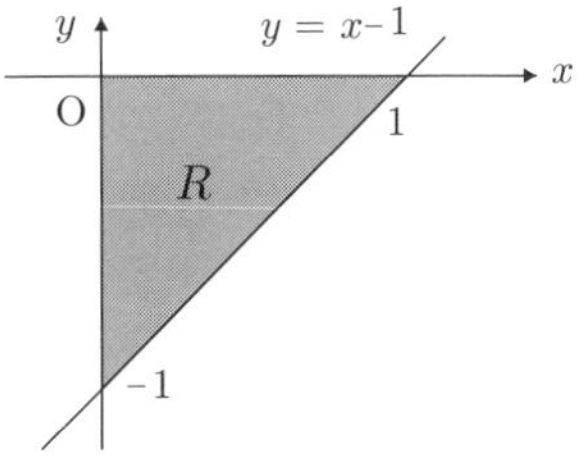

図 4.2　領域 R

解：　次のように補助線や座標を求めるとわかりやすいです．図 4.3 を見ながら説明しましょう．

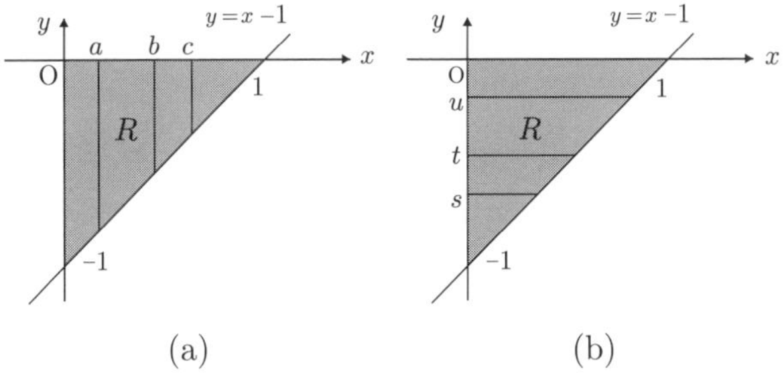

図 4.3　図形から領域を (4.8),(4.9) で表現

(4.8) の形式で表現

まず，$0 \leqq x \leqq 1$ は明らかです．ここで図 4.3(a) を見てみましょう．適当

に引いた3本の直線 $x=a, x=b, x=c$ のうち領域 R に含まれる部分（R 内の実線で示した3本の線分）に共通するのは $x-1 \leqq y \leqq 0$ です．つまり，$0 \leqq x \leqq 1$ を満たすすべての x に対し，$x-1 \leqq y \leqq 0$ を満たす y，そのときのすべての (x, y) が領域 R に一致するはずです．

$\therefore R = \{(x, y) \mid 0 \leqq x \leqq 1,\ x-1 \leqq y \leqq 0\}.$

(4.9) の形式で表現

次に，図4.3(b) を見てみましょう．明らかに，y の範囲は $-1 \leqq y \leqq 0$ です．さらに，適当に引いた3本の直線 $y=s, y=t, y=u$ のうち領域 R 内に含まれる部分（R 内の実線で示した3本の線分）に共通するのは $0 \leqq x \leqq y+1$ です（$y=x-1 \Leftrightarrow x=y+1$）．$\therefore R = \{(x, y) \mid 0 \leqq x \leqq y+1,\ -1 \leqq y \leqq 0\}.$

慣れるために，もう1つ例を見てみましょう．やはり長方形ではない領域を (4.8)，および (4.9) の形式で表してみます．

例題4.3： 図4.4に示される領域 R を (4.8)，および (4.9) の形式で表しなさい．

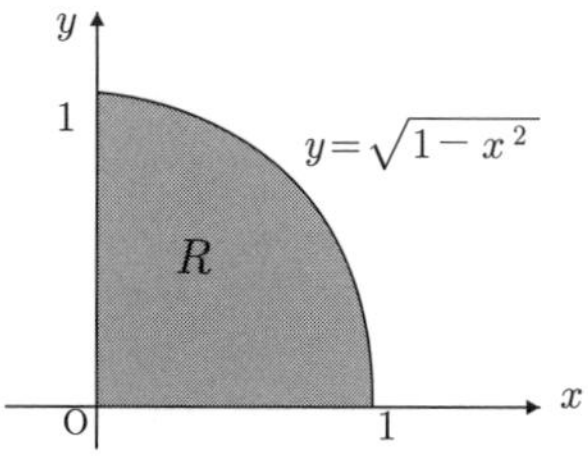

図4.4　領域 R

解： 前問同様に，理解を助けるために線を引いてみましょう．図4.5を見ながら説明してみます．

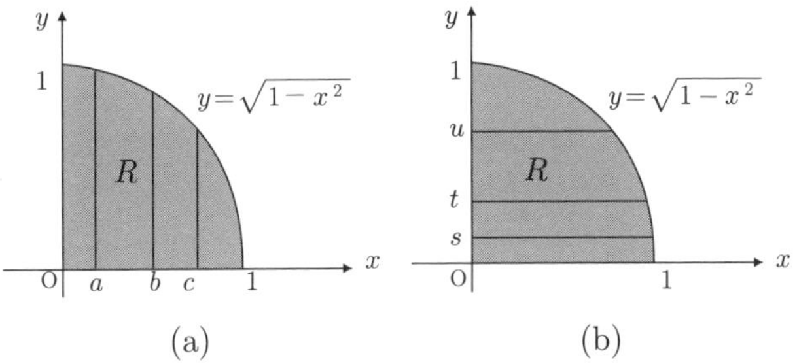

図 4.5 図形から領域を (4.8),(4.9) で表現

(4.8) の形式で表現

まず，$0 \leqq x \leqq 1$ は明らかです．ここで図 4.5(a) を見てみましょう．適当に引いた3本の直線 $x = a, x = b, x = c$ のうち領域 R に含まれる部分（R 内の実線で示した3本の線分）に共通するのは $0 \leqq y \leqq \sqrt{1-x^2}$ です．

$\therefore R = \{(x, y) \mid 0 \leqq x \leqq 1,\ 0 \leqq y \leqq \sqrt{1-x^2}\}.$

(4.9) の形式で表現

次に，図 4.5(b) を見てみましょう．明らかに，y の範囲は $0 \leqq y \leqq 1$ です．さらに，適当に引いた3本の直線 $y = s, y = t, y = u$ のうち領域 R 内に含まれる部分（R 内の実線で示した3本の線分）に共通するのは $0 \leqq x \leqq \sqrt{1-y^2}$ です（第一象限内において，$y = \sqrt{1-x^2} \Leftrightarrow x = \sqrt{1-y^2}$）．

$\therefore R = \{(x, y) \mid 0 \leqq x \leqq \sqrt{1-y^2}, 0 \leqq y \leqq 1\}.$

■練習問題 4.2 次に示す領域 R を (4.8) と (4.9) の両方の形式で表しなさい．

(1) $y = x^2,\ y = \sqrt{x}$ で囲まれた領域 R.

(2) $y = e^x - e$, x 軸, y 軸で囲まれた領域 R.

それでは実際に長方形領域ではない積分領域上の2重積分を計算してみましょう．

例題 4.4： 領域 $R = \{(x, y) \mid 0 \leqq x \leqq 1, 0 \leqq y \leqq x\}$ に対して，2重積分

$$I = \iint_R (x^2 + y)\mathrm{d}x\mathrm{d}y$$

を計算しなさい.

……………………………………………………………………………

解： (4.8) の形式で表せる領域は (4.5) の累次積分で解きます. つまり, $I = \int_0^1 \mathrm{d}x \int_0^x (x^2 + y)\mathrm{d}y = \int_0^1 \left[x^2 y + \frac{1}{2}y^2\right]_0^x \mathrm{d}x = \int_0^1 \left(x^3 + \frac{1}{2}x^2\right) \mathrm{d}x = \left[\frac{1}{4}x^4 + \frac{1}{6}x^3\right]_0^1 = \frac{1}{4} + \frac{1}{6} = \frac{5}{12}$.

上の例題では (4.8) の形式で表せる領域を (4.5) の累次積分で計算しましたが, (4.6) の累次積分では正しく計算できません. 計算してみればわかりますが, 変数が残ってしまいます. 逆に, (4.9) の形式で領域が表せるときは (4.6) の累次積分で求めることになります.

公式（累次積分）では被積分関数が $g(x) \cdot h(y)$ の形の時に 1 変数積分の積の形に変形することができると書きましたが, これは同公式内にもあるように, 積分領域が $\{(x, y) \mid a \leqq x \leqq b, c \leqq y \leqq d\}$（$a, b, c, d$ ともに実数定数）の時に限られます.

■練習問題 4.3　次の 2 重積分を求めなさい.

(1) $\displaystyle\iint_R (x + y)\mathrm{d}x\mathrm{d}y,\ R = \{(x, y) \mid 0 \leqq x \leqq y + 1, 1 \leqq y \leqq 3\}$

(2) $\displaystyle\iint_R y\mathrm{d}x\mathrm{d}y,\ R = \{(x, y) \mid 0 \leqq x \leqq 2, x + 1 \leqq y \leqq x + 2\}$

(3) $\displaystyle\iint_R e^{x+y}\mathrm{d}x\mathrm{d}y,\ R = \{(x, y) \mid 0 \leqq x, 0 \leqq y, x + y \leqq 2\}$

(4) $\displaystyle\iint_R r^2 \cos\theta \mathrm{d}r\mathrm{d}\theta,\ R = \{(r, \theta) \mid 0 \leqq \theta \leqq \pi/4, 0 \leqq r \leqq \sin\theta\}$

§4.4　積分順序の変更

最後に次のような例も紹介しておきましょう. 読者のみなさんは図 4.6 に示す領域 R を (4.8) と (4.9) の両方の形式で表せるでしょうか.

(4.9) の形式から始めると, 図より $0 \leqq y \leqq 2$ は明らかで, R 内の任意点は, 直線 $x = y$ よりも右側にあり, 直線 $x = -y + 4$ よりも左側にあります. よっ

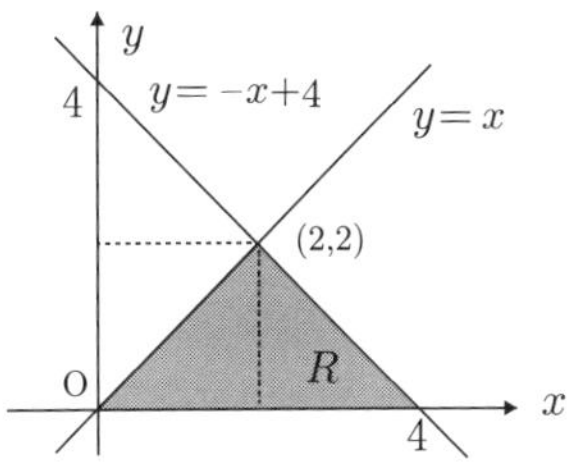

図 4.6 (4.8) か (4.9) の形式の違いで計算量が変わるケース

て $R = \{(x, y) \mid y \leqq x \leqq -y+4,\ 0 \leqq y \leqq 2\}$ となります．

一方，(4.8) の形式では問題は複雑になります．何故ならば，上側の境界となる直線の方程式が $x = 2$ を境にして変わるからです．$R_1 = \{(x, y) \mid 0 \leqq x \leqq 2,\ 0 \leqq y \leqq x\}$，$R_2 = \{(x, y) \mid 2 \leqq x \leqq 4,\ 0 \leqq y \leqq -x+4\}$ とおくと，領域 R は $R = R_1 \cup R_2$ のように，2 つの領域の和の形で表されます．被積分関数 $f(x, y)$ の 2 重積分 I は公式（2 重積分の性質）より $I = \iint_{R_1} f(x, y)\mathrm{d}x\mathrm{d}y + \iint_{R_2} f(x, y)\mathrm{d}x\mathrm{d}y$ から求められますが，計算量が多くなるのは避けられません．

今度は逆に，(4.8) ではなく (4.9) の形式の方が領域 R を $R = R_1 \cup R_2$ のように分割しなければならないケースを例題で示しておきましょう．

例題 4.5： 次の図 4.7 で表される領域を (4.8) と (4.9) の形式の両方で表しなさい．

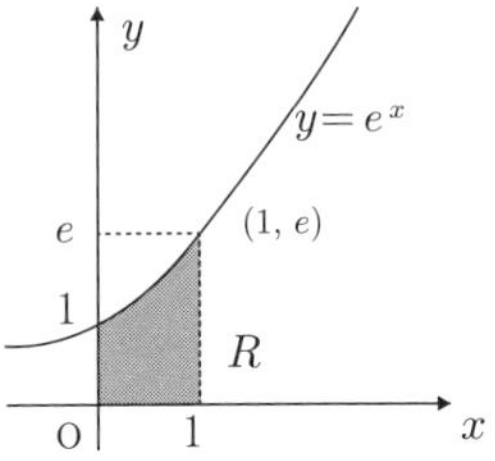

図 4.7 (4.8) か (4.9) の形式の違いで計算量が変わるケース

解： (4.8) の形式から始めると，図より $0 \leqq x \leqq 1$ は明らかで，R 内の任意点は，$y = 0$ よりも上側にあり，曲線 $y = e^x$ よりも下側にあります．

$\therefore R = \{(x, y) \mid 0 \leqq x \leqq 1,\ 0 \leqq y \leqq e^x\}$.

一方，(4.9) の形式では問題は複雑になります．何故ならば，$0 \leqq y \leqq 1$ と $1 \leqq y \leqq e$ とでは境界となる曲線・直線の方程式が変わるからです．$R_1 = \{(x, y) \mid 0 \leqq x \leqq 1,\ 0 \leqq y \leqq 1\}$，一方で，$y = e^x \Leftrightarrow x = \log y$ を考慮して $R_2 = \{(x, y) \mid \log y \leqq x \leqq 1,\ 1 \leqq y \leqq e\}$ とおくと，領域 R は $R = R_1 \cup R_2$ のように，2つの領域の和の形で表されます．

■**練習問題 4.4**　次の領域を (4.8) と (4.9) の形式の両方で表しなさい．

(1)　$y = x^2$ と $y = 2x + 3$ で囲まれた領域．

(2)　$x = y^2$ と $x = y + 2$ で囲まれた領域．

また，2重積分の中には，積分領域を (4.8) と (4.9) の形式で表現した時，一方では解けない，あるいは解くのが非常に大変な時があります．そのとき，もう一方の形式を採用することで積分順序を変更し，簡単に解けるようになることがあります．例えば，次のようなケースを考えてみます．

例題 4.6：　領域 $R = \{(x, y) \mid 0 \leqq x \leqq \frac{1}{2}, x \leqq y \leqq \frac{1}{2}\}$ に対して，2重積分

$$I = \iint_R \cos(\pi y^2) \mathrm{d}x \mathrm{d}y$$

を計算しなさい．

…………………………………………………………………………

解： $I = \int_0^{1/2} \mathrm{d}x \int_x^{1/2} \cos(\pi y^2) \mathrm{d}y = \int_0^{1/2} \mathrm{d}y \int_0^y \cos(\pi y^2) \mathrm{d}x = \int_0^{1/2} [x \cos(\pi y^2)]_0^y \mathrm{d}y = \int_0^{1/2} y \cos(\pi y^2) \mathrm{d}y$．ここで $y^2 = t$ とおくと，$2y\mathrm{d}y = \mathrm{d}t$，$y : 0 \to 1/2$，$t : 0 \to 1/4$．よって $\int_0^{1/2} y \cos(\pi y^2) \mathrm{d}y = \int_0^{1/4} \frac{1}{2} \cos(\pi t) \mathrm{d}t = \frac{1}{2\pi} [\sin \pi t]_0^{1/4} = \frac{\sqrt{2}}{4\pi}$．

$\int \cos(\pi y^2) \mathrm{d}y$ はなかなか手が出ませんが，$\int y \cos(\pi y^2) \mathrm{d}y$ となったことで，簡単な置換積分で求めることができるようになりました．

■**練習問題 4.5**　次の2重積分を適宜，積分順序を変更して求めなさい．

(1) $\displaystyle\iint_R \frac{1}{\sqrt{y^3+1}}\mathrm{d}x\mathrm{d}y,\ R=\{(x,y)\mid 0\leqq x\leqq 1, \sqrt{x}\leqq y\leqq 1\}$

(2) $\displaystyle\iint_R e^{x/y}\mathrm{d}x\mathrm{d}y,\ R=\{(x,y)\mid 0\leqq x\leqq 1, x\leqq y\leqq 1\}$

§4.5　2変数関数の置換積分 - 変数変換

1変数関数の積分では，変数変換を行うことで元の積分を簡単な形に置き換えるという置換積分について学んだかと思います．これは被積分関数が2変数関数 $f(x,y)$ となる場合についても有効です．変数のペア (x,y) を別のペア (u,v) で置き換えることによって元の積分が求めやすくなることがあります．

定理 4.1　変数変換

$x=x(u,v), y=y(u,v)$ によって uv 平面上の点集合 D から xy 平面上の点集合 R への1対1対応[3)]が与えられており，しかも，$x(u,v), y(u,v)$ は u,v に関して C^1 級[4)]であるとします．このとき，次式が成立します．

$$\iint_R f(x,y)\mathrm{d}x\mathrm{d}y=\iint_D f(x(u,v),y(u,v))|J|\mathrm{d}u\mathrm{d}v. \tag{4.10}$$

ただし，J は，

$$J=\frac{\partial(x,y)}{\partial(u,v)}=\begin{vmatrix}\frac{\partial x}{\partial u} & \frac{\partial x}{\partial v}\\ \frac{\partial y}{\partial u} & \frac{\partial y}{\partial v}\end{vmatrix}=\frac{\partial x}{\partial u}\frac{\partial y}{\partial v}-\frac{\partial x}{\partial v}\frac{\partial y}{\partial u}\neq 0$$

であるとします[5)]．

上で定義される J は**ヤコビアン**と呼ばれ，これは1変数の置換積分 $\int f(x)\mathrm{d}x=\int f(\psi(t))\psi'(t)\mathrm{d}t$ における $\psi'(t)=\mathrm{d}x/\mathrm{d}t$ に相当するものです．(4.10) によって，xy 平面内の領域 R 上の積分が uv 平面内の領域 D 上の積分に置き換えられます．上述のように，変数変換を上手に適用することで計算量を大幅に削減で

3) $(u_1,v_1)\neq(u_2,v_2)$ ならば必ず $(x(u_1,v_1),y(u_1,v_1))\neq(x(u_2,v_2),y(u_2,v_2))$ であるとき，点集合 D と点集合 R は1対1に対応するといいます．

4) 1回偏微分可能であり，かつその1次導関数が連続であるような関数を指します．

5) 実際，変換 $(x,y)\leftrightarrow(u,v)$ が1対1対応であることと，$J\neq 0$ は同値であることが知られているため，定理内の2つの条件はどちらかに集約できます（定理3.12を参照）．

きることがあります．下の例を見てみましょう．

例題 4.7：　領域 $R = \{(x,y) \mid 0 \leqq x - y \leqq 2,\ 0 \leqq x + y \leqq 1\}$ に対して，2重積分 $I = \iint_R x\mathrm{d}x\mathrm{d}y$ を求めなさい．

解：　領域 R は図 4.8 のようになります．仮に (4.8) の形で表現すると，$0 \leqq x \leqq 1/2,\ 1/2 \leqq x \leqq 1, 1 \leqq x \leqq 3/2$ で (4.8) における $y_1(x)$，または $y_2(x)$ が違うため，3つの領域に分割しての2重積分となり，面倒です．これは (4.9) の形でも同様で，$-1 \leqq y \leqq -1/2,\ -1/2 \leqq y \leqq 0,\ 0 \leqq y \leqq 1/2$ で $x_1(y)$，あるいは $x_2(y)$ の形が変わってきてしまいます．

そこで，変数変換：$x - y = u, x + y = v$ としてみると，R に対応する領域は $D = \{(u,v) \mid 0 \leqq u \leqq 2,\ 0 \leqq v \leqq 1\}$ となります．さらに，

$$x = \frac{u+v}{2},\ y = \frac{-u+v}{2}$$

ですから，

$$J = \begin{vmatrix} \frac{\partial x}{\partial u} & \frac{\partial x}{\partial v} \\ \frac{\partial y}{\partial u} & \frac{\partial y}{\partial v} \end{vmatrix} = \begin{vmatrix} 1/2 & 1/2 \\ -1/2 & 1/2 \end{vmatrix} = 1/2 \neq 0.$$

$$\therefore\ I = \iint_R x\mathrm{d}x\mathrm{d}y = \iint_D \frac{u+v}{2}\frac{1}{2}\mathrm{d}u\mathrm{d}v = \int_0^2 \mathrm{d}u \int_0^1 \frac{u+v}{4}\mathrm{d}v = \int_0^2 \frac{1}{4}\left[uv + \frac{1}{2}v^2\right]_0^1 \mathrm{d}u = \int_0^2 \frac{1}{4}\left(u + \frac{1}{2}\right)\mathrm{d}u = \frac{1}{4}\left[\frac{1}{2}u^2 + \frac{1}{2}u\right]_0^2 = \frac{3}{4}.$$

■練習問題 4.6　変数変換を行うことによって，次の2重積分 I を求めなさい．

(1)　$\iint_R (x-y)\cos(\pi(x+y))\mathrm{d}x\mathrm{d}y,\ R = \{(x,y) \mid 1/2 \leqq x + y \leqq 1,\ 0 \leqq x - y \leqq 1/3\}$

(2)　$\iint_R (x^3 + x^2y - xy^2 - y^3)\mathrm{d}x\mathrm{d}y,\ R = \{(x,y) \mid 0 \leqq x+y \leqq 1,\ 0 \leqq x-y \leqq 2\}$

(3)　$\iint_R \left(\frac{x+y}{x}\right)^2 e^{y/x}\mathrm{d}x\mathrm{d}y,\ R = \{(x,y) \mid 0 \leqq x + y \leqq 2,\ x \leqq y \leqq 2x\}$

(4)　$\iint_R x\mathrm{d}x\mathrm{d}y,\ R = \{(x,y) \mid \sqrt{x} + \sqrt{y} \leqq 1\}$

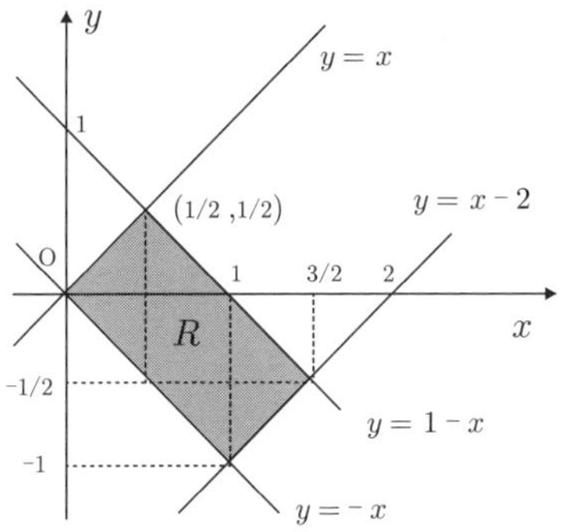

図 4.8　積分領域 R

❶　極座標変換

みなさんが xy 平面として普段使用するデカルト座標系は，原点からの水平方向の距離を x 座標，同様に原点からの垂直方向の距離を y 座標とする座標系です．しかし，2 次元平面上の点を表現する方法は他にもあります．その典型的な 1 つに**極座標**があります．

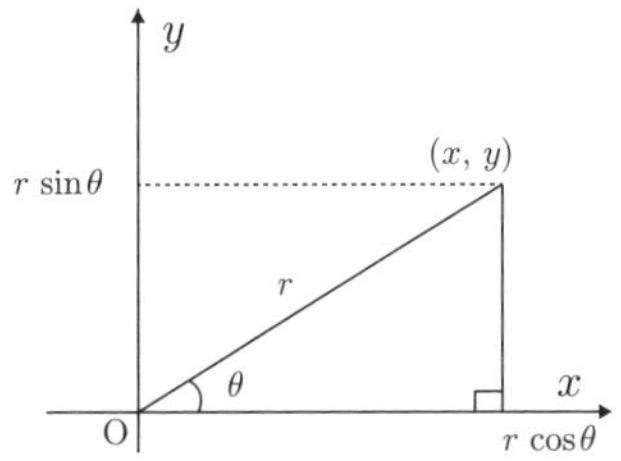

図 4.9　極座標

極座標では，原点からの距離 r $(\geqq 0)$ と，原点からの水平方向の半直線との角度 $\theta(0 \leqq \theta < 2\pi)$ を使用します．確かに，r と θ の組を定めれば平面上にただ 1 つの点を特定でき，また平面上のある 1 点は，原点 $(0,0)$ を除いて，r と θ を用いてただ 1 つの方法で表すことができます．原点だけは，r, θ を用いて表現すると，$r = 0, \theta$ は任意 $(0 \leqq \theta < 2\pi)$ と表せてしまうので 1 対 1 対応はしていませんが，積分する際には大きな問題とはならないケースがほとんどです（後述する広義積分の項を参照のこと）．xy 平面上の x 座標を x, y 座標を y とすると，次の関係が r, θ との間で成り立ちます：

$$x = r\cos\theta, y = r\sin\theta.$$

このとき，ヤコビアン J は

$$J = \begin{vmatrix} \frac{\partial x}{\partial r} & \frac{\partial x}{\partial \theta} \\ \frac{\partial y}{\partial r} & \frac{\partial y}{\partial \theta} \end{vmatrix} = \begin{vmatrix} \cos\theta & -r\sin\theta \\ \sin\theta & r\cos\theta \end{vmatrix} = r(\cos^2\theta + \sin^2\theta) = r$$

より，$J = r$ となります．故に，$r \neq 0$ のとき，$J \neq 0$ となります．言い換えれば，原点を除いて (x, y) と (r, θ) とは1対1に対応します．

定理 4.2　極座標変換

極座標変換 $x = r\cos\theta, y = r\sin\theta$ によって $r\theta$ 平面上の点集合 Π が xy 平面上の点集合 R に対応している場合，次式が成立します．

$$\iint_R f(x, y)\mathrm{d}x\mathrm{d}y = \iint_\Pi f(r\cos\theta, r\sin\theta)r\mathrm{d}r\mathrm{d}\theta. \qquad (4.11)$$

積分領域 R が円形や扇形である場合をはじめとして，極座標変換によって R がよりシンプルな形状の領域 Π に対応することが多々あります．次の例を解くことで実感してみましょう．

例題 4.8：　2重積分 $I = \iint_R (x^2+y^2)\mathrm{d}x\mathrm{d}y,\ R = \{(x, y) \mid 4 \leqq x^2+y^2 \leqq 9\}$ を求めなさい．

解：　領域 R は図4.10に示されるバウムクーヘン形となります．

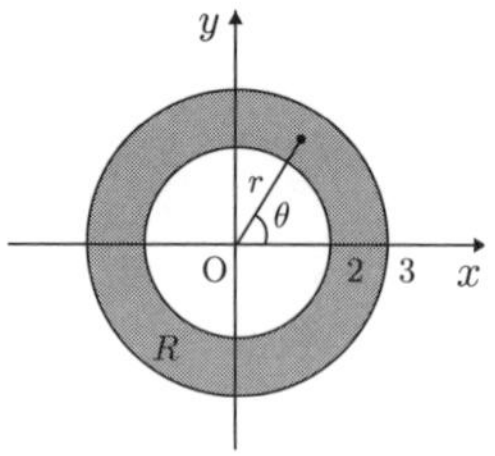

図 4.10　バウムクーヘン形領域 R

これを極座標で表現すれば，$x^2 + y^2 = (r\cos\theta)^2 + (r\sin\theta)^2 = r^2$ です

から $4 \leqq x^2 + y^2 \leqq 9$ は $4 \leqq r^2 \leqq 9$, $0 \leqq r$ より $2 \leqq r \leqq 3$ となり，$\Pi = \{(r, \theta) \mid 2 \leqq r \leqq 3,\ 0 \leqq \theta < 2\pi\}$ と表せます（図 4.11 参照）．よって，

$$I = \iint_{\Pi} r^2 \cdot r\mathrm{d}r\mathrm{d}\theta = \int_0^{2\pi} \mathrm{d}\theta \cdot \int_2^3 r^3 \mathrm{d}r = 2\pi \left[\frac{1}{4} r^4\right]_2^3 = \frac{65}{2}\pi.$$

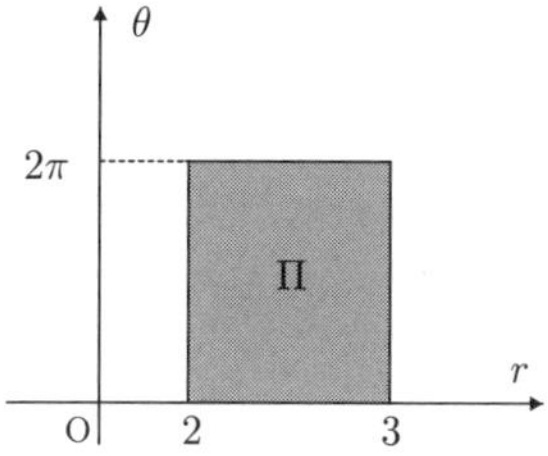

図 4.11　バウムクーヘン形領域 R に対応する $r\theta$ 平面内の領域 Π

これを元々のデカルト座標系のまま解くと，相当の計算を覚悟しなければなりません．そもそも積分領域も $0 \leqq x$ だけを見ても $0 \leqq x \leqq 2$ と $2 \leqq x \leqq 3$ で分割しなければなりません．

それではもう一問，次は少し領域が複雑なケースに対して極座標変換による 2 重積分の計算方法を試みましょう．

例題 4.9：　2 重積分 $\displaystyle\iint_R y\mathrm{d}x\mathrm{d}y$, $R = \{(x, y) \mid x^2 + y^2 \leqq x,\ y \leqq 0\}$ を求めなさい．

解：　この問題で一番のポイントとなるのは，極座標変換によって xy 平面上の領域 R が $r\theta$ 平面上のどのような領域 Π に移されるかです．図 4.12 に領域 R を示しました．

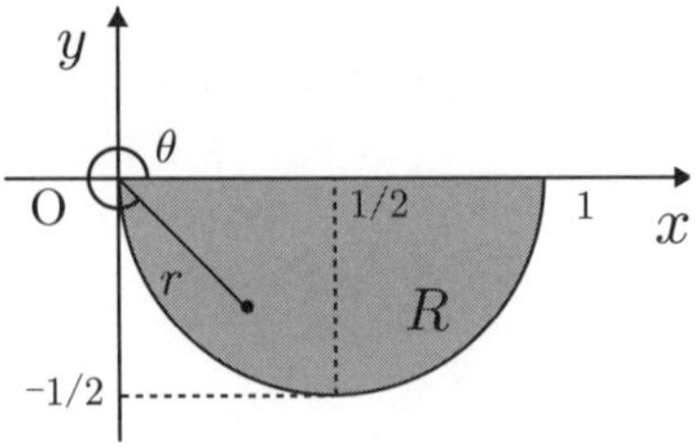

図4.12　領域 R

この図より，まずは $3\pi/2 \leqq \theta < 2\pi$ が示されます．なぜなら，$3\pi/2 \leqq \theta < 2\pi$ を満たすすべての θ に対して，原点を始点とし x 軸と角度 θ をなす半直線上には領域 R 内の少なくとも1点が含まれるからです．さらに，$x^2+y^2 \leqq x$ に $x = r\cos\theta$, $y = r\sin\theta$ を代入すれば，$r \leqq \cos\theta$ が得られます．$r \geqq 0$ は自明ですから，$0 \leqq r \leqq \cos\theta$ が r の範囲です．以上より，R に対応する $r\theta$ 平面内の領域は $\Pi = \{(r,\theta) \mid 0 \leqq r \leqq \cos\theta,\ 3\pi/2 \leqq \theta < 2\pi\}$ のように書き表すことができます．ここまでくれば，次のようにして解を求めることができます．

$$\begin{aligned}\iint_R y\mathrm{d}x\mathrm{d}y &= \iint_\Pi (r\sin\theta)\, r\mathrm{d}r\mathrm{d}\theta \\ &= \int_{3\pi/2}^{2\pi} \mathrm{d}\theta \int_0^{\cos\theta} r^2 \sin\theta \mathrm{d}r = \frac{1}{3}\int_{3\pi/2}^{2\pi} \sin\theta\cos^3\theta d\theta.\end{aligned}$$

ここで $t = \cos\theta$ とおけば，$-\sin\theta d\theta = \mathrm{d}t$, $\theta : 3\pi/2 \to 2\pi, t : 0 \to 1$ なので

$$\frac{1}{3}\int_{3\pi/2}^{2\pi} \sin\theta\cos^3\theta d\theta = -\frac{1}{3}\int_0^1 t^3\mathrm{d}t = -\frac{1}{12}\left[t^4\right]_0^1 = -\frac{1}{12}.$$

上の例題4.9で議論しなければならないのは，上式の式変形で用いた定理（変数変換，117ページ）が成立するのは $J \neq 0$ のときです．それに対して，$J = 0$ となる原点を積分領域 R は含んでいます．この議論については，後の広義積分の項で詳述します．

■練習問題 4.7　極座標変換を応用して，次の2重積分を求めなさい．

(1)　$\displaystyle\iint_R y\mathrm{d}x\mathrm{d}y,\ R=\{(x,y)\mid x^2+y^2\leqq 2,\ 0\leqq x,\ 0\leqq y\}$

(2)　$\displaystyle\iint_R \frac{\mathrm{d}x\mathrm{d}y}{\sqrt{9-x^2-y^2}},\ R=\{(x,y)\mid x^2+y^2\leqq 4\}$

(3)　$\displaystyle\iint_R xy\mathrm{d}x\mathrm{d}y,\ R=\{(x,y)\mid x^2+y^2\leqq 2x,\ 0\leqq x,\ 0\leqq y\}$

(4)　$\displaystyle\iint_R (x^2+y^2)\mathrm{d}x\mathrm{d}y,\ R=\left\{(x,y)\ \middle|\ \frac{x^2}{4}+\frac{y^2}{9}\leqq 1, 0\leqq x, 0\leqq y\right\}$

❷　3次元の極座標変換（球座標）

本章では，この項に限って3重積分を扱います．本章の最初に述べているように，2重積分と3重積分は基本的には計算方法は同じだからです．ここでは，3次元の極座標変換の重要性と3重積分の一例として扱います．

2次元のデカルト座標 (x,y) に対して，原点からの距離 r と角度 θ によって1点を定めるのが2次元極座標でした．ここではそれを3次元（球座標）に拡張します．

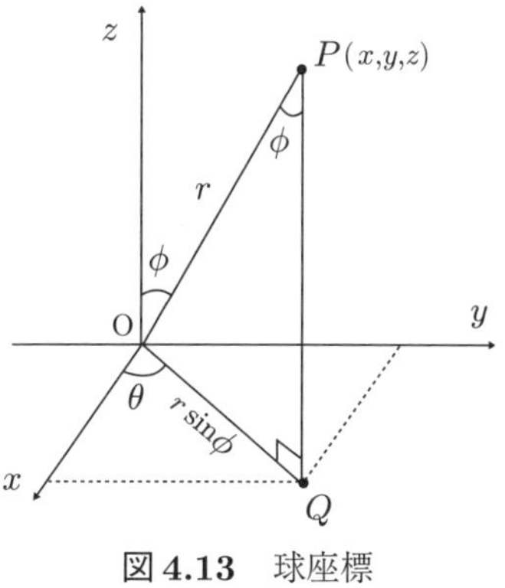

図 4.13　球座標

空間内の点 $\mathrm{P}(x,y,z)$ から xy 平面に下ろした垂線の足を Q とします（図 4.13 参照）．いま，線分 OP の長さを r, $\overrightarrow{\mathrm{OP}}$ と z 軸とのなす角を $\phi(0\leqq\phi\leqq\pi)$ とすれば，$\mathrm{PQ}=r\cos\phi, \mathrm{OQ}=r\sin\phi$ が得られます．さらに，$\overrightarrow{\mathrm{OQ}}$ と x 軸とのなす角を $\theta(0\leqq\theta<2\pi)$ とすると，デカルト座標 (x,y,z) と (r,ϕ,θ) には，

$$x=r\sin\phi\cos\theta,\ y=r\sin\phi\sin\theta,\ z=r\cos\phi$$

の関係が成立します．このとき，ヤコビアン J は

$$J = \frac{\partial(x,y,z)}{\partial(r,\phi,\theta)} = \begin{vmatrix} \frac{\partial x}{\partial r} & \frac{\partial x}{\partial \phi} & \frac{\partial x}{\partial \theta} \\ \frac{\partial y}{\partial r} & \frac{\partial y}{\partial \phi} & \frac{\partial y}{\partial \theta} \\ \frac{\partial z}{\partial r} & \frac{\partial z}{\partial \phi} & \frac{\partial z}{\partial \theta} \end{vmatrix} = \begin{vmatrix} \sin\phi\cos\theta & r\cos\phi\cos\theta & -r\sin\phi\sin\theta \\ \sin\phi\sin\theta & r\cos\phi\sin\theta & r\sin\phi\cos\theta \\ \cos\phi & -r\sin\phi & 0 \end{vmatrix}$$

$$\begin{aligned} &= (\sin\phi\cos\theta)(r\cos\phi\sin\theta)0 + (\sin\phi\sin\theta)(-r\sin\phi)(-r\sin\phi\sin\theta) \\ &\quad +(r\cos\phi\cos\theta)(r\sin\phi\cos\theta)(\cos\phi) - (-r\sin\phi\sin\theta)(r\cos\phi\sin\theta)(\cos\phi) \\ &\quad -(r\cos\phi\cos\theta)(\sin\phi\sin\theta)0 - (\sin\phi\cos\theta)(-r\sin\phi)(r\sin\phi\cos\theta) \\ &= r^2\sin\phi \end{aligned}$$

となりますから，$r^2\sin\phi \neq 0$ のとき $J \neq 0$ となります．言い換えれば，z 軸上を除いて (x,y,z) と (r,ϕ,θ) は1対1に対応します．

なお，上述のように，z 軸とのなす角 ϕ は $0 \leqq \phi \leqq \pi$ であって $0 \leqq \phi < 2\pi$ ではありません．$0 \leqq \theta < 2\pi$ としているため，$0 \leqq \phi < 2\pi$ とすると空間上の各点を二度ずつ数えてしまう，つまり1つの点に2つの (r,ϕ,θ) が存在してしまうからです．

それでは，3重積分の例題を実際に解いてみましょう．

例題 4.10：　3重積分 $I = \iiint_V z\mathrm{d}x\mathrm{d}y\mathrm{d}z$，$V = \{(x,y,z) \mid z \geqq 0,\ x^2 + y^2 + z^2 \leqq 1\}$ を求めなさい．

解：　3次元極座標変換 $x = r\sin\phi\cos\theta$，$y = r\sin\phi\sin\theta$，$z = r\cos\phi$ によって，V は $\Pi = \{(r,\phi,\theta) \mid 0 \leqq r \leqq 1,\ 0 \leqq \phi \leqq \pi/2,\ 0 \leqq \theta < 2\pi\}$ に変換され，$J = r^2\sin\phi$ です．定理4.1より

$$\begin{aligned} I &= \iiint_\Pi r\cos\phi \cdot r^2\sin\phi\mathrm{d}r\mathrm{d}\phi\mathrm{d}\theta = \int_0^1 r^3\mathrm{d}r \cdot \int_0^{\pi/2} \frac{\sin 2\phi}{2}d\phi \cdot \int_0^{2\pi} d\theta \\ &= \left[\frac{r^4}{4}\right]_0^1 \cdot \left[-\frac{1}{4}\cos 2\phi\right]_0^{\pi/2} \cdot 2\pi = \frac{1}{4}\cdot\frac{1}{2}\cdot 2\pi = \frac{\pi}{4}. \end{aligned}$$

■**練習問題 4.8** 3 次元極座標変換を用いて，次の 3 重積分 I を求めなさい．
$I = \iiint_V \sqrt{x^2+y^2}\mathrm{d}x\mathrm{d}y\mathrm{d}z$, $V = \{(x,y,z) \mid x^2+y^2+z^2 \leqq 4, 0 \leqq x, 0 \leqq y, 0 \leqq z\}$

§4.6 広義積分

2 重積分に関する問題を解く際に，広義積分の助けを借りることがあります．ただ，本質的には，1 変数の積分における広義積分と変わるものではありません．

なお，2 重積分に対する第 1 種，第 2 種広義積分の定義を本節に再掲しませんが，第 1 種広義積分（有限区間上に有限個の不連続点をもつ関数に対する積分）そして第 2 種広義積分（無限区間上の積分）の説明に登場する「区間」を「領域」に読み替えれば十分でしょう．

❶ 第 1 種広義積分

例題 4.11： 2 重積分 $I = \iint_R \dfrac{\mathrm{d}x\mathrm{d}y}{\sqrt{x^2+y^2}}$, $R = \{(x,y) \mid 0 \leqq y \leqq x \leqq 2\}$ を求めなさい．

解： 領域 R を図示すると，図 4.14 のようになります．しかし，被積分関数 $\frac{1}{\sqrt{x^2+y^2}}$ は R 内の点 $(0,0)$ で発散するため，第 1 種広義積分の考え方を導入します．$\epsilon > 0$ に対して，領域 R_ϵ を $R_\epsilon = \{(x,y) \mid \epsilon \leqq x \leqq 2, 0 \leqq y \leqq x\}$ で定義し，R_ϵ 上での 2 重積分を $I_\epsilon \equiv \iint_{R_\epsilon} \dfrac{\mathrm{d}x\mathrm{d}y}{\sqrt{x^2+y^2}}$ とすれば

$$
\begin{aligned}
I_\epsilon &= \int_\epsilon^2 \mathrm{d}x \int_0^x \frac{\mathrm{d}y}{\sqrt{x^2+y^2}} = \int_\epsilon^2 \left[\log\left|y+\sqrt{y^2+x^2}\right|\right]_0^x \mathrm{d}x \\
&= \int_\epsilon^2 \{\log\left(\left(1+\sqrt{2}\right)x\right) - \log x\}\mathrm{d}x \\
&= \int_\epsilon^2 \log\left(1+\sqrt{2}\right)\mathrm{d}x = (2-\epsilon)\log\left(1+\sqrt{2}\right).
\end{aligned}
$$

$$\therefore I = \lim_{\epsilon \to +0} I_\epsilon = 2\log\left(1+\sqrt{2}\right).$$

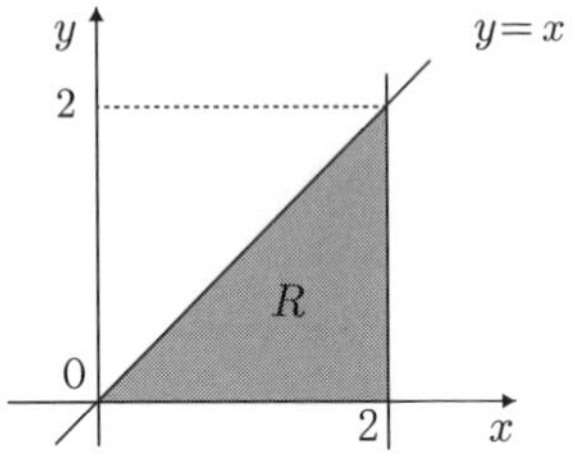

図 4.14　例 4.11 の領域 R

極座標変換の解釈

4.5 節の例題 4.9 では 2 重積分 $\iint_R y\mathrm{d}x\mathrm{d}y$ $(R = \{(x,y) \mid x^2+y^2 \leqq x, y \leqq 0\})$ を極座標変換 $x = r\cos\theta, y = r\sin\theta$ $(0 \leqq r \leqq \cos\theta, 3\pi/2 \leqq \theta < 2\pi)$ によって求めていますが，これには注意が必要です．変数変換に関する定理 4.1（117 ページ）にもあるように，$J \neq 0$ のときに限り (4.10) は成立します．しかし，積分領域 R は $J = r = 0$ となる原点 O を含んでいます．それ故，例題 4.9 の積分には (4.10) を適用できません．

このときは $0 < \epsilon \leqq r$ として扱い，$\epsilon \to +0$ の極限を取ればよいです（第 1 種広義積分）．具体的には領域 R は極座標変換により，次の領域 Π_ϵ の極限 $(\epsilon \to +0)$ に変換されます．

$$\Pi_\epsilon = \{(r,\theta) \mid \epsilon \leqq r \leqq \cos\theta,\ 3\pi/2 \leqq \theta \leqq 2\pi\}.$$

このとき，

$$\iint_R y\mathrm{d}x\mathrm{d}y = \lim_{\epsilon \to +0} \iint_{\Pi_\epsilon} r^2 \sin\theta \mathrm{d}r\mathrm{d}\theta.$$

いま

$$\iint_{\Pi_\epsilon} r^2 \sin\theta \mathrm{d}r\mathrm{d}\theta = \int_{3\pi/2}^{2\pi} \mathrm{d}\theta \int_\epsilon^{\cos\theta} r^2 \sin\theta \mathrm{d}r = \frac{1}{3}\int_{3\pi/2}^{2\pi} \sin\theta(\cos^3\theta - \epsilon^3)\mathrm{d}\theta$$

$$= \frac{1}{3}\int_{3\pi/2}^{2\pi} \sin\theta\cos^3\theta \mathrm{d}\theta - \frac{1}{3}\epsilon^3\int_{3\pi/2}^{2\pi} \sin\theta \mathrm{d}\theta$$

$$\overset{\text{例題 4.9}}{=} -\frac{1}{12} - \frac{1}{3}\epsilon^3\left[-\cos\theta\right]_{3\pi/2}^{2\pi} = -\frac{1}{12} + \frac{1}{3}\epsilon^3.$$

$$\therefore \iint_R y\mathrm{d}x\mathrm{d}y = \lim_{\epsilon\to+0}\left(-\frac{1}{12} + \frac{1}{3}\epsilon^3\right) = -\frac{1}{12}.$$

これは，$J = 0$ となる場合が（存在してしまうが）積分値に影響を及ぼさない程度のごく一部に限られているため，式 (4.10) が意味をなすことを表しています．本ケースも $J = 0$ になるのはある 1 点に限られ，そもそも対応する面積は 0 です．

また，球座標変換についても同様で，ヤコビアン $J = r^2\sin\theta$ が 0 になるケースは $r = 0$，あるいは $\sin\theta = 0$ となる場合（点，あるいは線で，やはり面積は 0）にごく限られているため，積分値に影響を及ぼさず，同様に (4.10) を使用してもよいのです．

❷ 第 2 種広義積分

例題 4.12： 2 重積分 $I = \iint_R \frac{\mathrm{d}x\mathrm{d}y}{(x+y+1)^3}$，$R = \{(x,y) \mid x \geqq 0, y \geqq 0\}$ を求めなさい．

解： まず，有限な領域に対する積分を考えます．長方形領域 $R_{c,d} = \{(x,y) \mid 0 \leqq x \leqq c, 0 \leqq y \leqq d\}$ に対して

$$I_{c,d} = \iint_{R_{c,d}} \frac{\mathrm{d}x\mathrm{d}y}{(x+y+1)^3}$$

とおくと，

$$I_{c,d} = \int_0^c \mathrm{d}x \int_0^d \frac{\mathrm{d}y}{(x+y+1)^3} = \int_0^c \left[-\frac{1}{2(x+y+1)^2}\right]_0^d \mathrm{d}x$$

$$= \int_0^c \left(\frac{1}{2(x+1)^2} - \frac{1}{2(x+d+1)^2}\right)\mathrm{d}x = \left[-\frac{1}{2(x+1)} + \frac{1}{2(x+d+1)}\right]_0^c$$

$$= \frac{1}{2}\left(1 - \frac{1}{c+1} - \frac{1}{d+1} + \frac{1}{c+d+1}\right).$$

$$\therefore I = \lim_{\substack{c\to\infty \\ d\to\infty}} I_{c,d} = \frac{1}{2}.$$

■**練習問題 4.9**　次の広義積分 I を求めなさい．

(1) $\displaystyle\int_0^1 \mathrm{d}x \int_0^1 \frac{\mathrm{d}y}{\sqrt{x}\sqrt[3]{y}}$

(2) $\displaystyle\iint_R \frac{\mathrm{d}x\mathrm{d}y}{\sqrt{1-x^2-y^2}},\ R = \{(x,y) \mid x^2+y^2 \leqq 1\}$

(3) $\displaystyle\iint_R \frac{x}{(1+x^2+y)^2}\mathrm{d}x\mathrm{d}y,\ R = \{(x,y) \mid 0 \leqq x \leqq 1,\ 1 \leqq y\}$

§4.7　重積分の応用

重積分はその定義からも物体の体積を求めることと非常に強い関係があります．その意味で，3次元空間に身を置く我々の日常に関わってくるのはごく当然です．土木の分野では，河川における洪水流の水理解析に用いられたり，電磁気学では電場や磁場の総体を計算することなどに重積分が使われています．

❶　立体の体積

xy 平面内の領域 R に対して，xyz 空間内の領域 V を $V = \{(x,y,z) \mid (x,y) \in R, z_1(x,y) \leqq z \leqq z_2(x,y)\}$ と定義すれば，V の体積は次式で表されます．

$$\iint_R (z_2(x,y) - z_1(x,y))\mathrm{d}x\mathrm{d}y.$$

一方，3重積分を用いれば，次式も同じ意味となります．

$$\iiint_V 1\mathrm{d}x\mathrm{d}y\mathrm{d}z = \iiint_V \mathrm{d}x\mathrm{d}y\mathrm{d}z.$$

例題 4.13：　半径 $c\ (>0)$ の球の体積が $\dfrac{4}{3}\pi c^3$ となることを確かめよ．

解：　$V = \{(x,y,z) \mid (x,y) \in R, -\sqrt{c^2-x^2-y^2} \leqq z \leqq$

$\sqrt{c^2-x^2-y^2}\}$, $R=\{(x,y) \mid x^2+y^2 \leqq c^2\}$ とおけば，球の体積は次のように計算されます．

$$\begin{aligned}
\iint_R \mathrm{d}x\mathrm{d}y \int_{-\sqrt{c^2-x^2-y^2}}^{\sqrt{c^2-x^2-y^2}} \mathrm{d}z &= 2\iint_R \sqrt{c^2-x^2-y^2}\mathrm{d}x\mathrm{d}y \\
&= 2\int_0^{2\pi} \mathrm{d}\theta \int_0^c \sqrt{c^2-r^2}r\mathrm{d}r \ (\because 2\text{ 次元極座標変換}) \\
&= 4\pi \int_{c^2}^0 t^{1/2}\left(-\frac{1}{2}\mathrm{d}t\right) \ (\because t=c^2-r^2) \\
&= 2\pi \int_0^{c^2} t^{1/2}\mathrm{d}t = 2\pi\left[\frac{2}{3}t^{3/2}\right]_0^{c^2} = \frac{4}{3}\pi c^3.
\end{aligned}$$

■**練習問題 4.10**　関数 $z_1(x,y), z_2(x,y)$ を $z_1(x,y)=2x+2y$, $z_2(x,y)=x+y$ で定義する．3 平面 $x=1$, $y=1$, $x+y=3$ と 2 曲面 $z=z_1(x,y), z=z_2(x,y)$ で囲まれる 3 次元領域の体積を求めなさい．

❷ 曲面積

曲面 $z=f(x,y)$, $(x,y)\in R$ の面積（**曲面積**）は次の公式で求められます．

公式　xy 平面上の領域 R を定義域とする関数 $z=f(x,y)$ が C^1 級であるとき，その曲面積 S は次式によって得られる：

$$S=\iint_R \sqrt{1+f_x^2+f_y^2}\mathrm{d}x\mathrm{d}y.$$

曲線 $y=f(x)$ $(a \leqq x \leqq b)$ の弧長 l が $l=\int_a^b \sqrt{1+\{f'(x)\}^2}\mathrm{d}x$ であることは 1 変数の積分の応用で学びますが，曲面積と曲線の弧長には大いに式の上で類似性が認められます．

例題 4.14：　球面 $x^2+y^2+z^2=c^2$ $(c>0)$ から円柱 $x^2+y^2=cx$ が切り取る部分の面積 S を求めなさい．

解：　切り取られる部分が xy 平面と zx 平面に関して対称ですから，$y \geqq 0,\ z \geqq 0$ で考えれば十分です．$x^2+y^2+z^2=c^2$ より $z=\sqrt{c^2-x^2-y^2}=f(x,y)$，さらに，$R=\{(x,y) \mid x^2+y^2 \leqq cx,\ y \geqq 0,\ z \geqq 0\}$ とおくと，切り取られる部分のうち $y \geqq 0,\ z \geqq 0$ にある曲面（図 4.15 の斜線部）は，$z=f(x,y),\ (x,y) \in R$ と表せます．一方，

$$f_x = -\frac{x}{\sqrt{c^2-x^2-y^2}},\ f_y = -\frac{y}{\sqrt{c^2-x^2-y^2}}$$

ですから，

$$1+f_x^2+f_y^2 = \frac{c^2}{c^2-x^2-y^2}.$$

$$\therefore \frac{S}{4} = \iint_R \frac{c}{\sqrt{c^2-x^2-y^2}} \mathrm{d}x\mathrm{d}y.$$

次に，極座標変換 $x = r\cos\theta, y = r\sin\theta$ を施せば，領域 R は $\Pi = \{(r,\theta) \mid 0 \leqq r \leqq c\cos\theta, 0 \leqq \theta \leqq \pi/2\}$ に変換され，被積分関数は $\dfrac{c}{\sqrt{c^2-x^2-y^2}} = \dfrac{c}{\sqrt{c^2-r^2}}$ となります．

$$\begin{aligned}\therefore \frac{S}{4} &= \iint_R \frac{c}{\sqrt{c^2-x^2-y^2}} \mathrm{d}x\mathrm{d}y = \int_0^{\pi/2} \mathrm{d}\theta \int_0^{c\cos\theta} \frac{c}{\sqrt{c^2-r^2}} \cdot r\mathrm{d}r \\ &= c\int_0^{\pi/2} \left[-\sqrt{c^2-r^2}\right]_0^{c\cos\theta} \mathrm{d}\theta = c\int_0^{\pi/2} c(1-\sin\theta)\mathrm{d}\theta \\ &= c^2\left[\theta+\cos\theta\right]_0^{\pi/2} = c^2\left(\frac{\pi}{2}-1\right).\end{aligned}$$

したがって，$S = 4c^2\left(\frac{\pi}{2}-1\right)$.

■練習問題 4.11　回転放物面 $z = x^2+y^2$ の $z \leqq 3$ を満たす部分の曲面積 S を求めなさい．

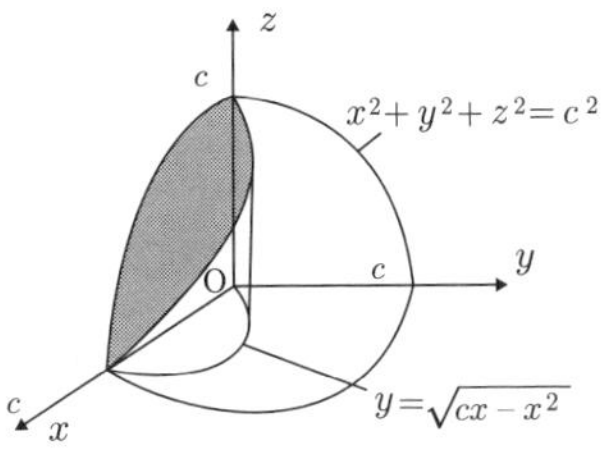

図 4.15　切り取られる面積

❸ 重心

公式　重心 xy 平面上の領域 R に対して，各点 (x, y) における密度[6] が $\sigma(x, y)$ であるとき，**重心**の座標 $\bar{x}, \bar{y}$ は次式によって与えられます：

$$\bar{x} = \frac{\iint_R \sigma(x, y) x \mathrm{d}x\mathrm{d}y}{\iint_R \sigma(x, y) \mathrm{d}x\mathrm{d}y}, \quad \bar{y} = \frac{\iint_R \sigma(x, y) y \mathrm{d}x\mathrm{d}y}{\iint_R \sigma(x, y) \mathrm{d}x\mathrm{d}y}.$$

もちろん，密度が一定の場合は上式において $\sigma(x, y) = 1$ とおけばよいのです．次の例題を解いてみましょう．

例題 4.15：　密度が一定の半径 r の半円形の重心 $(\bar{x}, \bar{y})$ を求めなさい．

解：　半円形の領域は $R = \{(x, y) \mid -r \leqq x \leqq r,\ 0 \leqq y \leqq \sqrt{r^2 - x^2}\}$ と書き表すことができます．この領域 R が y 軸に関して対称であり，かつ密度一定であることから，$\bar{x} = 0$ は明らかです．一方，$\bar{y}$ は

$$\bar{y} = \frac{\iint_R y \mathrm{d}x\mathrm{d}y}{\iint_R \mathrm{d}x\mathrm{d}y}$$

で計算されます．分母は半円の面積であるから $\pi r^2/2$ です．分子は

$$\iint_R y \mathrm{d}x\mathrm{d}y = \int_{-r}^{r} \mathrm{d}x \int_0^{\sqrt{r^2 - x^2}} y \mathrm{d}y = \frac{1}{2} \int_{-r}^{r} (r^2 - x^2) \mathrm{d}x = \frac{2}{3} r^3$$

[6] 単位面積当たりの質量を密度といいます．

よって $\bar{y} = \left(\frac{2}{3}r^3\right) / \left(\frac{\pi}{2}r^2\right) = \frac{4r}{3\pi}$. したがって $(\bar{x}, \bar{y}) = \left(0, \frac{4r}{3\pi}\right)$. 図 4.16 に重心 G の位置を示します.

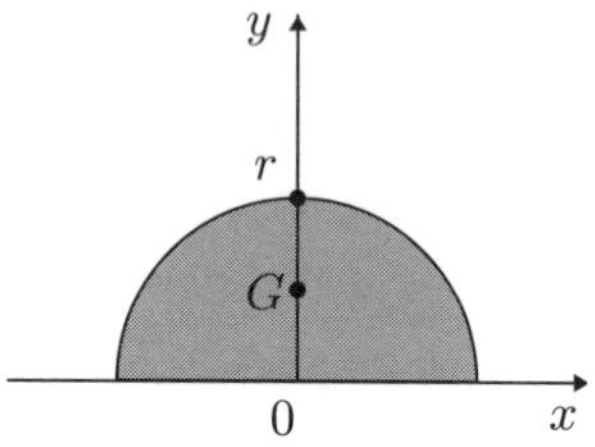

図 4.16　半円の重心

曲芸師は時にさまざまな形のボードに乗り，玉乗りの技術を披露しなければなりません．なぜならば変わった形であればあるほど，観客は喜び，場が盛り上がるからです．彼らにとって大事なのは体をボードに乗せたときの重心の位置であり，玉とボードの接する点が重心となれば曲芸師は最も安定します．

また，重心とは異なる概念として，我々がよく用いる平均値の考え方を関数に適用することもできます．$f(x, y)$ の R における**平均値**を次のように定義します：

$$\frac{\iint_R f(x, y)\mathrm{d}x\mathrm{d}y}{\iint_R \mathrm{d}x\mathrm{d}y}$$

❹　慣性モーメント

慣性モーメントは慣性能率とも呼ばれ，簡単にいえば物体の回転のしにくさを表す量となります．慣性モーメントの数学的な定義を示すと，次のようになります．

公式　xy 平面上の領域 R に対して，各点 (x, y) における密度が $\sigma(x, y)$ であるとき，x 軸，y 軸，z 軸の周りの慣性モーメント I_x, I_y, I_z は次式によって与えられる：

$$\begin{aligned} I_x &= \iint_R \sigma(x, y) y^2 \mathrm{d}x\mathrm{d}y, \\ I_y &= \iint_R \sigma(x, y) x^2 \mathrm{d}x\mathrm{d}y, \\ I_z &= \iint_R \sigma(x, y)(x^2 + y^2) \mathrm{d}x\mathrm{d}y. \end{aligned}$$

物体を回転させるとき，回転の中心として重心を選べば，慣性モーメントは最小となります．すなわち，最も回しやすくなるということです（これは経験的にもいえることでしょう）．

例題 4.16： 1辺の長さ c の正方形の板の辺の周りの慣性モーメントを求めなさい．ただし，板の密度は定数 σ とします．

解： 2辺を x 軸，y 軸に取り，板が第1象限内に収まるようにすれば，領域 $R = \{(x, y) \mid 0 \leqq x \leqq c,\ 0 \leqq y \leqq c\}$ となりますから，

$$
\begin{aligned}
I &= \iint_R \sigma y^2 \mathrm{d}x\mathrm{d}y = \iint_R \sigma x^2 \mathrm{d}x\mathrm{d}y \\
&= \sigma \int_0^c \mathrm{d}y \cdot \int_0^c x^2 \mathrm{d}x = \sigma c^4/3.
\end{aligned}
$$

第 5 章

スカラー場とベクトル場

複数の数で **1** つの量を表すのがベクトルで，**1** つの数が **1** つの量を表すのがスカラーです．そして各位置に何らかのスカラーが対応するような空間をスカラー場といいます．その例として部屋とその中の温度があげられます．また，各位置にベクトルが対応するような空間はベクトル場といいます．その例として部屋とその中の風力と風向があげられます．この章では，スカラー場とベクトル場の特徴を表す勾配・発散・回転と呼ばれる量について，それに関わる演算やその性質について学びます．

§5.1　ベクトル関数の微積分

❶ ベクトル関数の微分

複数の数で1つの量を表すのがベクトルで，1つの数で1つの量を表すのが**スカラー**です．そして関数値がベクトルであるのがベクトル関数（p.100）であり，高校までで学んだように関数値がスカラーであるのがスカラー関数です．

ここではベクトル関数を

$$\boldsymbol{a}(t) = (a_x(t), a_y(t), a_z(t))$$

のように成分表示します．この各成分はスカラー関数ですので，普通の関数（スカラー関数）の微分法で成分ごとに微分すればベクトル関数の微分が求まります．なお，変数に依存しない一定のベクトルを**定ベクトル**といいます．

定義 5.1　**ベクトル関数の微分**

ベクトル関数　$\boldsymbol{a}(t) = (a_x(t), a_y(t), a_z(t))$

の各成分に導関数 $a_x{}'(t)$，$a_y{}'(t)$，$a_z{}'(t)$ が存在するとき，$\boldsymbol{a}(t)$ は微分可能であるといい，

$$\boldsymbol{a}'(t) = (a_x{}'(t), a_y{}'(t), a_z{}'(t)) \tag{5.1}$$

で $\boldsymbol{a}(t)$ の導関数を表します．

また，普通の関数で成り立った微分公式が各成分で成り立ちますので，ベクトル関数の微分でも，普通の関数の微分公式とよく似た公式が成り立ちます．

公式　$\boldsymbol{a}(t), \boldsymbol{b}(t)$ をベクトル関数，$\boldsymbol{c}$ を定ベクトル，$f(t)$ をスカラー関数とします．

(1)　$\boldsymbol{c}' = \boldsymbol{0}$

(2)　$(\boldsymbol{a}(t) + \boldsymbol{b}(t))' = \boldsymbol{a}'(t) + \boldsymbol{b}'(t)$

(3)　$(f(t)\,\boldsymbol{a}(t))' = f'(t)\boldsymbol{a}(t) + f(t)\,\boldsymbol{a}'(t)$

(4)　$(\boldsymbol{a}(t) \cdot \boldsymbol{b}(t))' = \boldsymbol{a}'(t) \cdot \boldsymbol{b}(t) + \boldsymbol{a}(t) \cdot \boldsymbol{b}'(t)$

(5)　$(\boldsymbol{a}(t) \times \boldsymbol{b}(t))' = \boldsymbol{a}'(t) \times \boldsymbol{b}(t) + \boldsymbol{a}(t) \times \boldsymbol{b}'(t)$

積分の定義も公式も成分ごとの積分で考えます.

定義 5.2　**ベクトル関数の積分**

ベクトル関数　$\boldsymbol{a}(t) = (a_x(t), a_y(t), a_z(t))$

がベクトル関数 $\boldsymbol{A}(t) = (A_x(t), A_y(t), A_z(t))$ の導関数であるとき,
$\boldsymbol{A}(t)$ を $\boldsymbol{a}(t)$ の**原始関数**といいます. このことを

$$\int \boldsymbol{a}(t)\,\mathrm{d}t = \boldsymbol{A}(t) + \boldsymbol{c} \qquad (\boldsymbol{c}\text{ は任意の定ベクトル})$$

と表します.

よって, $\boldsymbol{a}(t) = (a_x(t), a_y(t), a_z(t))$ の不定積分では

$$\int \boldsymbol{a}(t)\,\mathrm{d}t = \left(\int a_x(t)\,\mathrm{d}t, \int a_y(t)\,\mathrm{d}t, \int a_z(t)\,\mathrm{d}t\right)$$

が成り立ちます. また, 不定積分に関して次の公式が成り立ちます.

公式　$\boldsymbol{a}(t), \boldsymbol{b}(t)$ をベクトル関数, $\boldsymbol{c}$ を定ベクトル, k を定数とします.

(1) $\displaystyle\int (\boldsymbol{a}(t) + \boldsymbol{b}(t))\,\mathrm{d}t = \int \boldsymbol{a}(t)\,\mathrm{d}t + \int \boldsymbol{b}(t)\,\mathrm{d}t$

(2) $\displaystyle\int k\,\boldsymbol{a}(t)\,\mathrm{d}t = k\int \boldsymbol{a}(t)\,\mathrm{d}t$

(3) $\displaystyle\int \boldsymbol{c}\cdot\boldsymbol{a}(t)\,\mathrm{d}t = \boldsymbol{c}\cdot\int \boldsymbol{a}(t)\,\mathrm{d}t$

(4) $\displaystyle\int \boldsymbol{c}\times\boldsymbol{a}(t)\,\mathrm{d}t = \boldsymbol{c}\times\int \boldsymbol{a}(t)\,\mathrm{d}t$

■**練習問題 5.1**　$\boldsymbol{a}(t) = (\cos t, \sin t, 2t)$, $\boldsymbol{b}(t) = (t, t, t^2)$ とするとき, つぎを求めなさい.

(1) $\dfrac{\mathrm{d}\boldsymbol{a}}{\mathrm{d}t}$　　(2) $\left|\dfrac{\mathrm{d}\boldsymbol{a}}{\mathrm{d}t}\right|$　　(3) $\dfrac{\mathrm{d}}{\mathrm{d}t}(\boldsymbol{a}\cdot\boldsymbol{b})$　　(4) $\dfrac{\mathrm{d}}{\mathrm{d}t}(\boldsymbol{a}\times\boldsymbol{b})$　　(5) $\displaystyle\int \boldsymbol{a}\,\mathrm{d}t$

❷ 曲線と接線ベクトル

空間内の位置ベクトルは1変数の3次元ベクトル関数です．その微分について考えましょう．いま，曲線上の点 P(t) の位置ベクトルが t をパラメータとして

$$\boldsymbol{r} = \boldsymbol{r}(t) = (x(t), y(t), z(t)) \tag{5.2}$$

で表されているとします．このとき，

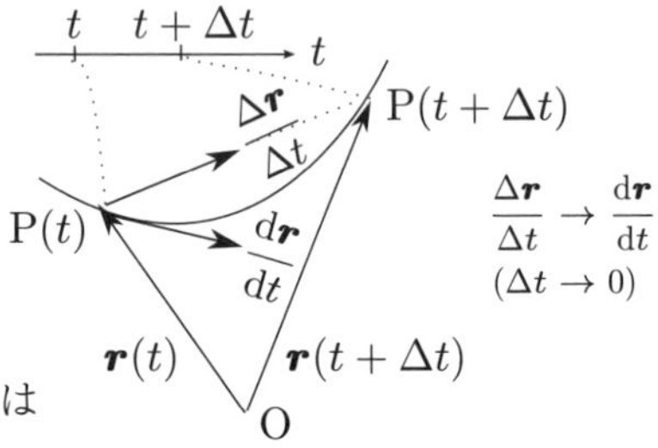

点 P(t) から点 P($t + \Delta t$) に向かうベクトルは

$$\Delta \boldsymbol{r} = \boldsymbol{r}(t + \Delta t) - \boldsymbol{r}(t)$$

であり，パラメータが Δt だけ変化したときの位置の変化量を表します．

そして，ベクトル $\dfrac{\Delta \boldsymbol{r}}{\Delta t}$ は変化の割合と，点 P(t) から点 P($t + \Delta t$) の方向を表します．さらに Δt を無限小にしたとき，このベクトルは

$$\lim_{\Delta t \to 0} \frac{\Delta \boldsymbol{r}}{\Delta t} = \lim_{\Delta t \to 0} \frac{\boldsymbol{r}(t + \Delta t) - \boldsymbol{r}(t)}{\Delta t} = \frac{\mathrm{d}\boldsymbol{r}(t)}{\mathrm{d}t} = \boldsymbol{r}'(t)$$

となり，$\boldsymbol{r}(t)$ の点における曲線の接線の方向を示します．よって，(5.1) から

定義 5.3　接線ベクトル

$\boldsymbol{r}(t)$ で表される曲線にたいして

$$\frac{\mathrm{d}\boldsymbol{r}(t)}{\mathrm{d}t} = \boldsymbol{r}'(t) = (x'(t), y'(t), z'(t)) = \left(\frac{\mathrm{d}x(t)}{\mathrm{d}t}, \frac{\mathrm{d}y(t)}{\mathrm{d}t}, \frac{\mathrm{d}z(t)}{\mathrm{d}t}\right) \tag{5.3}$$

を**接線ベクトル**といいます．そして，接線ベクトルの大きさを1にした

$$\boldsymbol{t} = \frac{\boldsymbol{r}'(t)}{|\boldsymbol{r}'(t)|} = \frac{\mathrm{d}\boldsymbol{r}(t)}{\mathrm{d}t} \Big/ \left|\frac{\mathrm{d}\boldsymbol{r}(t)}{\mathrm{d}t}\right| \tag{5.4}$$

を**単位接線ベクトル**といいます．

なお，単位接線ベクトルを表すために記号 $\boldsymbol{t}$ を使うのが通常ですが，パラメータの t とは別物ですので注意して下さい．

❸ 曲線弧の長さ

点 P(a) から点 P(b) までの曲線を曲線弧 P(a)P(b) と呼び，その長さを求めましょう．

まず，パラメータの区間 $a \leqq t \leqq b$ を n 個の区間 $t_{i-1} \leqq t \leqq t_i$ $(i = 1, 2, \cdots, n)$, $t_0 = a$, $t_n = b$ に分割し，各区間の幅を Δt_i, Δt_i の最大値を Δt, 各区間内の任意の値を τ_i とします．このパラメータの分割に対応して曲線弧 P(a)P(b) が n 個の曲線弧 P(t_{i-1})P(t_i) に分割されます．

つぎに，各曲線弧 P(t_{i-1})P(t_i) を，曲線弧上の点 P(τ_i) での接線で近似します．接線は $\boldsymbol{r}(\tau_i)$ を通り $\dfrac{\mathrm{d}\boldsymbol{r}(\tau_i)}{\mathrm{d}t}$ の方向を向いているので，接線上の位置ベクトルは

$$\boldsymbol{r}(\tau_i) + \frac{\mathrm{d}\boldsymbol{r}(\tau_i)}{\mathrm{d}t}(t - \tau_i)$$

で表されます．そして，$t = t_{i-1}$ と $t = t_i$ における接線上の点をそれぞれ T(t_{i-1}) と T(t_i) とすると，それぞれの位置は

$$\boldsymbol{r}(\tau_i) + \frac{\mathrm{d}\boldsymbol{r}(\tau_i)}{\mathrm{d}t}(t_{i-1} - \tau_i)$$

$$\boldsymbol{r}(\tau_i) + \frac{\mathrm{d}\boldsymbol{r}(\tau_i)}{\mathrm{d}t}(t_i - \tau_i)$$

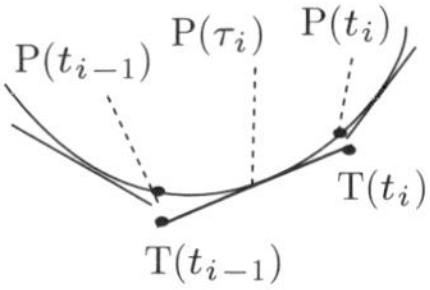

で表されます．よって，線分 T(t_{i-1})T(t_i) の長さはこれらの位置ベクトルの差のノルムをとって

$$\left|\frac{\mathrm{d}\boldsymbol{r}(\tau_i)}{\mathrm{d}t}\right|(t_i - t_{i-1}) = \left|\frac{\mathrm{d}\boldsymbol{r}(\tau_i)}{\mathrm{d}t}\right|\Delta t_i$$

となります．この値は曲線弧 P(t_{i-1})P(t_i) の長さを近似します．さらに，これらの総和

$$\sum_{i=1}^{n}\left|\frac{\mathrm{d}\boldsymbol{r}(\tau_i)}{\mathrm{d}t}\right|\Delta t_i$$

を求めます．すると，$n \to \infty$, $\Delta t \to 0$ での総和の極限値が曲線弧 P(a)P(b) の長さとなります．すなわち，求める曲線弧の長さを s とすると

$$s = \int_a^b \left|\frac{\mathrm{d}\boldsymbol{r}(t)}{\mathrm{d}t}\right|\mathrm{d}t = \lim_{\substack{n \to \infty \\ \Delta t \to 0}} \sum_{i=1}^{n}\left|\frac{\mathrm{d}\boldsymbol{r}(\tau_i)}{\mathrm{d}t}\right|\Delta t_i$$

です．

ここで,

$$\frac{\mathrm{d}\boldsymbol{r}(t)}{\mathrm{d}t} = \left(\frac{\mathrm{d}x(t)}{\mathrm{d}t}, \frac{\mathrm{d}y(t)}{\mathrm{d}t}, \frac{\mathrm{d}z(t)}{\mathrm{d}t}\right)$$

です．よって,

定理 5.1　曲線弧の長さ

$\boldsymbol{r}(t) = (x(t), y(t), z(t))$ で表される曲線上の点 $\mathrm{P}(a)$ から $\mathrm{P}(b)$ の長さは

$$s = \int_a^b \left|\frac{\mathrm{d}\boldsymbol{r}(t)}{\mathrm{d}t}\right| \mathrm{d}t = \int_a^b \sqrt{\left(\frac{\mathrm{d}x(t)}{\mathrm{d}t}\right)^2 + \left(\frac{\mathrm{d}y(t)}{\mathrm{d}t}\right)^2 + \left(\frac{\mathrm{d}z(t)}{\mathrm{d}t}\right)^2}\,\mathrm{d}t. \tag{5.5}$$

で与えられます．

また，ある点（$\mathrm{P}(a)$ としましょう）を始点として，任意の点 $\mathrm{P}(t)$ までの長さ s を求める式は

$$s = \int_a^t \left|\frac{\mathrm{d}\boldsymbol{r}(t)}{\mathrm{d}t}\right| \mathrm{d}t$$

となりますので，この式を t で微分することによって

$$\frac{\mathrm{d}s}{\mathrm{d}t} = \left|\frac{\mathrm{d}\boldsymbol{r}(t)}{\mathrm{d}t}\right| \tag{5.6}$$

が得られます．そして，この式と式 (5.4) から

$$\frac{\mathrm{d}\boldsymbol{r}}{\mathrm{d}s} = \frac{\mathrm{d}\boldsymbol{r}}{\mathrm{d}t}\Big/\frac{\mathrm{d}s}{\mathrm{d}t} = \frac{\mathrm{d}\boldsymbol{r}}{\mathrm{d}t}\Big/\left|\frac{\mathrm{d}\boldsymbol{r}}{\mathrm{d}t}\right| = \boldsymbol{t} \tag{5.7}$$

となります．よって，各点の位置ベクトルをその点までの曲線弧の長さで微分すると，その点での単位接線ベクトルを表すことがわかります．これは，普通の関数 $y = f(x)$ を x で微分するとグラフ上で $\dfrac{\mathrm{d}f}{\mathrm{d}x}$ が x での接線の傾きを表すことを思い出させます．

■練習問題 5.2　曲線 $C : \boldsymbol{r} = (\cos\theta, \sin\theta, \theta)$ について $\theta = \pi$ の点から $\theta = 2\pi$ の点までの弧長を求めなさい．

§5.2 スカラー場とベクトル場

❶ スカラー場，ベクトル場とは

定義 5.4 スカラー場

ある領域に含まれる各点にたいしてスカラーが定まるとき，すなわち，各点の位置の関数としてスカラーが与えられるとき，その領域と関数を合わせて**スカラー場**といい，その領域をスカラー場の定義域といいます．

たとえば，ある線上の位置 x での温度がスカラー φ で定まるときには $\varphi(x)$ でスカラー場が表されます．また，定義域が 2 次元であれば $\varphi(x, y)$，3 次元であれば $\varphi(x, y, z)$ のように表されます．

定義 5.5 ベクトル場

ある領域に含まれる各点にたいしてベクトルが定まるとき，すなわち，各点の位置の関数としてベクトルが与えられるとき，その領域と関数を合わせて**ベクトル場**といい，その領域をベクトル場の定義域といいます．

たとえば，ある線上の位置 x での風の方向と強さがベクトル $\boldsymbol{a}$ で定まるときには $\boldsymbol{a}(x)$ でベクトル場が表されます．定義域が 2 次元であれば $\boldsymbol{a}(x, y)$，3 次元であれば $\boldsymbol{a}(x, y, z)$ のように表されます．また，それらを成分表示すると

$$\boldsymbol{a}(x, y) = (a_x(x, y), a_y(x, y)),\ \text{あるいは}$$
$$\boldsymbol{a}(x, y, z) = (a_x(x, y, z), a_y(x, y, z), a_z(x, y, z))$$

となります．ここで a_x, a_y, a_z は $\boldsymbol{a}$ のそれぞれ x 成分，y 成分，z 成分です．

例題 5.1： xy 平面上のベクトル場を

$$\boldsymbol{a}(x, y) = (x, y)$$

とします．点 (x, y) でのベクトルを，(x, y) を始点として図示しなさい．図示する x, y は $-2 \leqq x, y \leqq 2$ の整数とします．

……………………………………………………………………………

解：

図示するとおりです．なお，$\boldsymbol{a}(x,y) = (x,y)$ は，点 (x,y) の位置ベクトルであり，$(0,0)$ が始点，(x,y) が終点であるベクトルを (x,y) が始点となるように平行移動させて図示できます．

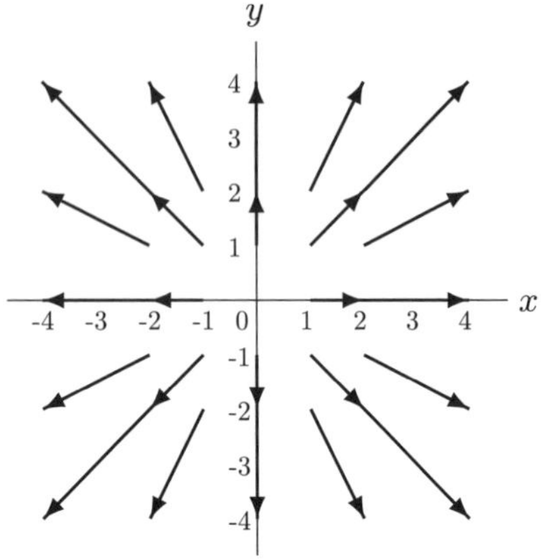

■**練習問題 5.3**　xy 平面上のベクトル場を

$$\boldsymbol{a}(x,y) = (-y,x)$$

とします．点 (x,y) でのベクトルを，(x,y) を始点として図示しなさい．図示する (x,y) は $-2 \leqq x, y \leqq 2$ の整数とします．

❷　スカラー場の等位曲線と等位曲面

定義 5.6　**等位曲線**

2次元スカラー場で $\varphi(x,y) = c$ (c : 定数) を満たす (x,y) の集合を**等位曲線**といいます．

これは地図上の等高線でたとえられます．地図上の地点 (x,y) の高さを $\varphi(x,y)$ で表すとき，高さが c である地点，すなわち $\varphi(x,y) = c$ となる地点 (x,y) を結んだ線が等高線です．

定義 5.7　**等位曲面**

3次元スカラー場で $\varphi(x,y,z) = c$ (c : 定数) を満たす (x,y,z) の集合を**等位曲面**といいます．

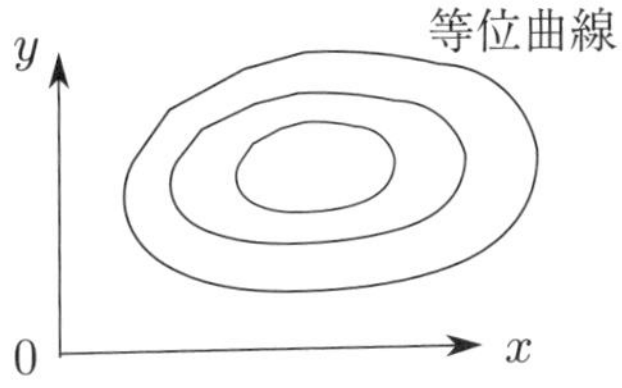

2 次元スカラー場の等位曲線

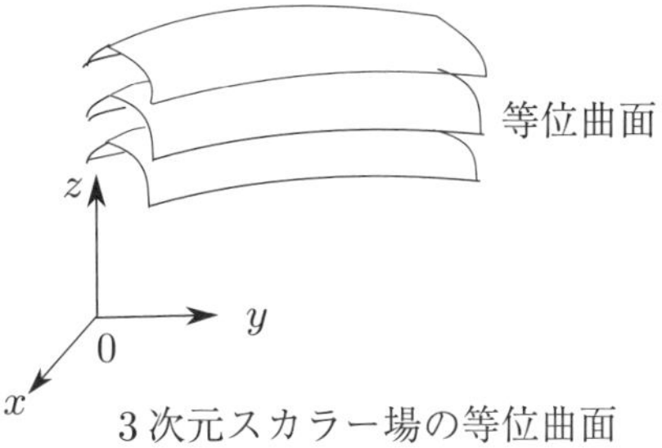

3 次元スカラー場の等位曲面

例題 5.2： スカラー場 $\varphi(x,y,z)=x^2+y^2+z^2$ の等位曲面のうち点 $(1,1,1)$ を含むものを求めなさい.

解： 点 $(1,1,1)$ を含む等位曲面上の点 (x,y,z) は

$$\varphi(x,y,z)=\varphi(1,1,1)$$

を満たします．そして，点 $(1,1,1)$ では

$$\varphi(1,1,1)=1^2+1^2+1^2=3$$

です．ゆえに，求める等位曲面は

$$x^2+y^2+z^2=3,$$

すなわち原点を中心にした半径 $\sqrt{3}$ の球面です.

■**練習問題 5.4** つぎの等位曲面を求めなさい.

(1) $f=x-2y+3z$ の等位曲面で点 $(1,2,3)$ を含むもの.

(2) $f=\dfrac{1}{x^2+y^2+z^2+1}$ の等位曲面で $(3,0,0)$ を含むもの.

❸ ベクトル場における流線

流線を使うとベクトル場の各位置でベクトルがどちらに向いているのかをわかりやすく表示できます.

定義 5.8　**流線**

ベクトル場に曲線Cがあり，C上の各点 (x, y, z) でベクトル $\boldsymbol{a}(x, y, z)$ が接するとき，曲線Cを**流線**といいます．

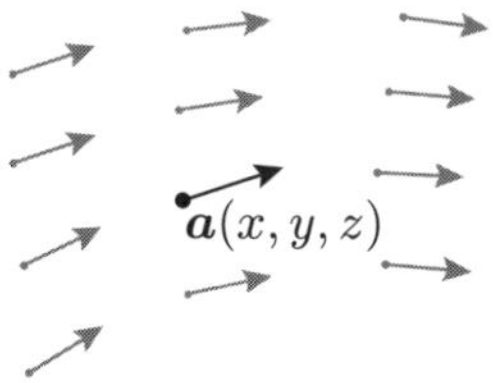

ベクトル場におけるベクトル

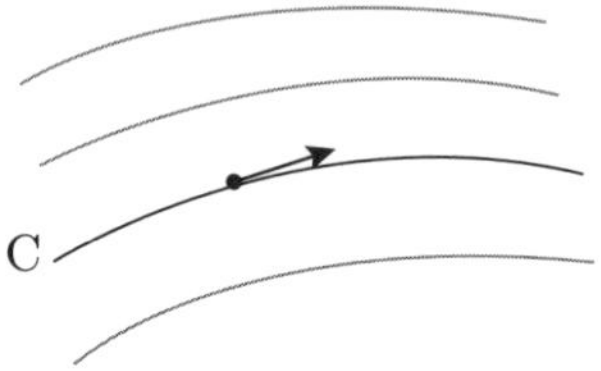

ベクトル場における流線

流線を定める式を求めましょう．いま，流線Cが位置ベクトル $\boldsymbol{r}(t)$ によって

$$\mathrm{C} : \boldsymbol{r}(t) = (x(t), y(t), z(t))$$

で表されているとします．このとき，Cの接線は

$$\frac{\mathrm{d}\boldsymbol{r}(t)}{\mathrm{d}t} = \left(\frac{\mathrm{d}x}{\mathrm{d}t}, \frac{\mathrm{d}y}{\mathrm{d}t}, \frac{\mathrm{d}z}{\mathrm{d}t}\right) \qquad (p.138\,(5.3)\text{ より})$$

です．よって，この接線の方向とベクトル

$$\boldsymbol{a}(x, y, z) = (a_x(x, y, z), a_y(x, y, z), a_z(x, y, z))$$

の方向が一致するので，

$$(a_x, a_y, a_z) = k\left(\frac{\mathrm{d}x}{\mathrm{d}t}, \frac{\mathrm{d}y}{\mathrm{d}t}, \frac{\mathrm{d}z}{\mathrm{d}t}\right) \qquad (k\text{ は定数}),$$

あるいはこれを形式的に

$$\frac{\mathrm{d}x}{a_x} = \frac{\mathrm{d}y}{a_y} = \frac{\mathrm{d}z}{a_z} \tag{5.8}$$

と表した式によって流線が定まります．

例題 5.3：　平面ベクトル場 $\boldsymbol{a}(x, y) = (-y, x)$ において，点 (1,0) を通る流線を求めなさい．

………………………………………………………………………………

解：　流線は微分方程式 (5.8) を満たすので

$$\frac{\mathrm{d}x}{-y} = \frac{\mathrm{d}y}{x}$$

が成立します．よって，

$$\begin{aligned} \int x\,\mathrm{d}x &= -\int y\mathrm{d}y \\ \frac{x^2}{2} &= -\frac{y^2}{2} + C_1 \\ x^2 + y^2 &= C \quad (C = 2C_1 \text{は任意定数}) \quad \text{です．} \end{aligned}$$

これが点 $(1, 0)$ を通るので $(x, y) = (1, 0)$ を代入することにより $C = 1$ です．よって，求める流線は $x^2 + y^2 = 1$ です．

例題で与えられた平面ベクトル場 $\boldsymbol{a}(x, y) = (-y, x)$ において，点 (1,0), (2,0), (3,0) を通る3本の流線と，各流線上のいくつかの点でのベクトルを図示します．

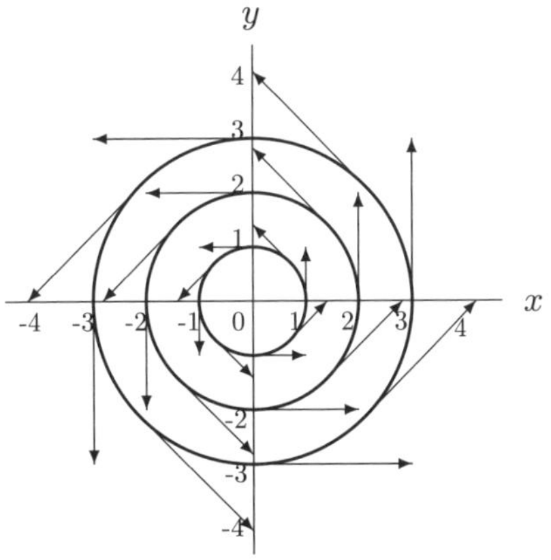

■練習問題 5.5　つぎのベクトル場の流線で点 $(1, 1, 1)$ を通るものを求めなさい．

(1) $\boldsymbol{a}(x, y, z) = (x, y, z)$　　　(2) $\boldsymbol{a}(x, y, z) = (-x^2, xy, y)$

§5.3　スカラー場の勾配

❶　スカラー場の勾配とは

定義 5.9　**勾配**

スカラー場 $\varphi(x, y, z)$ に対して

$$\left(\frac{\partial\varphi(x,y,z)}{\partial x},\ \frac{\partial\varphi(x,y,z)}{\partial y},\ \frac{\partial\varphi(x,y,z)}{\partial z}\right)$$

は，関数 φ の傾きの大きさと方向を表し，**勾配**（**グラディエント** *gradient*）あるいは**勾配ベクトル**といいます．そして，φ の勾配は

$$\mathrm{grad}\,\varphi \quad \text{あるいは} \quad \nabla\varphi$$

で表されます．

なお，1次元では $\varphi(x)$ に対する勾配は $\dfrac{\mathrm{d}\varphi(x)}{\mathrm{d}x}$，2次元では $\varphi(x, y)$ に対する勾配は $\left(\dfrac{\partial\varphi(x,y)}{\partial x},\ \dfrac{\partial\varphi(x,y)}{\partial y}\right)$ です．以降では主に3次元について考えます．3次元では，

$$\mathrm{grad}\,\varphi = \nabla\varphi = \left(\frac{\partial\varphi}{\partial x},\ \frac{\partial\varphi}{\partial y},\ \frac{\partial\varphi}{\partial z}\right)$$

あるいは基本ベクトル（p.20）$\boldsymbol{i}, \boldsymbol{j}, \boldsymbol{k}$ を使って

$$\mathrm{grad}\,\varphi = \nabla\varphi = \frac{\partial\varphi}{\partial x}\boldsymbol{i} + \frac{\partial\varphi}{\partial y}\boldsymbol{j} + \frac{\partial\varphi}{\partial z}\boldsymbol{k}$$

で表されます．ここで ∇ は**ナブラ**，または**ハミルトン演算子**と呼ばれます．∇ は演算子（演算を表す記号）であり

$$\nabla = \left(\frac{\partial}{\partial x},\ \frac{\partial}{\partial y},\ \frac{\partial}{\partial z}\right)$$

あるいは

$$\nabla = \frac{\partial}{\partial x}\boldsymbol{i} + \frac{\partial}{\partial y}\boldsymbol{j} + \frac{\partial}{\partial z}\boldsymbol{k}$$

として形式的にベクトルのように扱えます．そこで，∇ とスカラー関数を掛け合わせる形で

$$\nabla\varphi = \left(\frac{\partial}{\partial x},\ \frac{\partial}{\partial y},\ \frac{\partial}{\partial z}\right)\varphi = \left(\frac{\partial\varphi}{\partial x},\ \frac{\partial\varphi}{\partial y},\ \frac{\partial\varphi}{\partial z}\right) \tag{5.9}$$

あるいは

$$\nabla\varphi = \left(\frac{\partial}{\partial x}\boldsymbol{i} + \frac{\partial}{\partial y}\boldsymbol{j} + \frac{\partial}{\partial z}\boldsymbol{k}\right)\varphi = \frac{\partial\varphi}{\partial x}\boldsymbol{i} + \frac{\partial\varphi}{\partial y}\boldsymbol{j} + \frac{\partial\varphi}{\partial z}\boldsymbol{k}$$

と書かれます.

例題 5.4：　スカラー場 $\varphi = x^2 + y^2 + z^2$ の勾配を求めなさい.

解：

$$\begin{aligned}
\nabla\varphi &= \left(\frac{\partial}{\partial x},\ \frac{\partial}{\partial y},\ \frac{\partial}{\partial z}\right)(x^2+y^2+z^2) && \text{((5.9) より)}\\
&= \left(\frac{\partial}{\partial x}(x^2+y^2+z^2),\ \frac{\partial}{\partial y}(x^2+y^2+z^2),\ \frac{\partial}{\partial z}(x^2+y^2+z^2)\right)\\
&= (2x, 2y, 2z) && \text{(p.85, §3.4 より)}
\end{aligned}$$

よって，勾配は $(2x, 2y, 2z)$ です.

■**練習問題 5.6**　つぎのスカラー場の勾配を求めなさい.

(1)　$\varphi = \sqrt{x^2+y^2+z^2}$　(2)　$\varphi = xy^2z^3$

❷ 勾配の公式

公式

φ, ψ はスカラー関数，f は 1 変数のスカラー関数とします.

(1)　$\nabla(\varphi+\psi) = \nabla\varphi + \nabla\psi$

(2)　$\nabla(\varphi\psi) = (\nabla\varphi)\psi + \varphi(\nabla\psi)$

(3)　$\nabla\left(\dfrac{\varphi}{\psi}\right) = \dfrac{(\nabla\varphi)\psi - \varphi(\nabla\psi)}{\psi^2}$　$(\psi \neq 0)$

(4)　$\nabla f(\varphi) = f'(\varphi)\nabla\varphi$

証明　φ, ψ は3変数のスカラー関数とします．なお，2変数のときも同様に証明できます．

$$(1)\ \nabla(\varphi+\psi) = \left(\frac{\partial}{\partial x}, \frac{\partial}{\partial y}, \frac{\partial}{\partial z}\right)(\varphi+\psi)$$
$$= \left(\frac{\partial(\varphi+\psi)}{\partial x}, \frac{\partial(\varphi+\psi)}{\partial y}, \frac{\partial(\varphi+\psi)}{\partial z}\right)$$
$$= \left(\frac{\partial\varphi}{\partial x}+\frac{\partial\psi}{\partial x}, \frac{\partial\varphi}{\partial y}+\frac{\partial\psi}{\partial y}, \frac{\partial\varphi}{\partial z}+\frac{\partial\psi}{\partial z}\right)$$
$$= \left(\frac{\partial\varphi}{\partial x}, \frac{\partial\varphi}{\partial y}, \frac{\partial\varphi}{\partial z}\right)+\left(\frac{\partial\psi}{\partial x}, \frac{\partial\psi}{\partial y}, \frac{\partial\psi}{\partial z}\right) = \nabla\varphi+\nabla\psi$$ 　が成り立ちます．

$$(2)\ \nabla(\varphi\psi) = \left(\frac{\partial}{\partial x}, \frac{\partial}{\partial y}, \frac{\partial}{\partial z}\right)(\varphi\psi)$$
$$= \left(\frac{\partial(\varphi\psi)}{\partial x}, \frac{\partial(\varphi\psi)}{\partial y}, \frac{\partial(\varphi\psi)}{\partial z}\right)$$
$$= \left(\frac{\partial\varphi}{\partial x}\psi+\varphi\frac{\partial\psi}{\partial x}, \frac{\partial\varphi}{\partial y}\psi+\varphi\frac{\partial\psi}{\partial y}, \frac{\partial\varphi}{\partial z}\psi+\varphi\frac{\partial\psi}{\partial z}\right)$$
$$= \left(\frac{\partial\varphi}{\partial x}\psi, \frac{\partial\varphi}{\partial y}\psi, \frac{\partial\varphi}{\partial z}\psi\right)+\left(\varphi\frac{\partial\psi}{\partial x}, \varphi\frac{\partial\psi}{\partial y}, \varphi\frac{\partial\psi}{\partial z}\right)$$
$$= \left(\frac{\partial\varphi}{\partial x}, \frac{\partial\varphi}{\partial y}, \frac{\partial\varphi}{\partial z}\right)\psi+\varphi\left(\frac{\partial\psi}{\partial x}, \frac{\partial\psi}{\partial y}, \frac{\partial\psi}{\partial z}\right)$$
$$= (\nabla\varphi)\psi+\varphi(\nabla\psi)$$ 　が成り立ちます．

$$(3)\ \nabla\left(\frac{\varphi}{\psi}\right) = \left(\frac{\partial}{\partial x}, \frac{\partial}{\partial y}, \frac{\partial}{\partial z}\right)\left(\frac{\varphi}{\psi}\right)$$
$$= \left(\frac{\partial}{\partial x}\left(\frac{\varphi}{\psi}\right), \frac{\partial}{\partial y}\left(\frac{\varphi}{\psi}\right), \frac{\partial}{\partial z}\left(\frac{\varphi}{\psi}\right)\right)$$
$$= \left(\left(\frac{\partial\varphi}{\partial x}\psi-\varphi\frac{\partial\psi}{\partial x}\right)\frac{1}{\psi^2}, \left(\frac{\partial\varphi}{\partial y}\psi-\varphi\frac{\partial\psi}{\partial y}\right)\frac{1}{\psi^2}, \left(\frac{\partial\varphi}{\partial z}\psi-\varphi\frac{\partial\psi}{\partial z}\right)\frac{1}{\psi^2}\right)$$
$$= \frac{1}{\psi^2}\left(\left(\frac{\partial\varphi}{\partial x}\psi, \frac{\partial\varphi}{\partial y}\psi, \frac{\partial\varphi}{\partial z}\psi\right)-\left(\varphi\frac{\partial\psi}{\partial x}, \varphi\frac{\partial\psi}{\partial y}, \varphi\frac{\partial\psi}{\partial z}\right)\right)$$
$$= \frac{1}{\psi^2}\left(\left(\frac{\partial\varphi}{\partial x}, \frac{\partial\varphi}{\partial y}, \frac{\partial\varphi}{\partial z}\right)\psi-\varphi\left(\frac{\partial\psi}{\partial x}, \frac{\partial\psi}{\partial y}, \frac{\partial\psi}{\partial z}\right)\right)$$
$$= \frac{(\nabla\varphi)\psi-\varphi(\nabla\psi)}{\psi^2}$$ 　が成り立ちます．

$$(4)\ \nabla f(\varphi) = \left(\frac{\partial}{\partial x}, \frac{\partial}{\partial y}, \frac{\partial}{\partial z}\right)f(\varphi)$$
$$= \left(\frac{\partial f(\varphi)}{\partial x}, \frac{\partial f(\varphi)}{\partial y}, \frac{\partial f(\varphi)}{\partial z}\right)$$
$$= \left(\frac{\partial f(\varphi)}{\partial\varphi}\frac{\partial\varphi}{\partial x}, \frac{\partial f(\varphi)}{\partial\varphi}\frac{\partial\varphi}{\partial y}, \frac{\partial f(\varphi)}{\partial\varphi}\frac{\partial\varphi}{\partial z}\right)$$
$$= \frac{\partial f(\varphi)}{\partial\varphi}\left(\frac{\partial\varphi}{\partial x}, \frac{\partial\varphi}{\partial y}, \frac{\partial\varphi}{\partial z}\right) = f'(\varphi)\nabla\varphi$$ 　が成り立ちます．　■

■練習問題 5.7　u, v, w は x, y, z のスカラー関数，f は u, v, w の関数として，つぎの式を証明しなさい．

$$\nabla f(u, v, w) = \frac{\partial f}{\partial u}\nabla u + \frac{\partial f}{\partial v}\nabla v + \frac{\partial f}{\partial w}\nabla w$$

❸　位置ベクトルのノルムの勾配

位置ベクトル $\boldsymbol{r} = (x, y, z)$ のノルムを r，ただし $r \neq 0$ とします．このとき r の勾配 ∇r は

$$\nabla r = \frac{\boldsymbol{r}}{r} \tag{5.10}$$

です．

証明　$r = |\boldsymbol{r}| = \sqrt{x^2 + y^2 + z^2}$

$$\frac{\partial r}{\partial x} = \frac{\partial}{\partial x}\sqrt{x^2 + y^2 + z^2} = \frac{1}{2}\frac{2x}{\sqrt{x^2 + y^2 + z^2}} = \frac{x}{r} \quad \text{です．} \tag{5.11}$$

同じようにして　$\dfrac{\partial r}{\partial y} = \dfrac{y}{r}, \quad \dfrac{\partial r}{\partial z} = \dfrac{z}{r}$　です．

よって，

$$\begin{aligned}\nabla r &= \left(\frac{\partial}{\partial x}, \frac{\partial}{\partial y}, \frac{\partial}{\partial z}\right) r \\ &= \left(\frac{\partial r}{\partial x}, \frac{\partial r}{\partial y}, \frac{\partial r}{\partial z}\right) \\ &= \left(\frac{x}{r}, \frac{y}{r}, \frac{z}{r}\right) \\ &= \frac{1}{r}(x, y, z) \ = \ \frac{\boldsymbol{r}}{r} \quad \text{となります．}\end{aligned}$$

■

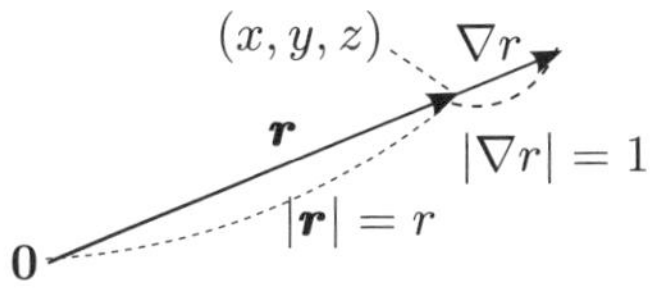

ベクトル ∇r の，大きさは 1，
方向は $\boldsymbol{r}$ と同じ．

例題 5.5： $\boldsymbol{r} = (x, y, z), r = |\boldsymbol{r}|, r \neq 0$ のとき，つぎの等式を証明しなさい．

$$(1)\quad \nabla \frac{1}{r} = -\frac{\boldsymbol{r}}{r^3} \tag{5.12}$$

$$(2)\quad \nabla \log r = \frac{\boldsymbol{r}}{r^2} \tag{5.13}$$

$$(3)\quad \nabla r^n = nr^{n-2}\boldsymbol{r} \quad (n \text{ は実数}) \tag{5.14}$$

解： (1) $\dfrac{1}{r} = (x^2 + y^2 + z^2)^{-\frac{1}{2}}$ から

$$\frac{\partial}{\partial x}\left(\frac{1}{r}\right) = -\frac{2x}{2}(x^2 + y^2 + z^2)^{-\frac{3}{2}} = -\frac{x}{r^3}$$

となり，同じように $\dfrac{\partial}{\partial y}\left(\dfrac{1}{r}\right) = -\dfrac{y}{r^3}$,　$\dfrac{\partial}{\partial z}\left(\dfrac{1}{r}\right) = -\dfrac{z}{r^3}$ となりますので

$$\begin{aligned}
\nabla \frac{1}{r} &= \left(\frac{\partial}{\partial x}, \frac{\partial}{\partial y}, \frac{\partial}{\partial z}\right)\frac{1}{r} = \left(\frac{\partial}{\partial x}\left(\frac{1}{r}\right), \frac{\partial}{\partial y}\left(\frac{1}{r}\right), \frac{\partial}{\partial z}\left(\frac{1}{r}\right)\right) \\
&= \left(-\frac{x}{r^3}, -\frac{y}{r^3}, -\frac{z}{r^3}\right) = -\frac{(x, y, z)}{r^3} \\
&= -\frac{\boldsymbol{r}}{r^3}
\end{aligned}$$

が成り立ちます．

(2) $$\frac{\partial}{\partial x}\log r = \frac{\partial \log r}{\partial r}\frac{\partial r}{\partial x} = \frac{1}{r}\frac{\partial r}{\partial x} \underset{(5.11)}{=} \frac{1}{r}\frac{x}{r} = \frac{x}{r^2}$$

となり，同じように $\dfrac{\partial}{\partial y}\log r = \dfrac{y}{r^2}$, $\dfrac{\partial}{\partial z}\log r = \dfrac{z}{r^2}$ となりますので

$$\begin{aligned}
\nabla \log r &= \left(\frac{\partial \log r}{\partial x}, \frac{\partial \log r}{\partial y}, \frac{\partial \log r}{\partial z}\right) \\
&= \left(\frac{x}{r^2}, \frac{y}{r^2}, \frac{z}{r^2}\right) \\
&= \frac{\boldsymbol{r}}{r^2}
\end{aligned}$$

が成り立ちます．

(3) $$\frac{\partial}{\partial x}r^n = \frac{\partial r^n}{\partial r}\frac{\partial r}{\partial x} = nr^{n-1}\frac{\partial r}{\partial x} \underset{(5.11)}{=} nr^{n-1}\frac{x}{r} = nr^{n-2}x$$

となり，同じように $\dfrac{\partial}{\partial y}r^n = nr^{n-2}y$, $\dfrac{\partial}{\partial z}r^n = nr^{n-2}z$ となりますので

$$\begin{aligned}\nabla r^n &= \left(\frac{\partial r^n}{\partial x},\ \frac{\partial r^n}{\partial y},\ \frac{\partial r^n}{\partial z}\right)\\ &= \left(nr^{n-2}x,\ nr^{n-2}y,\ nr^{n-2}z\right)\\ &= nr^{n-2}\boldsymbol{r} \quad \text{が成り立ちます.}\end{aligned}$$

なお，(3) で $n = -1$ のときが (1) です．また，成分に分けて計算しなくても (5.10) と p.147 勾配の公式 (4) を用いて，つぎのように証明できます．

(1) $f(r) = \dfrac{1}{r}$ とすると

$$\begin{aligned}\nabla\frac{1}{r} &= \nabla f(r) \underset{\text{勾配の公式 (4)}}{=} f'(r)\nabla r\\ &= (\frac{1}{r})'\nabla r\\ &\underset{(5.10)}{=} -\frac{1}{r^2}\frac{\boldsymbol{r}}{r}\\ &= -\frac{\boldsymbol{r}}{r^3} \quad \text{が成り立ちます.}\end{aligned}$$

(2) $f(r) = \log r$ とすると

$$\begin{aligned}\nabla \log r &= \nabla f(r) \underset{\text{勾配の公式 (4)}}{=} f'(r)\nabla r\\ &= (\log r)'\nabla r\\ &\underset{(5.10)}{=} \frac{1}{r}\frac{\boldsymbol{r}}{r}\\ &= \frac{\boldsymbol{r}}{r^2} \quad \text{が成り立ちます.}\end{aligned}$$

(3) $f(r) = r^n$ とすると

$$\begin{aligned}\nabla r^n &= \nabla f(r) \underset{\text{勾配の公式 (4)}}{=} f'(r)\nabla r\\ &= (r^n)'\nabla r\\ &\underset{(5.10)}{=} nr^{n-1}\frac{\boldsymbol{r}}{r}\\ &= nr^{n-2}\boldsymbol{r} \quad \text{が成り立ちます.}\end{aligned}$$

■**練習問題 5.8** $\boldsymbol{r} = (x, y, z), r = |\boldsymbol{r}|, r \neq 0$ のとき，つぎを求めなさい．

(1) $\nabla(r\,e^{-r})$　　(2) $\nabla\left(\dfrac{e^{-r}}{r}\right)$

❹ 勾配と接平面

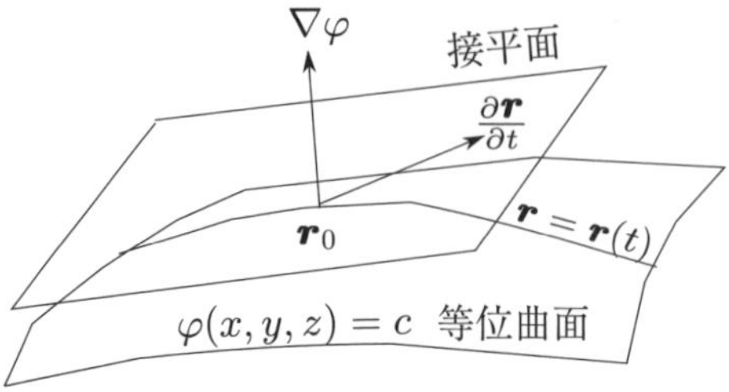

定義 5.10　接平面と単位法線ベクトル

曲面S上の点Pにおいて，Pのすべての接線がのる平面をPにおけるSの**接平面**といいます．また，Pにおいて接平面と直交するベクトルをPにおけるSの**法線ベクトル**といいます．そして，大きさが1の法線ベクトルを**単位法線ベクトル**といい，$\boldsymbol{n}$ で表します．

スカラー場 φ の点Pにおける位置ベクトルを $\boldsymbol{r}_0 = (x_0, y_0, z_0)$，$\varphi$ の値を $\varphi(x_0, y_0, z_0) = c$ (c : 定数) とします．そして，等位曲面 $\varphi(x, y, z) = c$ 上で点Pを通る任意の曲線を

$$\boldsymbol{r}(t) = (x(t), y(t), z(t))$$

のようにパラメータ t を使って表します．すると，この曲線上では

$$\varphi(x(t), y(t), z(t)) = c$$

です．この両辺を t で微分すると

$$\frac{\partial\varphi}{\partial x}\frac{\mathrm{d}x}{\mathrm{d}t} + \frac{\partial\varphi}{\partial y}\frac{\mathrm{d}y}{\mathrm{d}t} + \frac{\partial\varphi}{\partial z}\frac{\mathrm{d}z}{\mathrm{d}t} = 0$$

です．ここで $\left(\dfrac{\partial\varphi}{\partial x}, \dfrac{\partial\varphi}{\partial y}, \dfrac{\partial\varphi}{\partial z}\right) = \nabla\varphi$，かつ $\left(\dfrac{\mathrm{d}x}{\mathrm{d}t}, \dfrac{\mathrm{d}y}{\mathrm{d}t}, \dfrac{\mathrm{d}z}{\mathrm{d}t}\right) = \dfrac{\mathrm{d}\boldsymbol{r}}{\mathrm{d}t}$ より

$$\frac{\partial\varphi}{\partial x}\frac{\mathrm{d}x}{\mathrm{d}t} + \frac{\partial\varphi}{\partial y}\frac{\mathrm{d}y}{\mathrm{d}t} + \frac{\partial\varphi}{\partial z}\frac{\mathrm{d}z}{\mathrm{d}t} = \nabla\varphi \cdot \frac{\mathrm{d}\boldsymbol{r}}{\mathrm{d}t}$$

ですので　$\nabla\varphi \cdot \dfrac{\mathrm{d}\boldsymbol{r}}{\mathrm{d}t} = 0$　となります．よって　$\nabla\varphi \perp \dfrac{\mathrm{d}\boldsymbol{r}}{\mathrm{d}t}$
であり $\nabla\varphi$ は点Pを通る任意の曲線の接線ベクトル $\dfrac{\mathrm{d}\boldsymbol{r}}{\mathrm{d}t}$ に垂直です．よって

$$\nabla\varphi \quad \text{および} \quad -\nabla\varphi \tag{5.15}$$

は点 P において，等位曲面 $\varphi(x,y,z)=c$，およびその接平面の法線ベクトルです．そして，単位法線ベクトルは

$$\boldsymbol{n} = \pm\frac{\nabla\varphi}{|\nabla\varphi|} \tag{5.16}$$

で与えられます．なお，符号 $\pm$ は条件がとくにないときには勾配の方向を示すように $+$ をとることにします．

また，接平面上にある任意の点の位置ベクトルを $\boldsymbol{p}$ とすると，ベクトル $(\boldsymbol{p}-\boldsymbol{r}_0)$ は $\nabla\varphi$ に垂直です．よって，接平面を表す方程式は

$$\nabla\varphi\cdot(\boldsymbol{p}-\boldsymbol{r}_0)=0 \tag{5.17}$$

で求まります．なお，2 次元では，点 (x_0, y_0) での φ の勾配 $\nabla\varphi$ は (x_0, y_0) を通る等位曲線の法線ベクトルです．

例題 5.6： 曲面 $x^2y+y^2z+z^2x=2$ 上の点 $\mathrm{P}(0,1,2)$ において，曲面の単位法線ベクトルと接平面の方程式とを求めなさい．

………………………………………………………………………………

解： スカラー場 $\varphi(x,y,z)=x^2y+y^2z+z^2x$ が与えられていると考えると，与えられた曲面は φ の等位曲面 $\varphi=2$ です．φ の勾配は

$$\nabla\varphi(x,y,z) = \left(\frac{\partial\varphi}{\partial x},\ \frac{\partial\varphi}{\partial y},\ \frac{\partial\varphi}{\partial z}\right) = \left(2xy+z^2,\ x^2+2yz,\ y^2+2zx\right)$$

です．よって，P では $(x,y,z)=(0,1,2)$ より

$$\nabla\varphi(0,1,2)=(4,4,1)\,,\quad |\nabla\varphi(0,1,2)|=\sqrt{4^2+4^2+1^2}=\sqrt{33}$$

ですので，P における曲面の単位法線ベクトルは

$$\frac{\nabla\varphi(0,1,2)}{|\nabla\varphi(0,1,2)|} = \left(\frac{4}{\sqrt{33}},\frac{4}{\sqrt{33}},\frac{1}{\sqrt{33}}\right)$$

です．そして P の位置ベクトルを $\boldsymbol{r}_0=(0,1,2)$，接平面上の任意の点の位置ベクトルを $\boldsymbol{p}=(x,y,z)$ とすると

$$\nabla\varphi(0,1,2)\cdot(\boldsymbol{p}-\boldsymbol{r}_0)=0$$

が成り立ちます．この左辺は

$$\begin{aligned}\nabla\varphi(0,1,2)\cdot(\boldsymbol{p}-\boldsymbol{r}_0) &= (4,4,1)\cdot(x-0,y-1,z-2)\\ &= 4x+4y+z-6\end{aligned}$$

ですので，曲面のPにおける接平面の方程式は $4x+4y+z-6=0$　です．

■練習問題 5.9　曲面 $x^2+y^2-z=0$ 上の点 $\mathrm{P}(0,1,1)$ において，曲面の単位法線ベクトルと接平面の方程式とを求めなさい．

❺ 方向微分係数

スカラー場 φ 内で点がP からある方向に移動したとき，φ の値がどれだけ変化するか考えましょう．x 方向, y 方向, z 方向に移動したときの変化率（微分係数）はそれぞれ $\dfrac{\partial\varphi}{\partial x}, \dfrac{\partial\varphi}{\partial y}, \dfrac{\partial\varphi}{\partial z}$ です．そして，たとえば x 方向に s だけ移動したときの φ の変化量は x 方向の微分係数と移動量を掛けて $\dfrac{\partial\varphi}{\partial x}s$ で与えられます．

では，一般の方向への移動ではどうなるでしょう．方向を表す単位ベクトルを

$$\boldsymbol{e}=(e_x,e_y,e_z)$$

とします．すると $\boldsymbol{e}$ の方向へ s だけ移動したときの φ の変化量は

$$\varphi(x+e_xs,\ y+e_ys,\ z+e_zs)-\varphi(x,\ y,\ z)$$

であり，変化率（傾き）は

$$\frac{\varphi(x+e_xs,\ y+e_ys,\ z+e_zs)-\varphi(x,\ y,\ z)}{s}$$

で与えられます．これは $(x,\ y,\ z)$ と $(x+e_xs,\ y+e_ys,\ z+e_zs)$ の間の点での変化率の平均です．そこで $s\to 0$ とすれば点 $(x,\ y,\ z)$ での $\boldsymbol{e}$ 方向の変化率 $\dfrac{\mathrm{d}\varphi}{\mathrm{d}s}$ が求められます．すなわち

$$\frac{\mathrm{d}\varphi}{\mathrm{d}s}=\lim_{s\to 0}\frac{\varphi(x+e_xs,\ y+e_ys,\ z+e_zs)-\varphi(x,\ y,\ z)}{s}$$

です．これは $s=0$ での微分係数

$$\frac{\mathrm{d}}{\mathrm{d}s}\varphi(x+e_x s,\ y+e_y s,\ z+e_z s)$$

です．ここで合成関数の微分（p.89　定理 3.4) を 3 変数に拡張して

$$\frac{\mathrm{d}}{\mathrm{d}s}\varphi(x(s),y(s),z(s))=\frac{\partial\varphi}{\partial x}\frac{\mathrm{d}x}{\mathrm{d}s}+\frac{\partial\varphi}{\partial y}\frac{\mathrm{d}y}{\mathrm{d}s}+\frac{\partial\varphi}{\partial z}\frac{\mathrm{d}z}{\mathrm{d}s}$$

ここで $x(s)=x+e_x$, $y(s)=y+e_y$, $z(s)=z+c_z$ から

$$\begin{aligned}\frac{\mathrm{d}\varphi}{\mathrm{d}s}&=\frac{\partial\varphi}{\partial x}e_x+\frac{\partial\varphi}{\partial y}e_y+\frac{\partial\varphi}{\partial z}c_z\\&=\left(\frac{\partial\varphi}{\partial x},\frac{\partial\varphi}{\partial y},\frac{\partial\varphi}{\partial z}\right)\cdot(e_x,e_y,e_z)\\&=\nabla\varphi\cdot\boldsymbol{e}\end{aligned}\tag{5.18}$$

となります．

定義 5.11　方向微分係数

スカラー場 φ で単位ベクトル $\boldsymbol{e}$ の方向へ移動したときの φ の変化率は

$$\nabla\varphi\cdot\boldsymbol{e}$$

で与えられます．この変化率を**方向微分係数**といいます．

つぎに，方向微分係数が最大となる方向を求めましょう．なお，方向微分係数が最大となる単位ベクトルの向きを**最大傾斜方向**といいます．点 P でベクトル $\nabla\varphi$ と方向 $\boldsymbol{e}$ のなす角度を θ をとすると，

$$\nabla\varphi\cdot\boldsymbol{e}=|\nabla\varphi||\boldsymbol{e}|\cos\theta=|\nabla\varphi|\cos\theta$$

です．したがって，方向微分係数が最大となるのは $\theta=0$，すなわち勾配の方向です．よって，3 次元のスカラー場では等位曲面（2 次元では等位曲線）に垂直に移動すれば関数値の変化が最大となります．そのときの変化率（微分係数）は $|\nabla\varphi|$ です．

例題 5.7：　点 P(1, 1, 2) におけるスカラー場 $\varphi = 3x + 2y^2 + z^3$ の微分係数について答えなさい．

(1) 単位ベクトルを $\boldsymbol{e} = \left(\dfrac{1}{\sqrt{3}}, \dfrac{1}{\sqrt{2}}, \dfrac{1}{\sqrt{6}}\right)$ とするとき，$\boldsymbol{e}$ 方向への方向微分係数を求めなさい．

(2) 最大傾斜方向と，最大の方向微分係数を求めなさい．

解：　(1) φ の勾配は $\nabla\varphi(x, y, z) = \left(\dfrac{\partial\varphi}{\partial x},\ \dfrac{\partial\varphi}{\partial y},\ \dfrac{\partial\varphi}{\partial z}\right) = \left(3,\ 4y,\ 3z^2\right)$ ですので P では $(x, y, z) = (1, 1, 2)$ より

$$\nabla\varphi(1, 1, 2) = (3, 4, 12) \quad \text{です．}$$

$\boldsymbol{e}$ 方向への方向微分係数は (5.18) より

$$\begin{aligned}\nabla\varphi \cdot \boldsymbol{e} &= (3, 4, 12) \cdot \left(\frac{1}{\sqrt{3}}, \frac{1}{\sqrt{2}}, \frac{1}{\sqrt{6}}\right) \\ &= \frac{3}{\sqrt{3}} + \frac{4}{\sqrt{2}} + \frac{12}{\sqrt{6}} = \sqrt{3} + 2\sqrt{2} + 2\sqrt{6} \quad \text{です．}\end{aligned}$$

(2) $\nabla\varphi$ の向きの単位ベクトルが最大傾斜方向であり (p.155)，その方向への方向微分係数が最大です．すなわち方向微分係数の最大は

$$|\nabla\varphi(1, 1, 2)| = |\,(3, 4, 12)\,| = \sqrt{3^2 + 4^2 + 12^2} = 13 \quad \text{です．}$$

また，最大傾斜方向は

$$\frac{\nabla\varphi(1, 1, 2)}{|\nabla\varphi(1, 1, 2)|} = \frac{1}{13}(3, 4, 12) \quad \text{です．}$$

■練習問題 5.10　地図の等高線で示された場所にいま立っています．どちら方向に移動すれば高低の変化が最大になりますか．

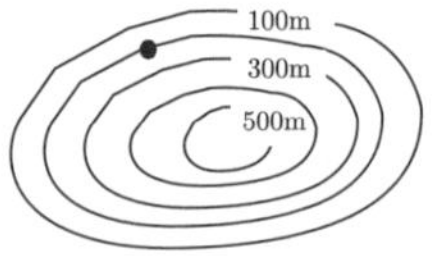

■練習問題 5.11　$\varphi = \dfrac{1}{x^2 + y^2 + z^2}$ とします．勾配，最大傾斜方向，方向微分係数の最大値を点 $(-1, 0, 1)$ において求めなさい．

§5.4　ベクトル場の発散

❶ 発散とは

∇ と $\boldsymbol{a}$ の内積で $\boldsymbol{a}$ の発散が求まります．内積だから求める発散はスカラーです．

定義 5.12　空間ベクトル場の発散

空間ベクトル場 $\boldsymbol{a}$ の成分表示を $\boldsymbol{a} = (a_x, a_y, a_z)$ とするとき

$$\frac{\partial a_x}{\partial x} + \frac{\partial a_y}{\partial y} + \frac{\partial a_z}{\partial z}$$

をベクトル場 $\boldsymbol{a}$ の**発散** (ダイバージェンス *divergence*) といい，

$$\operatorname{div} \boldsymbol{a} \quad \text{あるいは} \quad \nabla \cdot \boldsymbol{a} \quad \text{で表します．}$$

発散を表すために $\nabla\cdot$ が使われるのは，$\nabla = \left(\dfrac{\partial}{\partial x}, \dfrac{\partial}{\partial y}, \dfrac{\partial}{\partial z}\right)$ のように演算子をベクトルとして形式的に扱うと

$$\begin{aligned}\nabla \cdot \boldsymbol{a} &= \left(\frac{\partial}{\partial x}, \frac{\partial}{\partial y}, \frac{\partial}{\partial z}\right) \cdot (a_x, a_y, a_z) \\ &= \frac{\partial a_x}{\partial x} + \frac{\partial a_y}{\partial y} + \frac{\partial a_z}{\partial z} = \operatorname{div} \boldsymbol{a}\end{aligned}$$

のように ∇ と $\boldsymbol{a}$ との内積に $\boldsymbol{a}$ の発散が見えるからです．

また，平面ベクトル場についても同じように発散が定義できます．

定義 5.13　平面ベクトル場の発散

平面ベクトル場 $\boldsymbol{a}$ の成分表示を $\boldsymbol{a} = (a_x, a_y)$ とするとき

$$\frac{\partial a_x}{\partial x} + \frac{\partial a_y}{\partial y}$$

をベクトル場 $\boldsymbol{a}$ の**発散**（ダイバージェンス *divergence*）といい，

$$\operatorname{div} \boldsymbol{a} \quad \text{あるいは} \quad \nabla \cdot \boldsymbol{a} \quad \text{で表します．}$$

例題 5.8：　ベクトル場 $\boldsymbol{a} = (xy,\ yz,\ zx)$ の発散を求めて，点 $(1, -2, 3)$ における値を求めなさい．

解：

$$\begin{aligned}\nabla \cdot \boldsymbol{a} &= \left(\frac{\partial}{\partial x}, \frac{\partial}{\partial y}, \frac{\partial}{\partial z}\right) \cdot (xy,\ yz,\ zx) \\ &= \frac{\partial(xy)}{\partial x} + \frac{\partial(yz)}{\partial y} + \frac{\partial(zx)}{\partial z} \\ &= y + z + x.\end{aligned}$$

よって点 $(1, -2, 3)$ では $\nabla \cdot \boldsymbol{a} = x + y + z = 1 - 2 + 3 = 2$　です．

■**練習問題 5.12**　　ベクトル場 $\boldsymbol{a} = (e^x, x, -e^{-z})$ の発散を求めて，点 $(1,\ 2,\ 0)$ における値を求めなさい．

❷　発散の意味

ベクトル関数 $\boldsymbol{a} = (a_x, a_y, a_z)$ が流体（水や空気）の速度ベクトルを表しているとします．そして，$\boldsymbol{a} = (a_x, a_y, a_z)$ が (x, y, z) の関数であることを明示するために，ここでは $\boldsymbol{a}(x, y, z) = (a_x(x, y, z), a_y(x, y, z), a_z(x, y, z))$ で表します．

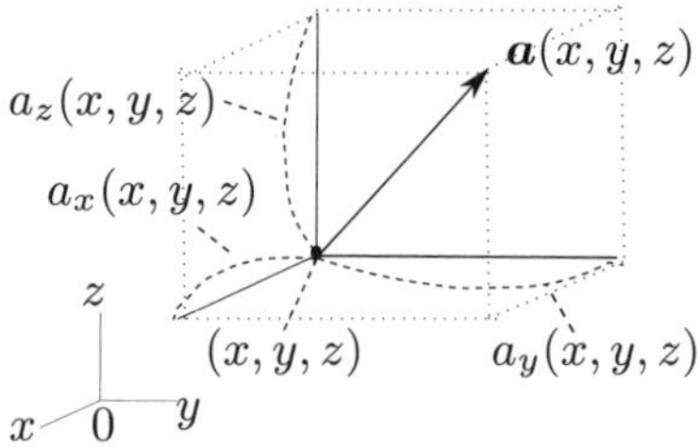

ここで流体内にある (x, y, z) を中心として大きさが $\Delta x \Delta y \Delta z$ である直方体について，流体の流出量と流入量を求めましょう．

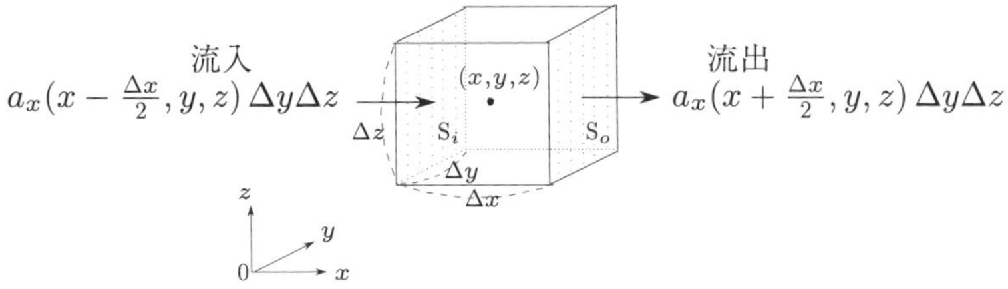

図に示す面 S_i の中心 $(x-\dfrac{\Delta x}{2},y,z)$ での速度ベクトルの x 成分は

$$a_x(x-\frac{\Delta x}{2},y,z) \fallingdotseq a_x(x,y,z) - \underbrace{\frac{\Delta x}{2}}\underbrace{\frac{\partial a_x}{\partial x}} \quad \text{です.}$$

(x,y,z) から $(x-\frac{\Delta x}{2},y,z)$ への距離┘ |
(x,y,z) から x 方向へ $a_x(x,y,z)$ がどの位増減しているか

よって，面 S_i（面積は $\Delta y\Delta z$）からの流入する体積を V_i とすると

$$\begin{aligned} V_i &= a_x(x-\frac{\Delta x}{2},y,z)\,\Delta y\Delta z \\ &\fallingdotseq \left(a_x(x,y,z) - \frac{\Delta x}{2}\frac{\partial a_x}{\partial x}\right)\Delta y\Delta z \quad \text{です.} \end{aligned}$$

同じように考えて面 S_o からの流出する体積を V_o とすると

$$\begin{aligned} V_o &= a_x(x+\frac{\Delta x}{2},y,z)\,\Delta y\Delta z \\ &\fallingdotseq \left(a_x(x,y,z) + \frac{\Delta x}{2}\frac{\partial a_x}{\partial x}\right)\Delta y\Delta z \quad \text{です.} \end{aligned}$$

a_y と a_z は面 S_i, S_o に平行であり x 方向への流入・流出には寄与しないので，直方体から x 方向へ流出する体積は

$$\begin{aligned} V_o - V_i &\fallingdotseq \left(a_x(x,y,z) + \frac{\Delta x}{2}\frac{\partial a_x}{\partial x} - a_x(x,y,z) + \frac{\Delta x}{2}\frac{\partial a_x}{\partial x}\right)\Delta y\Delta z \\ &= \frac{\partial a_x}{\partial x}\Delta x\Delta y\Delta z \quad \text{です.} \end{aligned}$$

同じように y 方向へ流出する体積は $\dfrac{\partial a_y}{\partial y}\Delta x\Delta y\Delta z$ であり，z 方向へ流出する体積は $\dfrac{\partial a_z}{\partial z}\Delta x\Delta y\Delta z$ です．よって

直方体から流出する体積は x, y, z 方向を合わせて

$$\left(\frac{\partial a_x}{\partial x}+\frac{\partial a_y}{\partial y}+\frac{\partial a_z}{\partial z}\right)\Delta x\Delta y\Delta z$$

です．これを体積 $\Delta x\Delta y\Delta z$ で割ることにより，単位体積あたりで流出する（発散する）体積は

$$\left(\frac{\partial a_x}{\partial x}+\frac{\partial a_y}{\partial y}+\frac{\partial a_z}{\partial z}\right)=\nabla\cdot\boldsymbol{a}=\operatorname{div}\boldsymbol{a}$$

であることがわかります．つまり，ベクトルの発散は，単位体積から流出する（発散する）ベクトル量の体積を表します．

なお，$(x,\ y,\ z)$ で $\operatorname{div}\boldsymbol{a}>0$ のときは $(x,\ y,\ z)$ で $\boldsymbol{a}$ が湧き出しているといい，$(x,\ y,\ z)$ で $\operatorname{div}\boldsymbol{a}<0$ のときは $(x,\ y,\ z)$ で $\boldsymbol{a}$ が吸い込まれているといいます．

❸ 発散 ∇· の公式

公式　$\boldsymbol{a}, \boldsymbol{b}$ をベクトル関数，φ をスカラー関数，c を定数とします．

(1)　$\nabla\cdot(c\,\boldsymbol{a})=c\,\nabla\cdot\boldsymbol{a}$

(2)　$\nabla\cdot(\boldsymbol{a}+\boldsymbol{b})=\nabla\cdot\boldsymbol{a}+\nabla\cdot\boldsymbol{b}$

(3)　$\nabla\cdot(\varphi\,\boldsymbol{a})=(\nabla\varphi)\cdot\boldsymbol{a}+\varphi\,(\nabla\cdot\boldsymbol{a})$

証明　(1) $\boldsymbol{a}=(a_x, a_y, a_z)$ とします．

$$\begin{aligned}\nabla\cdot(c\,\boldsymbol{a}) &= \left(\frac{\partial}{\partial x},\frac{\partial}{\partial y},\frac{\partial}{\partial z}\right)\cdot(c\ (a_x,\ a_y,\ a_z))\\ &= \left(\frac{\partial}{\partial x},\frac{\partial}{\partial y},\frac{\partial}{\partial z}\right)\cdot(c\,a_x,\ c\,a_y,\ c\,a_z)\\ &= c\,\frac{\partial\,a_x}{\partial x}+c\,\frac{\partial\,a_y}{\partial y}+c\,\frac{\partial\,a_z}{\partial z}\\ &= c\left(\frac{\partial\,a_x}{\partial x}+\frac{\partial\,a_y}{\partial y}+\frac{\partial\,a_z}{\partial z}\right)\\ &= c\left(\frac{\partial}{\partial x},\frac{\partial}{\partial y},\frac{\partial}{\partial z}\right)\cdot(a_x,\ a_y,\ a_z)\\ &= c\,\nabla\cdot\boldsymbol{a}\end{aligned}$$

が成り立ちます．

■**練習問題 5.13**　上にある発散の公式 (2), (3) を証明しなさい．

❹ 位置ベクトルの発散

2次元平面における位置ベクトル $\boldsymbol{r}=(x,y)$ の発散は,

$$\nabla\cdot\boldsymbol{r} = \left(\frac{\partial}{\partial x},\frac{\partial}{\partial y}\right)\cdot(x,y) = \frac{\partial x}{\partial x}+\frac{\partial y}{\partial y} = 2 \quad \text{です.}$$

3次元空間における位置ベクトル $\boldsymbol{r}=(x,y,z)$ の発散は,

$$\nabla\cdot\boldsymbol{r} = \left(\frac{\partial}{\partial x},\frac{\partial}{\partial y},\frac{\partial}{\partial z}\right)\cdot(x,y,z) = \frac{\partial x}{\partial x}+\frac{\partial y}{\partial y}+\frac{\partial z}{\partial z} = 3 \quad \text{です.} \tag{5.19}$$

例題 5.9：　$\boldsymbol{r}=(x,y,z),\ r=|\boldsymbol{r}|, r\neq 0$ のとき $\nabla\cdot\dfrac{\boldsymbol{r}}{r}$ を求めなさい.

解：　p.160 発散の公式 (3) から

$$\nabla\cdot\frac{\boldsymbol{r}}{r} = (\nabla\frac{1}{r})\cdot\boldsymbol{r}+\frac{1}{r}(\nabla\cdot\boldsymbol{r})$$

です. 右辺第1項は

$$(\nabla\frac{1}{r})\cdot\boldsymbol{r} \underset{\substack{(5.12)\\ \text{p.150}}}{=} -\frac{\boldsymbol{r}}{r^3}\cdot\boldsymbol{r} \underset{\substack{\text{例題 1.23}\\ (1)\ \text{p.38}}}{=} -\frac{|\boldsymbol{r}|^2}{r^3} = -\frac{r^2}{r^3} = -\frac{1}{r}$$

であり, 第2項は (5.19) から

$$\frac{1}{r}(\nabla\cdot\boldsymbol{r}) = \frac{3}{r}$$

です. よって　$\nabla\cdot\dfrac{\boldsymbol{r}}{r} = -\dfrac{1}{r}+\dfrac{3}{r} = \dfrac{2}{r}$ 　です.

■**練習問題 5.14**　　$\boldsymbol{r}=(x,y,z),\ r=|\boldsymbol{r}|,\ r\neq 0$ のとき

$$\nabla\cdot(r^n\,\boldsymbol{r}) = (n+3)\,r^n \quad (n \text{ は実数})$$

を証明しなさい.

❺ ラプラシアン

スカラー場の勾配の発散について考えましょう．スカラー場においてスカラー関数 φ にナブラ演算子 ∇ を施して，勾配を求めると，

$$\nabla\varphi = \left(\frac{\partial}{\partial x}, \frac{\partial}{\partial y}, \frac{\partial}{\partial z}\right)\varphi = \left(\frac{\partial\varphi}{\partial x}, \frac{\partial\varphi}{\partial y}, \frac{\partial\varphi}{\partial z}\right)$$

となります．求めた $\nabla\varphi$ はベクトル関数です．そして，この発散を求めると，

$$\nabla\cdot(\nabla\varphi) = \left(\frac{\partial}{\partial x}, \frac{\partial}{\partial y}, \frac{\partial}{\partial z}\right)\cdot\left(\frac{\partial\varphi}{\partial x}, \frac{\partial\varphi}{\partial y}, \frac{\partial\varphi}{\partial z}\right) = \frac{\partial^2\varphi}{\partial x^2} + \frac{\partial^2\varphi}{\partial y^2} + \frac{\partial^2\varphi}{\partial z^2}$$

となります．また，この式は

$$\begin{aligned}
\nabla\cdot(\nabla\varphi) &= (\nabla\cdot\nabla)\varphi \\
&= \left(\frac{\partial}{\partial x}, \frac{\partial}{\partial y}, \frac{\partial}{\partial z}\right)\cdot\left(\frac{\partial}{\partial x}, \frac{\partial}{\partial y}, \frac{\partial}{\partial z}\right)\varphi \\
&= \left(\frac{\partial^2}{\partial x^2} + \frac{\partial^2}{\partial y^2} + \frac{\partial^2}{\partial z^2}\right)\varphi \\
&= \frac{\partial^2\varphi}{\partial x^2} + \frac{\partial^2\varphi}{\partial y^2} + \frac{\partial^2\varphi}{\partial z^2}
\end{aligned}$$

とも表せます．すなわち，スカラー場の勾配の発散を求める演算子は

$$\nabla\cdot\nabla = \nabla^2 = \Delta = \frac{\partial^2}{\partial x^2} + \frac{\partial^2}{\partial y^2} + \frac{\partial^2}{\partial z^2}$$

と形式的に表されます．

定義 5.14　ラプラシアン

$\nabla\cdot\nabla$ を

$$\frac{\partial^2}{\partial x^2} + \frac{\partial^2}{\partial y^2} + \frac{\partial^2}{\partial z^2}$$

を求める演算子と見ることができます．

また，$\nabla\cdot\nabla$ は

$$\nabla^2 \quad \text{あるいは} \quad \Delta$$

とも表され，**ラプラシアン**（**ラプラス演算子**）と呼ばれます．

なお，2次元のラプラシアンは

$$\nabla \cdot \nabla = \nabla^2 = \Delta = \frac{\partial^2}{\partial x^2} + \frac{\partial^2}{\partial y^2} \quad \text{です.} \tag{5.20}$$

また，偏微分方程式

$$\Delta\varphi = 0$$

を**ラプラス方程式**といい，その解 φ を**調和関数**といいます.

例題 5.10： 平面の位置ベクトルを $\boldsymbol{r} = (x, y)$，そのノルムを $r = |\boldsymbol{r}|$ とするとき $(x, y) \neq (0, 0)$ で $\log r$ は調和関数であること，すなわち

$$\Delta \log r = 0$$

を示しなさい.

解： $r = \sqrt{x^2 + y^2}$ から

$$\frac{\partial}{\partial x} \log r = \frac{x}{r^2} = \frac{x}{x^2 + y^2}, \qquad \text{(p.150 解 (2) 参照)}$$

$$\frac{\partial^2}{\partial x^2} \log r = \frac{1}{x^2 + y^2} - \frac{2x^2}{(x^2 + y^2)^2} \quad \text{です.}$$

同じように

$$\frac{\partial^2}{\partial y^2} \log r = \frac{1}{x^2 + y^2} - \frac{2y^2}{(x^2 + y^2)^2} \quad \text{です.}$$

よって

$$\Delta \log r = \frac{\partial^2}{\partial x^2} \log r + \frac{\partial^2}{\partial y^2} \log r = 0 \quad \text{です}$$

そして，これらの式は $(x, y) \neq (0, 0)$ で成り立ちます.

■練習問題 5.15 空間の位置ベクトルを $\boldsymbol{r} = (x, y, z)$，そのノルムを $r = |\boldsymbol{r}|$ とするとき，$(x, y, z) \neq (0, 0, 0)$ で $\dfrac{1}{r}$ は調和関数であること，すなわち

$$\Delta \left(\frac{1}{r} \right) = 0$$

を示しなさい.

§5.5　応用：ラプラシアンを用いた画像鮮鋭化

画像中の点 (x, y) とその明るさ $f(x, y)$ を対応させれば，画像は平面スカラー場です．ここではスカラー場にラプラシアンを施し画像鮮鋭化に用います．

話を簡単にするために下のグラフでは画像を 1 次元 $f = f(x)$ とします．f のグラフは中央が白くて周りが黒い画像を表します．輪郭は白と黒の境にあり明暗の変化が大きいので，微分演算であるラプラシアンを施した Δf では，輪郭の位置に正と負の値が対になって現れます．つぎに $-\Delta f$ を原画像 f に加えて $f - \Delta f$ を求めると，輪郭が強調された鮮鋭化画像が得られます．

実際の画像に演算を施した例で鮮鋭化の効果を確かめてください．なお，Δf は (5.20) のとおり x 方向と y 方向の 2 階偏微分係数を加えて得られた画像です．

このほか，ラプラシアンは輪郭の位置を求める演算などにも利用されています．

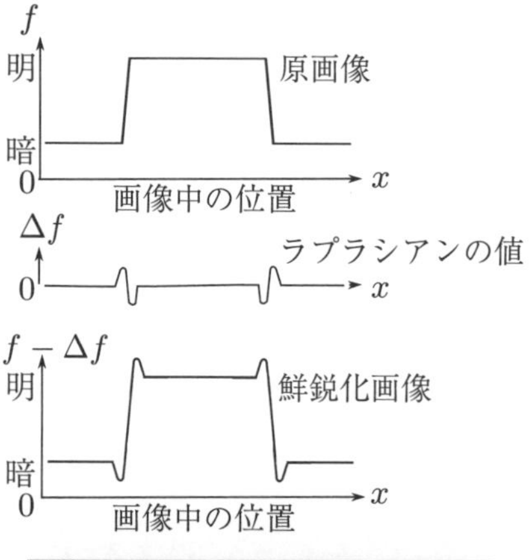

原画像： $f(x, y)$

ラプラシアンの結果： $\Delta f(x, y)$

鮮鋭化画像： $f(x, y) - \Delta f(x, y)$

§5.6 ベクトル場の回転

❶ 回転とは

∇ と $\boldsymbol{a}$ の外積で $\boldsymbol{a}$ の回転が求まります．外積だから求める回転はベクトルです．なお，回転は，空間ベクトル場で定義できますが，平面ベクトル場では定義できません．

定義 5.15 回転

ベクトル場 $\boldsymbol{a}$ の成分表示を (a_x, a_y, a_z) とします．このとき

$$\left(\frac{\partial a_z}{\partial y} - \frac{\partial a_y}{\partial z}, \frac{\partial a_x}{\partial z} - \frac{\partial a_z}{\partial x}, \frac{\partial a_y}{\partial x} - \frac{\partial a_x}{\partial y}\right)$$

をベクトル場 $\boldsymbol{a}$ の**回転**（**ローテーション** *rotation*）といい，

rot $\boldsymbol{a}$　あるいは　$\nabla \times \boldsymbol{a}$　で表します．

回転を表すために $\nabla\times$ が使われるのは，

$$\nabla = \left(\frac{\partial}{\partial x}, \frac{\partial}{\partial y}, \frac{\partial}{\partial z}\right)$$

のように演算子をベクトルとして形式的に扱うと

$$\begin{aligned}
\nabla \times \boldsymbol{a} &= \begin{vmatrix} \boldsymbol{i} & \boldsymbol{j} & \boldsymbol{k} \\ \dfrac{\partial}{\partial x} & \dfrac{\partial}{\partial y} & \dfrac{\partial}{\partial z} \\ a_x & a_y & a_z \end{vmatrix} \\
&= \left(\frac{\partial a_z}{\partial y} - \frac{\partial a_y}{\partial z}\right)\boldsymbol{i} + \left(\frac{\partial a_x}{\partial z} - \frac{\partial a_z}{\partial x}\right)\boldsymbol{j} + \left(\frac{\partial a_y}{\partial x} - \frac{\partial a_x}{\partial y}\right)\boldsymbol{k} \\
&= \left(\frac{\partial a_z}{\partial y} - \frac{\partial a_y}{\partial z}, \frac{\partial a_x}{\partial z} - \frac{\partial a_z}{\partial x}, \frac{\partial a_y}{\partial x} - \frac{\partial a_x}{\partial y}\right) \\
&= \mathrm{rot}\ \boldsymbol{a}
\end{aligned}$$

のように ∇ と $\boldsymbol{a}$ との外積に $\boldsymbol{a}$ の回転が見えるからです．

例題 5.11：　ベクトル場 $\boldsymbol{a} = (xy,\ yz,\ zx)$ の回転を求めて，点 $(1, -2, 3)$ における値を求めなさい．

解：

$$\nabla \times \boldsymbol{a} = \begin{vmatrix} \boldsymbol{i} & \boldsymbol{j} & \boldsymbol{k} \\ \dfrac{\partial}{\partial x} & \dfrac{\partial}{\partial y} & \dfrac{\partial}{\partial z} \\ xy & yz & zx \end{vmatrix}$$
$$= \left(\frac{\partial (zx)}{\partial y} - \frac{\partial (yz)}{\partial z},\ \frac{\partial (xy)}{\partial z} - \frac{\partial (zx)}{\partial x},\ \frac{\partial (yz)}{\partial x} - \frac{\partial (xy)}{\partial y} \right)$$
$$= (-y,\ -z,\ -x).$$

よって点 $(1, -2, 3)$ では $\nabla \times \boldsymbol{a} = (-y,\ -z,\ -x) = (2,\ -3,\ -1)$ です．

■**練習問題 5.16**　ベクトル場 $\boldsymbol{a} = (e^z,\ xy,\ -e^{-x})$ の回転を求めて，点 $(1,\ 2,\ 0)$ における値を求めなさい．

❷　回転の意味

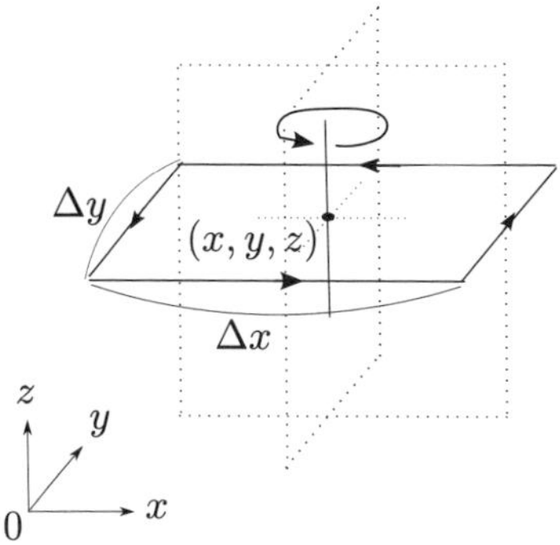

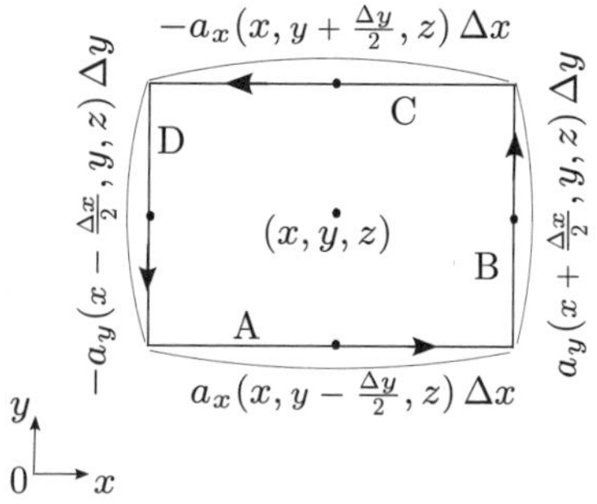

点 (x, y, z) での流体の速度ベクトルを $\boldsymbol{a} = (a_x, a_y, a_z)$ とします．(x, y, z) の周りの流体による回転の強さを求めましょう．

まず，z 軸方向の + 側から点 (x, y, z) を見て反時計回りの回転の強さを求めるために，(x, y, z) を中心とした大きさ $\Delta x \Delta y$ の長方形の周を反時計回りに一周して（図の ABCD），速度ベクトルの周に沿った成分だけを加えていきます．周に沿った成分だけを加えればよいのは，たとえば図の辺Aでは，z 軸方向回りの回転に寄与するのは速度ベクトルの x 成分 a_x だけであり，y 成分 a_y と z 成分 a_z の寄与は0だからです．

そして，各点における速度ベクトルの各辺に沿った成分の大きさを，辺の中点での大きさで代表させると，速度ベクトルの各辺に沿った成分を一辺で足し合わせた量は，（辺の中点での大きさ）と（辺の長さ）の積で近似できます．その量は辺Aでは，

$$\underbrace{a_x(x, y - \frac{\Delta y}{2}, z)}_{\text{辺の中点での大きさ}} \ \underbrace{\Delta x}_{\text{辺の長さ}} \ ,$$

同じように辺Bでは

$$a_y(x + \frac{\Delta x}{2}, y, z)\,\Delta y,$$

辺Cでは周に沿う方向は a_x の正方向とは逆の $-x$ だから

$$-\,a_x(x, y + \frac{\Delta y}{2}, z)\,\Delta x,$$

辺Dでは周に沿う方向は $-y$ だから

$$-\,a_y(x - \frac{\Delta x}{2}, y, z)\,\Delta y$$

で近似できます．

近似の誤差は，速度ベクトルの各辺に沿った成分について各点の大きさと中点での大きさとの差から生じますが，長方形を無限小 $(\Delta x, \Delta y \to 0)$ にするとその差は0になります．

また，各辺の中点での速度ベクトルの周に沿う成分は，長方形中心の点 (x, y, z) での値を用いて

$$a_x(x, y - \frac{\Delta y}{2}, z) \fallingdotseq a_x(x, y, z) - \overbrace{\frac{\Delta y}{2}}^{(x,y,z)\text{から}(x,\,y-\frac{\Delta y}{2},\,z)\text{への距離}} \overbrace{\frac{\partial a_x}{\partial y}}^{(x,y,z)\text{から}y\text{方向へ}a_x(x,y,z)\text{がどの位増減しているか}}$$

$$a_y(x + \frac{\Delta x}{2}, y, z) \fallingdotseq a_y(x, y, z) + \frac{\Delta x}{2}\frac{\partial a_y}{\partial x}$$

$$a_x(x, y+\frac{\Delta y}{2}, z) \fallingdotseq a_x(x,y,z) + \frac{\Delta y}{2}\frac{\partial a_x}{\partial y}$$

$$a_y(x-\frac{\Delta x}{2}, y, z) \fallingdotseq a_y(x,y,z) - \frac{\Delta x}{2}\frac{\partial a_y}{\partial x}$$

で近似できます．この近似の誤差も $\Delta x, \Delta y \to 0$ のとき 0 になります．

以上のことから 4 辺の総和は

$$\begin{aligned}
&a_x(x, y-\frac{\Delta y}{2}, z)\,\Delta x + a_y(x+\frac{\Delta x}{2}, y, z)\,\Delta y \\
&\quad - a_x(x, y+\frac{\Delta y}{2}, z)\,\Delta x - a_y(x-\frac{\Delta x}{2}, y, z)\,\Delta y \\
&= \left(a_y(x+\frac{\Delta x}{2}, y, z) - a_y(x-\frac{\Delta x}{2}, y, z)\right)\Delta y \\
&\quad + \left(a_x(x, y-\frac{\Delta y}{2}, z) - a_x(x, y+\frac{\Delta y}{2}, z)\right)\Delta x \\
&\fallingdotseq \left((a_y(x,y,z) + \frac{\Delta x}{2}\frac{\partial a_y}{\partial x}) - (a_y(x,y,z) - \frac{\Delta x}{2}\frac{\partial a_y}{\partial x})\right)\Delta y \\
&\quad + \left((a_x(x,y,z) - \frac{\Delta y}{2}\frac{\partial a_x}{\partial y}) - (a_x(x,y,z) + \frac{\Delta y}{2}\frac{\partial a_x}{\partial y})\right)\Delta x \\
&= \left(\Delta x\frac{\partial a_y}{\partial x}\right)\Delta y + \left(-\Delta y\frac{\partial a_x}{\partial y}\right)\Delta x \\
&= \left(\frac{\partial a_y}{\partial x} - \frac{\partial a_x}{\partial y}\right)\Delta x\Delta y
\end{aligned}$$

で近似できます．これを $\Delta x\Delta y$ で割ることによって単位面積あたりの回転の強さの近似が求まり，さらに $\Delta x, \Delta y \to 0$ とすることによって近似の誤差が 0 となり，無限小の長方形における回転の強さ，すなわち点 (x, y, z) において z 方向を軸とした回転の強さ

$$\frac{\partial a_y}{\partial x} - \frac{\partial a_x}{\partial y}$$

が求まります．同じように考えると，x 方向を軸とした回転の強さは

$$\frac{\partial a_z}{\partial y} - \frac{\partial a_y}{\partial z}$$

であり，y 方向を軸とした回転の強さは

$$\frac{\partial a_x}{\partial z} - \frac{\partial a_z}{\partial x}$$

であることがわかります．

そして，それぞれは $\nabla = \left(\dfrac{\partial}{\partial x}, \dfrac{\partial}{\partial y}, \dfrac{\partial}{\partial z}\right)$ と $\boldsymbol{a} = (a_x, a_y, a_z)$ の外積 (p.42)

$$\begin{aligned}\nabla \times \boldsymbol{a} &= \begin{vmatrix} \boldsymbol{i} & \boldsymbol{j} & \boldsymbol{k} \\ \dfrac{\partial}{\partial x} & \dfrac{\partial}{\partial y} & \dfrac{\partial}{\partial z} \\ a_x & a_y & a_z \end{vmatrix} \\ &= \left(\frac{\partial a_z}{\partial y} - \frac{\partial a_y}{\partial z}\right)\boldsymbol{i} + \left(\frac{\partial a_x}{\partial z} - \frac{\partial a_z}{\partial x}\right)\boldsymbol{j} + \left(\frac{\partial a_y}{\partial x} - \frac{\partial a_x}{\partial y}\right)\boldsymbol{k} \\ &= \left(\frac{\partial a_z}{\partial y} - \frac{\partial a_y}{\partial z}, \ \frac{\partial a_x}{\partial z} - \frac{\partial a_z}{\partial x}, \ \frac{\partial a_y}{\partial x} - \frac{\partial a_x}{\partial y}\right)\end{aligned}$$

の z, x, y 成分に等しくなります．

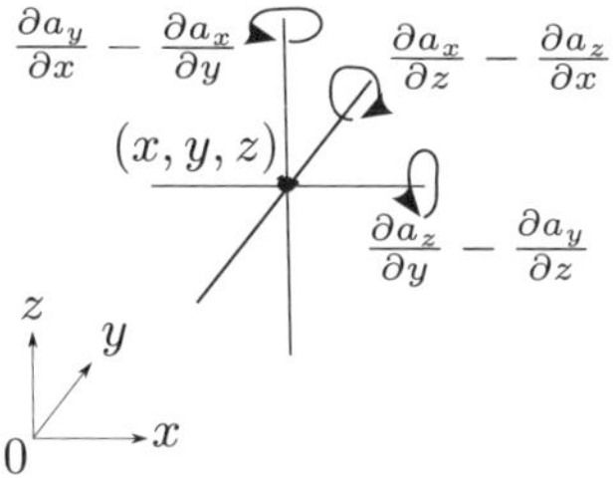

例題 5.12： つぎのベクトル場の回転を求めなさい．

(1) 位置ベクトル $\boldsymbol{r} = (x, y, z)$

(2) $\boldsymbol{a} = (-\omega y, \omega x, 0)$ （ω は正定数）

………………………………………………………………………………

解： (1)

$$\begin{aligned}\nabla \times \boldsymbol{r} &= \begin{vmatrix} \boldsymbol{i} & \boldsymbol{j} & \boldsymbol{k} \\ \dfrac{\partial}{\partial x} & \dfrac{\partial}{\partial y} & \dfrac{\partial}{\partial z} \\ x & y & z \end{vmatrix} \\ &= \left(\frac{\partial}{\partial y}z - \frac{\partial}{\partial z}y, \ \frac{\partial}{\partial z}x - \frac{\partial}{\partial x}z, \ \frac{\partial}{\partial x}y - \frac{\partial}{\partial y}x\right) \\ &= (0, 0, 0) \\ &= \boldsymbol{0} \quad \text{です．}\end{aligned} \tag{5.21}$$

$$(2)\ \nabla \times \boldsymbol{a} = \begin{vmatrix} \boldsymbol{i} & \boldsymbol{j} & \boldsymbol{k} \\ \dfrac{\partial}{\partial x} & \dfrac{\partial}{\partial y} & \dfrac{\partial}{\partial z} \\ -\omega y & \omega x & 0 \end{vmatrix}$$

$$= \left(\frac{\partial}{\partial y}0 - \frac{\partial}{\partial z}(\omega x),\ \frac{\partial}{\partial z}(-\omega y) - \frac{\partial}{\partial x}0,\ \frac{\partial}{\partial x}(\omega x) - \frac{\partial}{\partial y}(-\omega y) \right)$$

$$= (0, 0, 2\omega) \quad \text{です.}$$

回転が $\mathbf{0}$（零ベクトル）であるベクトル場と $\mathbf{0}$ でないベクトル場の例として，例題の $\boldsymbol{r}$ と $\boldsymbol{a}$（$\omega = 1$ のとき）のベクトルを xy 平面上の何点かで図示します．

なお，回転が $\mathbf{0}$ であるベクトル場は渦（うず）がないといい，回転が $\mathbf{0}$ でないベクトル場は渦があるといいます．

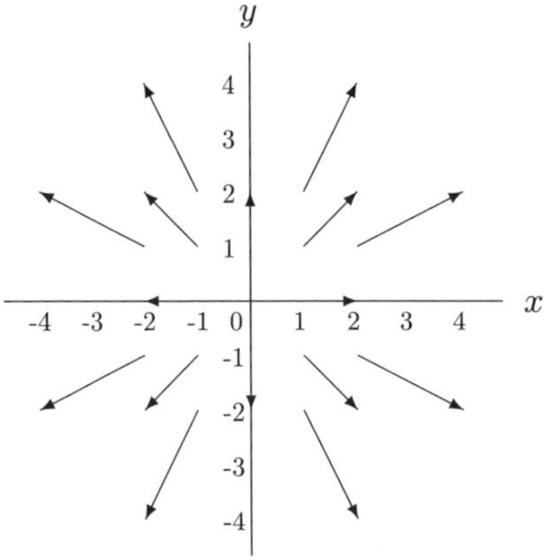

渦がないベクトル場の例

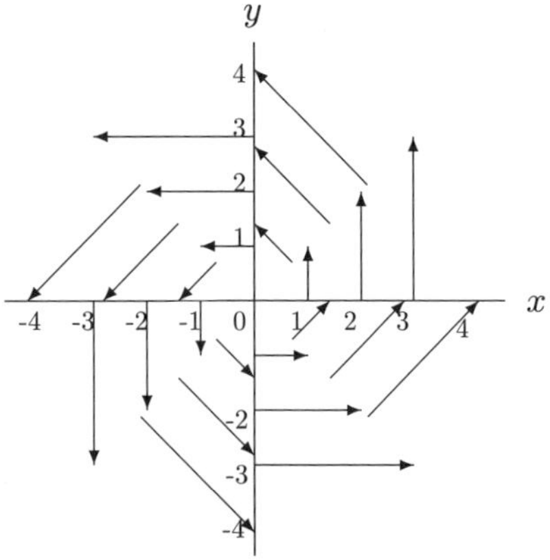

渦があるベクトル場の例

❸ 回転 $\nabla\times$ の公式

公式

$\boldsymbol{a}, \boldsymbol{b}$ をベクトル関数，φ をスカラー関数，c を定数とします．

(1)　$\nabla \times (c\,\boldsymbol{a}) = c\,\nabla \times \boldsymbol{a}$

(2)　$\nabla \times (\boldsymbol{a} + \boldsymbol{b}) = \nabla \times \boldsymbol{a} + \nabla \times \boldsymbol{b}$

(3)　$\nabla \times (\varphi\,\boldsymbol{a}) = (\nabla\varphi) \times \boldsymbol{a} + \varphi\,(\nabla \times \boldsymbol{a})$　(5.22)

■練習問題 5.17　回転の公式 (1)-(3) を証明しなさい．

❹ 位置ベクトルの回転

位置ベクトル $\boldsymbol{r} = (x, y, z)$ の回転は零ベクトル，すなわち

$$\nabla \times \boldsymbol{r} = \boldsymbol{0}$$

です (p.169 (5.21))．その他にも位置ベクトルに関するベクトル場の回転を求めましょう．

例題 5.13： $\boldsymbol{r} = (x, y, z)$, $r = |\boldsymbol{r}|$, $r \neq 0$ のとき

$$\nabla \times \frac{\boldsymbol{r}}{r} = \boldsymbol{0}$$

を示しなさい．

………………………………………………………………………………

解：

p.170 (5.22) より $\nabla \times \dfrac{\boldsymbol{r}}{r} = (\nabla \dfrac{1}{r}) \times \boldsymbol{r} + \dfrac{1}{r}(\nabla \times \boldsymbol{r})$

p.150 (5.12) と p.169 (5.21) より $= -\dfrac{\boldsymbol{r}}{r^3} \times \boldsymbol{r} + \dfrac{1}{r}\boldsymbol{0}$

p.44 定理 1.4 の 5, $\boldsymbol{r} \times \boldsymbol{r} = \boldsymbol{0}$ より $= \boldsymbol{0} + \boldsymbol{0}$

$= \boldsymbol{0}$ が成り立ちます．

■練習問題 5.18 $\boldsymbol{r} = (x, y, z)$, $r = |\boldsymbol{r}|$, $r \neq 0$ のとき

$$\nabla \times (r^n \boldsymbol{r}) = \boldsymbol{0} \quad (n \text{ は実数})$$

を示しなさい． ヒント: p.170 (5.22), p.150 (5.14), p.169 (5.21), $\boldsymbol{r} \times \boldsymbol{r} = \boldsymbol{0}$.

§5.7　各演算子を含んだ公式

二つのベクトル場の内積（スカラー積），あるいは外積（ベクトル積）によってスカラー場，あるいはベクトル場が与えられます．スカラー場では勾配が定義され，ベクトル場では発散と回転が定義されました．ここでは $\boldsymbol{a}, \boldsymbol{b}$ をベクトル場として，それらの内積，および外積に対する勾配・発散・回転の演算に関する公式を示します．

公式

$$\nabla(\boldsymbol{a}\cdot\boldsymbol{b}) = (\boldsymbol{a}\cdot\nabla)\boldsymbol{b} + (\boldsymbol{b}\cdot\nabla)\boldsymbol{a} + \boldsymbol{a}\times(\nabla\times\boldsymbol{b}) + \boldsymbol{b}\times(\nabla\times\boldsymbol{a}) \tag{5.23}$$

$$\nabla\cdot(\boldsymbol{a}\times\boldsymbol{b}) = \boldsymbol{b}\cdot(\nabla\times\boldsymbol{a}) - \boldsymbol{a}\cdot(\nabla\times\boldsymbol{b}) \tag{5.24}$$

$$\nabla\times(\boldsymbol{a}\times\boldsymbol{b}) = (\boldsymbol{b}\cdot\nabla)\boldsymbol{a} - (\boldsymbol{a}\cdot\nabla)\boldsymbol{b} + (\nabla\cdot\boldsymbol{b})\boldsymbol{a} - (\nabla\cdot\boldsymbol{a})\boldsymbol{b} \tag{5.25}$$

証明　$\boldsymbol{a} = (a_x, a_y, a_z)$, $\boldsymbol{b} = (b_x, b_y, b_z)$ とします．

(5.23) について　右辺の各項を成分に分けて計算すると，

$$\begin{aligned}
(\boldsymbol{a}\cdot\nabla)\boldsymbol{b} &= \left((a_x, a_y, a_z)\cdot\left(\frac{\partial}{\partial x}, \frac{\partial}{\partial y}, \frac{\partial}{\partial z}\right)\right)(b_x, b_y, b_z)\\
&= \left(a_x\frac{\partial}{\partial x} + a_y\frac{\partial}{\partial y} + a_z\frac{\partial}{\partial z}\right)(b_x, b_y, b_z)\\
&= \left(a_x\frac{\partial b_x}{\partial x} + a_y\frac{\partial b_x}{\partial y} + a_z\frac{\partial b_x}{\partial z},\right.\\
&\qquad a_x\frac{\partial b_y}{\partial x} + a_y\frac{\partial b_y}{\partial y} + a_z\frac{\partial b_y}{\partial z},\\
&\qquad \left.a_x\frac{\partial b_z}{\partial x} + a_y\frac{\partial b_z}{\partial y} + a_z\frac{\partial b_z}{\partial z}\right),\\
(\boldsymbol{b}\cdot\nabla)\boldsymbol{a} &= \left(b_x\frac{\partial a_x}{\partial x} + b_y\frac{\partial a_x}{\partial y} + b_z\frac{\partial a_x}{\partial z},\right.\\
&\qquad b_x\frac{\partial a_y}{\partial x} + b_y\frac{\partial a_y}{\partial y} + b_z\frac{\partial a_y}{\partial z},\\
&\qquad \left.b_x\frac{\partial a_z}{\partial x} + b_y\frac{\partial a_z}{\partial y} + b_z\frac{\partial a_z}{\partial z}\right),\\
\boldsymbol{a}\times(\nabla\times\boldsymbol{b}) &= (a_x, a_y, a_z)\times\left(\left(\frac{\partial}{\partial x}, \frac{\partial}{\partial y}, \frac{\partial}{\partial z}\right)\times(b_x, b_y, b_z)\right)\\
&= (a_x, a_y, a_z)\times\begin{vmatrix} \boldsymbol{i} & \boldsymbol{j} & \boldsymbol{k}\\ \frac{\partial}{\partial x} & \frac{\partial}{\partial y} & \frac{\partial}{\partial z}\\ b_x & b_y & b_z \end{vmatrix}\\
&= (a_x, a_y, a_z)\times\left(\frac{\partial b_z}{\partial y} - \frac{\partial b_y}{\partial z},\ \frac{\partial b_x}{\partial z} - \frac{\partial b_z}{\partial x},\ \frac{\partial b_y}{\partial x} - \frac{\partial b_x}{\partial y}\right)
\end{aligned}$$

$$
\begin{aligned}
&= \begin{vmatrix} \boldsymbol{i} & \boldsymbol{j} & \boldsymbol{k} \\ a_x & a_y & a_z \\ \frac{\partial b_z}{\partial y} - \frac{\partial b_y}{\partial z} & \frac{\partial b_x}{\partial z} - \frac{\partial b_z}{\partial x} & \frac{\partial b_y}{\partial x} - \frac{\partial b_x}{\partial y} \end{vmatrix} \\
&= \Bigg(a_y \left(\frac{\partial b_y}{\partial x} - \frac{\partial b_x}{\partial y} \right) - a_z \left(\frac{\partial b_x}{\partial z} - \frac{\partial b_z}{\partial x} \right), \\
&\quad a_z \left(\frac{\partial b_z}{\partial y} - \frac{\partial b_y}{\partial z} \right) - a_x \left(\frac{\partial b_y}{\partial x} - \frac{\partial b_x}{\partial y} \right), \\
&\quad a_x \left(\frac{\partial b_x}{\partial z} - \frac{\partial b_z}{\partial x} \right) - a_y \left(\frac{\partial b_z}{\partial y} - \frac{\partial b_y}{\partial z} \right) \Bigg) \\
&= \Bigg(a_y \frac{\partial b_y}{\partial x} - a_y \frac{\partial b_x}{\partial y} - a_z \frac{\partial b_x}{\partial z} + a_z \frac{\partial b_z}{\partial x}, \\
&\quad a_z \frac{\partial b_z}{\partial y} - a_z \frac{\partial b_y}{\partial z} - a_x \frac{\partial b_y}{\partial x} + a_x \frac{\partial b_x}{\partial y}, \\
&\quad a_x \frac{\partial b_x}{\partial z} - a_x \frac{\partial b_z}{\partial x} - a_y \frac{\partial b_z}{\partial y} + a_y \frac{\partial b_y}{\partial z} \Bigg),
\end{aligned}
$$

$$
\begin{aligned}
\boldsymbol{b} \times (\nabla \times \boldsymbol{a}) = \Bigg(& b_y \frac{\partial a_y}{\partial x} - b_y \frac{\partial a_x}{\partial y} - b_z \frac{\partial a_x}{\partial z} + b_z \frac{\partial a_z}{\partial x}, \\
& b_z \frac{\partial a_z}{\partial y} - b_z \frac{\partial a_y}{\partial z} - b_x \frac{\partial a_y}{\partial x} + b_x \frac{\partial a_x}{\partial y}, \\
& b_x \frac{\partial a_x}{\partial z} - b_x \frac{\partial a_z}{\partial x} - b_y \frac{\partial a_z}{\partial y} + b_y \frac{\partial a_y}{\partial z} \Bigg)
\end{aligned}
$$

となるので

$$
\begin{aligned}
\text{右辺} &= (\boldsymbol{a} \cdot \nabla)\boldsymbol{b} + (\boldsymbol{b} \cdot \nabla)\boldsymbol{a} + \boldsymbol{a} \times (\nabla \times \boldsymbol{b}) + \boldsymbol{b} \times (\nabla \times \boldsymbol{a}) \\
&= \Bigg(a_x \frac{\partial b_x}{\partial x} + b_x \frac{\partial a_x}{\partial x} + a_y \frac{\partial b_y}{\partial x} + a_z \frac{\partial b_z}{\partial x} + b_y \frac{\partial a_y}{\partial x} + b_z \frac{\partial a_z}{\partial x}, \\
&\quad a_y \frac{\partial b_y}{\partial y} + b_y \frac{\partial a_y}{\partial y} + a_z \frac{\partial b_z}{\partial y} + a_x \frac{\partial b_x}{\partial y} + b_z \frac{\partial a_z}{\partial y} + b_x \frac{\partial a_x}{\partial y}, \\
&\quad a_z \frac{\partial b_z}{\partial z} + b_z \frac{\partial a_z}{\partial z} + a_x \frac{\partial b_x}{\partial z} + a_y \frac{\partial b_y}{\partial z} + b_x \frac{\partial a_x}{\partial z} + b_y \frac{\partial a_y}{\partial z} \Bigg) \\
&= \Bigg(\frac{\partial}{\partial x} (a_x b_x + a_y b_y + a_z b_z), \\
&\quad \frac{\partial}{\partial y} (a_x b_x + a_y b_y + a_z b_z), \\
&\quad \frac{\partial}{\partial z} (a_x b_x + a_y b_y + a_z b_z) \Bigg) \\
&= \left(\frac{\partial}{\partial x}, \frac{\partial}{\partial y}, \frac{\partial}{\partial z} \right) (a_x b_x + a_y b_y + a_z b_z) \\
&= \left(\frac{\partial}{\partial x}, \frac{\partial}{\partial y}, \frac{\partial}{\partial z} \right) ((a_x, a_y, a_z) \cdot (b_x, b_y, b_z)) \\
&= \nabla(\boldsymbol{a} \cdot \boldsymbol{b}) = \text{左辺}
\end{aligned}
$$

が成り立ちます.

(5.24) について

$$
\begin{aligned}
\nabla \cdot (\boldsymbol{a} \times \boldsymbol{b}) &= \left(\frac{\partial}{\partial x}, \frac{\partial}{\partial y}, \frac{\partial}{\partial z} \right) \cdot \begin{vmatrix} \boldsymbol{i} & \boldsymbol{j} & \boldsymbol{k} \\ a_x & a_y & a_z \\ b_x & b_y & b_z \end{vmatrix} \\
&= \left(\frac{\partial}{\partial x}, \frac{\partial}{\partial y}, \frac{\partial}{\partial z} \right) \cdot (a_y b_z - a_z b_y,\ a_z b_x - a_x b_z,\ a_x b_y - a_y b_x) \\
&= \frac{\partial}{\partial x}(a_y b_z - a_z b_y) + \frac{\partial}{\partial y}(a_z b_x - a_x b_z) + \frac{\partial}{\partial z}(a_x b_y - a_y b_x) \\
&= \frac{\partial a_y}{\partial x} b_z + a_y \frac{\partial b_z}{\partial x} - \frac{\partial a_z}{\partial x} b_y - a_z \frac{\partial b_y}{\partial x} + \frac{\partial a_z}{\partial y} b_x + a_z \frac{\partial b_x}{\partial y} - \frac{\partial a_x}{\partial y} b_z - a_x \frac{\partial b_z}{\partial y} \\
&\quad + \frac{\partial a_x}{\partial z} b_y + a_x \frac{\partial b_y}{\partial z} - \frac{\partial a_y}{\partial z} b_x - a_y \frac{\partial b_x}{\partial z}
\end{aligned}
$$

$$
\begin{aligned}
&= b_x\left(\frac{\partial a_z}{\partial y} - \frac{\partial a_y}{\partial z}\right) + b_y\left(\frac{\partial a_x}{\partial z} - \frac{\partial a_z}{\partial x}\right) + b_z\left(\frac{\partial a_y}{\partial x} - \frac{\partial a_x}{\partial y}\right) \\
&\quad - a_x\left(\frac{\partial b_z}{\partial y} - \frac{\partial b_y}{\partial z}\right) - a_y\left(\frac{\partial b_x}{\partial z} - \frac{\partial b_z}{\partial x}\right) - a_z\left(\frac{\partial b_y}{\partial x} - \frac{\partial b_x}{\partial y}\right) \\
&= (b_x, b_y, b_z) \cdot \begin{vmatrix} \boldsymbol{i} & \boldsymbol{j} & \boldsymbol{k} \\ \frac{\partial}{\partial x} & \frac{\partial}{\partial y} & \frac{\partial}{\partial z} \\ a_x & a_y & a_z \end{vmatrix} - (a_x, a_y, a_z) \cdot \begin{vmatrix} \boldsymbol{i} & \boldsymbol{j} & \boldsymbol{k} \\ \frac{\partial}{\partial x} & \frac{\partial}{\partial y} & \frac{\partial}{\partial z} \\ b_x & b_y & b_z \end{vmatrix} \\
&= \boldsymbol{b} \cdot (\nabla \times \boldsymbol{a}) - \boldsymbol{a} \cdot (\nabla \times \boldsymbol{b}) \quad \text{が成り立ちます.}
\end{aligned}
$$

(5.25) について

$$
\begin{aligned}
\text{左辺} &= \nabla \times (\boldsymbol{a} \times \boldsymbol{b}) \\
&= \left(\frac{\partial}{\partial x}, \frac{\partial}{\partial y}, \frac{\partial}{\partial z}\right) \times \begin{vmatrix} \boldsymbol{i} & \boldsymbol{j} & \boldsymbol{k} \\ a_x & a_y & a_z \\ b_x & b_y & b_z \end{vmatrix} \\
&= \left(\frac{\partial}{\partial x}, \frac{\partial}{\partial y}, \frac{\partial}{\partial z}\right) \times (a_y b_z - a_z b_y,\ a_z b_x - a_x b_z,\ a_x b_y - a_y b_x) \\
&= \begin{vmatrix} \boldsymbol{i} & \boldsymbol{j} & \boldsymbol{k} \\ \frac{\partial}{\partial x} & \frac{\partial}{\partial y} & \frac{\partial}{\partial z} \\ a_y b_z - a_z b_y & a_z b_x - a_x b_z & a_x b_y - a_y b_x \end{vmatrix} \\
&= \Big(\frac{\partial}{\partial y}(a_x b_y - a_y b_x) - \frac{\partial}{\partial z}(a_z b_x - a_x b_z), \\
&\qquad \frac{\partial}{\partial z}(a_y b_z - a_z b_y) - \frac{\partial}{\partial x}(a_x b_y - a_y b_x), \\
&\qquad \frac{\partial}{\partial x}(a_z b_x - a_x b_z) - \frac{\partial}{\partial y}(a_y b_z - a_z b_y) \Big) \quad \text{であり,}
\end{aligned}
$$

$$
\begin{aligned}
\text{右辺} &= (\boldsymbol{b} \cdot \nabla)\,\boldsymbol{a} - (\boldsymbol{a} \cdot \nabla)\,\boldsymbol{b} + (\nabla \cdot \boldsymbol{b})\,\boldsymbol{a} - (\nabla \cdot \boldsymbol{a})\,\boldsymbol{b} \\
&= \left((b_x, b_y, b_z) \cdot \left(\frac{\partial}{\partial x}, \frac{\partial}{\partial y}, \frac{\partial}{\partial z}\right)\right)\left(a_x, a_y, a_z\right) \\
&\quad - \left((a_x, a_y, a_z) \cdot \left(\frac{\partial}{\partial x}, \frac{\partial}{\partial y}, \frac{\partial}{\partial z}\right)\right)\left(b_x, b_y, b_z\right) \\
&\quad + \left(\left(\frac{\partial}{\partial x}, \frac{\partial}{\partial y}, \frac{\partial}{\partial z}\right) \cdot (b_x, b_y, b_z)\right)\left(a_x, a_y, a_z\right) \\
&\quad - \left(\left(\frac{\partial}{\partial x}, \frac{\partial}{\partial y}, \frac{\partial}{\partial z}\right) \cdot (a_x, a_y, a_z)\right)\left(b_x, b_y, b_z\right) \\
&= \left(b_x \frac{\partial}{\partial x} + b_y \frac{\partial}{\partial y} + b_z \frac{\partial}{\partial z}\right)\left(a_x, a_y, a_z\right) - \left(a_x \frac{\partial}{\partial x} + a_y \frac{\partial}{\partial y} + a_z \frac{\partial}{\partial z}\right)\left(b_x, b_y, b_z\right) \\
&\quad + \left(\frac{\partial b_x}{\partial x} + \frac{\partial b_y}{\partial y} + \frac{\partial b_z}{\partial z}\right)\left(a_x, a_y, a_z\right) - \left(\frac{\partial a_x}{\partial x} + \frac{\partial a_y}{\partial y} + \frac{\partial a_z}{\partial z}\right)\left(b_x, b_y, b_z\right) \\
&= \Big(\left(b_x \frac{\partial}{\partial x} + b_y \frac{\partial}{\partial y} + b_z \frac{\partial}{\partial z}\right) a_x - \left(a_x \frac{\partial}{\partial x} + a_y \frac{\partial}{\partial y} + a_z \frac{\partial}{\partial z}\right) b_x \\
&\qquad + \left(\frac{\partial b_x}{\partial x} + \frac{\partial b_y}{\partial y} + \frac{\partial b_z}{\partial z}\right) a_x - \left(\frac{\partial a_x}{\partial x} + \frac{\partial a_y}{\partial y} + \frac{\partial a_z}{\partial z}\right) b_x , \\
&\qquad \left(b_x \frac{\partial}{\partial x} + b_y \frac{\partial}{\partial y} + b_z \frac{\partial}{\partial z}\right) a_y - \left(a_x \frac{\partial}{\partial x} + a_y \frac{\partial}{\partial y} + a_z \frac{\partial}{\partial z}\right) b_y \\
&\qquad + \left(\frac{\partial b_x}{\partial x} + \frac{\partial b_y}{\partial y} + \frac{\partial b_z}{\partial z}\right) a_y - \left(\frac{\partial a_x}{\partial x} + \frac{\partial a_y}{\partial y} + \frac{\partial a_z}{\partial z}\right) b_y , \\
&\qquad \left(b_x \frac{\partial}{\partial x} + b_y \frac{\partial}{\partial y} + b_z \frac{\partial}{\partial z}\right) a_z - \left(a_x \frac{\partial}{\partial x} + a_y \frac{\partial}{\partial y} + a_z \frac{\partial}{\partial z}\right) b_z \\
&\qquad + \left(\frac{\partial b_x}{\partial x} + \frac{\partial b_y}{\partial y} + \frac{\partial b_z}{\partial z}\right) a_z - \left(\frac{\partial a_x}{\partial x} + \frac{\partial a_y}{\partial y} + \frac{\partial a_z}{\partial z}\right) b_z \Big) \\
&= \Big(\cancel{b_x \frac{\partial a_x}{\partial x}} + b_y \frac{\partial a_x}{\partial y} + b_z \frac{\partial a_x}{\partial z} - \cancel{a_x \frac{\partial b_x}{\partial x}} - a_y \frac{\partial b_x}{\partial y} - a_z \frac{\partial b_x}{\partial z}
\end{aligned}
$$

$$
\begin{aligned}
&\cancel{+a_x \frac{\partial b_x}{\partial x}} + a_x \frac{\partial b_y}{\partial y} + a_x \frac{\partial b_z}{\partial z} - \cancel{b_x \frac{\partial a_x}{\partial x}} - b_x \frac{\partial a_y}{\partial y} - b_x \frac{\partial a_z}{\partial z}\ ,\\
&b_x \frac{\partial a_y}{\partial x} + \cancel{b_y \frac{\partial a_y}{\partial y}} + b_z \frac{\partial a_y}{\partial z} - a_x \frac{\partial b_y}{\partial x} - \cancel{a_y \frac{\partial b_y}{\partial y}} - a_z \frac{\partial b_y}{\partial z}\\
&+a_y \frac{\partial b_x}{\partial x} + \cancel{a_y \frac{\partial b_y}{\partial y}} + a_y \frac{\partial b_z}{\partial z} - b_y \frac{\partial a_x}{\partial x} - \cancel{b_y \frac{\partial a_y}{\partial y}} - b_y \frac{\partial a_z}{\partial z}\ ,\\
&b_x \frac{\partial a_z}{\partial x} + b_y \frac{\partial a_z}{\partial y} + \cancel{b_z \frac{\partial a_z}{\partial z}} - a_x \frac{\partial b_z}{\partial x} - a_y \frac{\partial b_z}{\partial y} - \cancel{a_z \frac{\partial b_z}{\partial z}}\\
&+a_z \frac{\partial b_x}{\partial x} + a_z \frac{\partial b_y}{\partial y} + \cancel{a_z \frac{\partial b_z}{\partial z}} - b_z \frac{\partial a_x}{\partial x} - b_z \frac{\partial a_y}{\partial y} - \cancel{b_z \frac{\partial a_z}{\partial z}} \quad \Bigg)\\
= \Bigg(&(b_y \frac{\partial a_x}{\partial y} + a_x \frac{\partial b_y}{\partial y}) - (b_x \frac{\partial a_y}{\partial y} + a_y \frac{\partial b_x}{\partial y}) - (b_x \frac{\partial a_z}{\partial z} + a_z \frac{\partial b_x}{\partial z}) + (b_z \frac{\partial a_x}{\partial z} + a_x \frac{\partial b_z}{\partial z})\ ,\\
&(b_z \frac{\partial a_y}{\partial z} + a_y \frac{\partial b_z}{\partial z}) - (b_y \frac{\partial a_z}{\partial z} + a_z \frac{\partial b_y}{\partial z}) - (b_y \frac{\partial a_x}{\partial x} + a_x \frac{\partial b_y}{\partial x}) + (b_x \frac{\partial a_y}{\partial x} + a_y \frac{\partial b_x}{\partial x})\ ,\\
&(b_x \frac{\partial a_z}{\partial x} + a_z \frac{\partial b_x}{\partial x}) - (b_z \frac{\partial a_x}{\partial x} + a_x \frac{\partial b_z}{\partial x}) - (b_z \frac{\partial a_y}{\partial y} + a_y \frac{\partial b_z}{\partial y}) + (b_y \frac{\partial a_z}{\partial y} + a_z \frac{\partial b_y}{\partial y})\Bigg)\\
= \Bigg(&\frac{\partial}{\partial y}(a_x b_y - a_y b_x) - \frac{\partial}{\partial z}(a_z b_x - a_x b_z),\\
&\frac{\partial}{\partial z}(a_y b_z - a_z b_y) - \frac{\partial}{\partial x}(a_x b_y - a_y b_x),\\
&\frac{\partial}{\partial x}(a_z b_x - a_x b_z) - \frac{\partial}{\partial y}(a_y b_z - a_z b_y)\Bigg)
\end{aligned}
$$

より左辺=右辺が成立します. ■

$\boldsymbol{a}$ をベクトル場, φ をスカラー場として, 勾配・発散・回転の組み合わせに関する公式を示します.

公式

$$\nabla \times (\nabla \varphi) = \mathbf{0} \tag{5.26}$$

$$\nabla \cdot (\nabla \times \boldsymbol{a}) = 0 \tag{5.27}$$

$$\nabla \times (\nabla \times \boldsymbol{a}) = \nabla (\nabla \cdot \boldsymbol{a}) - (\nabla \cdot \nabla)\, \boldsymbol{a} \tag{5.28}$$

なお, (5.26) はスカラー場の勾配の回転, (5.27) はベクトル場の回転の発散, (5.28) はベクトル場の回転の回転を表しています. そして, 勾配の回転は零ベクトル, 回転の発散は 0 であることがわかります.

残りの組み合わせを考えたとき, スカラー場の勾配の発散 (p. 162 ラプラシアン) と, スカラー場の発散の勾配は存在しますが, 勾配の勾配, 発散の発散, 発散の回転, 回転の勾配は存在しないことが定義からわかります.

■練習問題 5.19 (5.26), (5.27), (5.28) を証明しなさい.

例題 5.14：　φ, ψ をスカラー場とするとき，

$$\nabla \cdot ((\nabla \varphi) \times (\nabla \psi)) = 0$$

を証明しなさい．

……………………………………………………………………

解： $\nabla \varphi$, $\nabla \psi$ はベクトルですから (5.24) から

$$\nabla \cdot ((\nabla \varphi) \times (\nabla \psi)) = (\nabla \psi) \cdot (\nabla \times (\nabla \varphi)) - (\nabla \varphi) \cdot (\nabla \times (\nabla \psi))$$

です．ここで (5.26) から

$$\nabla \times (\nabla \varphi) = \mathbf{0}, \quad \nabla \times (\nabla \psi) = \mathbf{0}$$

ですので

$$\nabla \cdot ((\nabla \varphi) \times (\nabla \psi)) = (\nabla \psi) \cdot \mathbf{0} - (\nabla \varphi) \cdot \mathbf{0} = 0 \quad \text{です．}$$

■練習問題 5.20　φ, ψ をスカラー場，$\boldsymbol{a}$ をベクトル場として，つぎの式を証明しなさい．

(1)　$\nabla ((\nabla \varphi) \cdot (\nabla \psi)) = ((\nabla \varphi) \cdot \nabla) \nabla \psi + ((\nabla \psi) \cdot \nabla) \nabla \varphi$

(2)　$\nabla \times (\varphi \nabla \varphi) = \mathbf{0}$

(3)　$(\boldsymbol{a} \cdot \nabla) \boldsymbol{a} = \dfrac{1}{2} \nabla (\boldsymbol{a} \cdot \boldsymbol{a}) - \boldsymbol{a} \times (\nabla \times \boldsymbol{a})$

第6章

線積分・面積分

高校で学んだ積分は，ある区間にわたって関数の値をすべて加える演算でした．その区間を空間曲線上，あるいは曲面上にまで広げて，その上に与えられたスカラー量，あるいはベクトル量をすべて加える演算が線積分，あるいは面積分です．

本章では，この曲線や曲面上での積分について学びます．

§6.1　スカラー場の線積分

❶ 定積分

線積分に進む前に普通の定積分を復習しましょう．関数 $f(x)$ の区間 $[a,b]$ での積分はつぎのようにして求められます．区間 $[a,b]$ を n 個の区間に分割し，各区間の幅を Δx_i，区間内の点を x_i として $(i=1,\cdots,n)$，総和

$$\sum_{i=1}^{n} f(x_i)\Delta x_i$$

を求めます．そして，Δx_i の最大値を Δx として $n\to\infty,\ \Delta x\to 0$ としたときの総和の極限値が求める定積分です．すなわち

$$\int_a^b f(x)\,\mathrm{d}x = \lim_{\substack{n\to\infty \\ \Delta x\to 0}} \sum_{i=1}^{n} f(x_i)\Delta x_i$$

と書けます．そして，極限では記号も

$\sum \to \int$　のように総和が積分に変わり，

$x_i \to x$　のように飛び飛びの値が連続する値に変わり，

$\Delta x_i \to \mathrm{d}x$　のように有限の値が無限小に変わります．

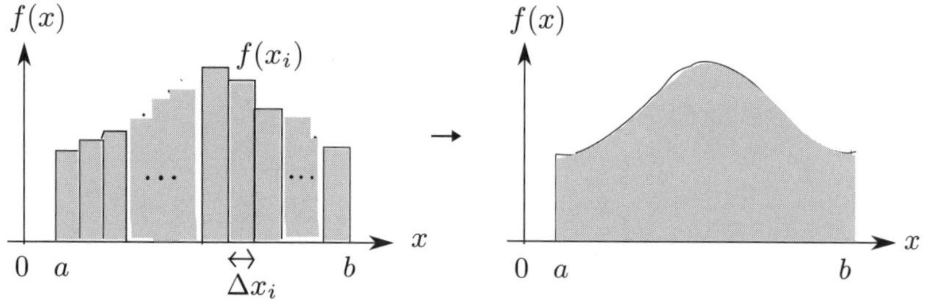

$$\sum_{i=1}^{n} f(x_i)\Delta x_i \quad\to\quad \int_a^b f(x)\,\mathrm{d}x$$

上では x 軸上で定義された関数 $f(x)$ を積分しましたが，xy 平面上で与えられた関数 $f(x,y)$ の曲線上での積分も同じように定義できます．あるいは，3次元空間内の曲線上でも同じです．それらは線積分と呼ばれます．

❷ 曲線に沿うスカラー場の線積分

定義 6.1　**スカラー場の線積分**

スカラー場 $\varphi(x, y, z)$ 内にある曲線 C 上の点が，曲線弧長 s をパラメータとして $(x(s), y(s), z(s))$ で表されているとします．そして，$s=a$ の点から $s=b$ の点まで曲線 C を n 個の小曲線に分割し，各小曲線上の任意の点を (x_i, y_i, z_i)，各小曲線の長さを Δs_i とし，Δs_i の最大値を Δs とします．このとき，極限値

$$\lim_{\substack{n \to \infty \\ \Delta s \to 0}} \sum_{i=1}^{n} \varphi(x_i, y_i, z_i)\Delta s_i \tag{6.1}$$

を，スカラー場 $\varphi(x, y, z)$ の曲線 C に沿っての**線積分**といい

$$\int_{\mathrm{C}} \varphi(x, y, z)\,\mathrm{d}s \quad \text{あるいは} \quad \int_a^b \varphi(x, y, z)\,\mathrm{d}s$$

で表します．

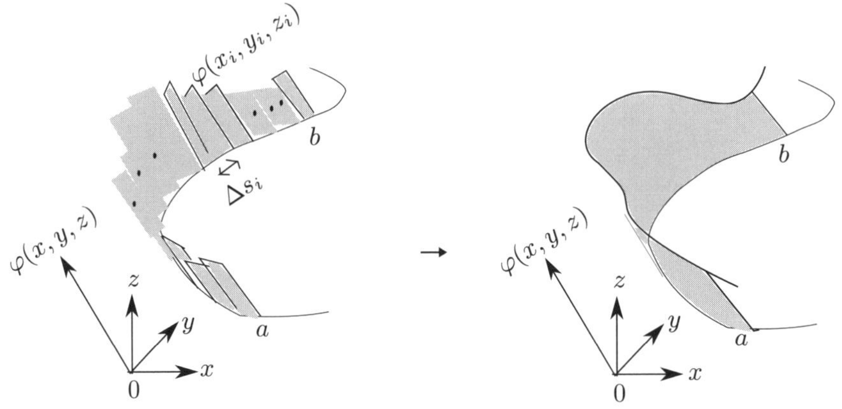

❸ パラメータによる線積分

定理 6.1　スカラー場の線積分

曲線Cの上の位置ベクトル $\boldsymbol{r}$ が任意のパラメータ t で

$$\boldsymbol{r} = (x(t), y(t), z(t)) \quad (a \leqq t \leqq b)$$

と表されているときには

$$\int_{\mathrm{C}} \varphi(x,y,z)\,\mathrm{d}s = \int_a^b \varphi(x,y,z)\,\frac{\mathrm{d}s}{\mathrm{d}t}\,\mathrm{d}t \underset{\text{p.140 (5.6)}}{=} \int_a^b \varphi(x,y,z)\left|\frac{\mathrm{d}\boldsymbol{r}}{\mathrm{d}t}\right|\mathrm{d}t$$
$$\underset{(5.3)}{=} \int_a^b \varphi(x,y,z)\sqrt{\left(\frac{\mathrm{d}x}{\mathrm{d}t}\right)^2 + \left(\frac{\mathrm{d}y}{\mathrm{d}t}\right)^2 + \left(\frac{\mathrm{d}z}{\mathrm{d}t}\right)^2}\,\mathrm{d}t \tag{6.2}$$

のように計算できます.

例題 6.1：　$(0,0,0)$ を始点，$(1,2,2)$ を終点とする線分Cに沿ってスカラー場 $\varphi(x,y,z) = 2x + y + z$ の線積分を求めなさい.

…………………………………………………………

解：　曲線は位置ベクトル $\boldsymbol{r}$ を使って $\mathrm{C} : \boldsymbol{r} = (t, 2t, 2t)$ $(0 \leqq t \leqq 1)$ と表せます．このとき，C上では $\varphi = 2x + y + z = 6t$，$(\frac{\mathrm{d}x}{\mathrm{d}t}, \frac{\mathrm{d}y}{\mathrm{d}t}, \frac{\mathrm{d}z}{\mathrm{d}t}) = \frac{\mathrm{d}\boldsymbol{r}}{\mathrm{d}t} = (1,2,2)$，$\left|\frac{\mathrm{d}\boldsymbol{r}}{\mathrm{d}t}\right| = \sqrt{1^2 + 2^2 + 2^2} = 3$ より，求める線積分は

$$\int_{\mathrm{C}} \varphi\,\mathrm{d}s = \int_0^1 \varphi\,\frac{\mathrm{d}s}{\mathrm{d}t}\,\mathrm{d}t = \int_0^1 \varphi\left|\frac{\mathrm{d}\boldsymbol{r}}{\mathrm{d}t}\right|\mathrm{d}t$$
$$= \int_0^1 (6t)\,3\,\mathrm{d}t = 18\int_0^1 t\,\mathrm{d}t = 9\left[t^2\right]_0^1 = 9 \quad \text{です.}$$

■**練習問題 6.1**　$(1,-1,1)$ を始点，$(3,0,-1)$ を終点とする線分Cに沿ってスカラー場 $\varphi(x,y,z) = x + y + z$ の線積分 $\displaystyle\int_{\mathrm{C}} \varphi(x,y,z)\,\mathrm{d}s$ を求めなさい.

■**練習問題 6.2**　式(6.2)で $\varphi \equiv 1$（常に $\varphi = 1$ という意味）のときの積分は何を表しますか.

❹ 曲線に沿っての x, y, および z に関する線積分

パラメータ t $(a \leqq t \leqq b)$ で表された曲線Cを n 個の小曲線に分割して，各小曲線上の任意の点を (x_i, y_i, z_i)，各小曲線の2端点の x 座標の差を $\Delta x_i = x(t_i) - x(t_{i-1})$，$t$ の差を $\Delta t_i = t_i - t_{i-1}$ とし，Δx_i の最大値を Δx とします．このとき，(6.1) で Δs_i の代わりに Δx_i とすることで **x に関する線積分**が

$$\int_{\mathrm{C}} \varphi(x, y, z)\,\mathrm{d}x = \lim_{\substack{n \to \infty \\ \Delta x \to 0}} \sum_{i=1}^{n} \varphi(x_i, y_i, z_i)\Delta x_i \tag{6.3}$$

として定義されます．そして，ある τ_i $(t_{i-1} \leqq \tau_i \leqq t_i)$ が平均値の定理より

$$x(t_i) - x(t_{i-1}) = \frac{\mathrm{d}x(\tau_i)}{\mathrm{d}t}(t_i - t_{i-1}) \quad \text{すなわち} \quad \Delta x_i = \frac{\mathrm{d}x(\tau_i)}{\mathrm{d}t}\Delta t_i$$

を満たします．よって (6.3) の (x_i, y_i, z_i) は任意だから

$$(6.3)\text{ の右辺} = \lim_{\substack{n \to \infty \\ \Delta x \to 0}} \sum_{i=1}^{n} \varphi(x(\tau_i), y(\tau_i), z(\tau_i))\frac{\mathrm{d}x(\tau_i)}{\mathrm{d}t}\Delta t_i = \int_a^b \varphi(x, y, z)\frac{\mathrm{d}x}{\mathrm{d}t}\mathrm{d}t$$

となるので，x に関する線積分は

$$\int_{\mathrm{C}} \varphi(x, y, z)\,\mathrm{d}x = \int_a^b \varphi(x, y, z)\,\frac{\mathrm{d}x}{\mathrm{d}t}\,\mathrm{d}t \tag{6.4}$$

と表せます．同じように y に関する線積分は

$$\int_{\mathrm{C}} \varphi(x, y, z)\,\mathrm{d}y = \int_a^b \varphi(x, y, z)\,\frac{\mathrm{d}y}{\mathrm{d}t}\,\mathrm{d}t \tag{6.5}$$

と表せ，z に関する線積分は

$$\int_{\mathrm{C}} \varphi(x, y, z)\,\mathrm{d}z = \int_a^b \varphi(x, y, z)\,\frac{\mathrm{d}z}{\mathrm{d}t}\,\mathrm{d}t \tag{6.6}$$

と表せます．これらはベクトルの形で

$$\int_{\mathrm{C}} \varphi(x, y, z)\,\mathrm{d}\boldsymbol{r} = \left(\int_{\mathrm{C}} \varphi(x, y, z)\,\mathrm{d}x,\ \int_{\mathrm{C}} \varphi(x, y, z)\,\mathrm{d}y,\ \int_{\mathrm{C}} \varphi(x, y, z)\,\mathrm{d}z\right)$$

とまとめて表すこともあります．また，Cの単位接線ベクトルを $\boldsymbol{t}$ としたとき，p.140 (5.7) から

$$\int_{\mathrm{C}} \varphi(x, y, z)\,\mathrm{d}\boldsymbol{r} = \int_{\mathrm{C}} \varphi(x, y, z)\,\boldsymbol{t}\,\mathrm{d}s$$

が成り立ちます．

例題 6.2：　曲線 C: $\boldsymbol{r} = (\cos t, \sin t, t)$ $(0 \leqq t \leqq 2\pi)$ に沿ってスカラー場 $\varphi(x, y, z) = z$ の

曲線弧長 s に関する線積分 $\displaystyle\int_{\mathrm{C}} \varphi(x, y, z)\, \mathrm{d}s$,

x に関する線積分 $\displaystyle\int_{\mathrm{C}} \varphi(x, y, z)\, \mathrm{d}x$,

y に関する線積分 $\displaystyle\int_{\mathrm{C}} \varphi(x, y, z)\, \mathrm{d}y$,

z に関する線積分 $\displaystyle\int_{\mathrm{C}} \varphi(x, y, z)\, \mathrm{d}z$

を求めなさい.

……………………………………………………………………

解：　C 上では，$\varphi = z = t$, $(x, y, z) = \boldsymbol{r} = (\cos t, \sin t, t)$,

$\left(\dfrac{\mathrm{d}x}{\mathrm{d}t}, \dfrac{\mathrm{d}y}{\mathrm{d}t}, \dfrac{\mathrm{d}z}{\mathrm{d}t}\right) = \dfrac{\mathrm{d}\boldsymbol{r}}{\mathrm{d}t} = (-\sin t, \cos t, 1)$ だから

$$\int_{\mathrm{C}} \varphi\, \mathrm{d}s = \int_0^{2\pi} \varphi \frac{\mathrm{d}s}{\mathrm{d}t} \mathrm{d}t = \int_0^{2\pi} \varphi \left|\frac{\mathrm{d}\boldsymbol{r}}{\mathrm{d}t}\right| \mathrm{d}t = \int_0^{2\pi} t\sqrt{(-\sin t)^2 + \cos^2 t + 1^2} \mathrm{d}t$$

$$= \int_0^{2\pi} t\sqrt{2} \mathrm{d}t = \sqrt{2}\left[\frac{t^2}{2}\right]_0^{2\pi} = 2\sqrt{2}\pi^2.$$

$$\int_{\mathrm{C}} \varphi\, \mathrm{d}x = \int_0^{2\pi} \varphi \frac{\mathrm{d}x}{\mathrm{d}t} \mathrm{d}t = \int_0^{2\pi} t(-\sin t) \mathrm{d}t = \Big[t\cos t - \sin t\Big]_0^{2\pi} = 2\pi.$$

$$\int_{\mathrm{C}} \varphi\, \mathrm{d}y = \int_0^{2\pi} \varphi \frac{\mathrm{d}y}{\mathrm{d}t} \mathrm{d}t = \int_0^{2\pi} t\cos t \mathrm{d}t = \Big[t\sin t + \cos t\Big]_0^{2\pi} = 0.$$

$$\int_{\mathrm{C}} \varphi\, \mathrm{d}z = \int_0^{2\pi} \varphi \frac{\mathrm{d}z}{\mathrm{d}t} \mathrm{d}t = \int_0^{2\pi} t \mathrm{d}t = 2\pi^2.$$

■**練習問題 6.3**　曲線 C：$\boldsymbol{r} = (\cos\theta, \sin\theta, \theta)$ $(0 \leqq \theta \leqq \pi)$ に沿ってスカラー場 $\varphi(x, y, z) = x^2 + y$ の，曲線弧長 s に関する線積分 $\displaystyle\int_{\mathrm{C}} \varphi(x, y, z)\, \mathrm{d}s$, x に関する線積分 $\displaystyle\int_{\mathrm{C}} \varphi(x, y, z)\, \mathrm{d}x$, y に関する線積分 $\displaystyle\int_{\mathrm{C}} \varphi(x, y, z)\, \mathrm{d}y$, z に関する線積分 $\displaystyle\int_{\mathrm{C}} \varphi(x, y, z)\, \mathrm{d}z$ を求めなさい.

❺ スカラー場の線積分の性質

複数の滑らかな曲線 C_i $(i = 1, 2, \cdots, n)$ がつながって曲線 C ができているとき，スカラー場 φ の線積分では

$$\int_{\mathrm{C}} \varphi \, \mathrm{d}s = \int_{\mathrm{C}_1} \varphi \, \mathrm{d}s + \int_{\mathrm{C}_2} \varphi \, \mathrm{d}s + \cdots + \int_{\mathrm{C}_n} \varphi \, \mathrm{d}s$$

が成り立ちます．

また，C を逆に向かう曲線を $-\mathrm{C}$ で表すとき，スカラー場 φ の線積分では

$$\int_{-\mathrm{C}} \varphi \, \mathrm{d}s = -\int_{\mathrm{C}} \varphi \, \mathrm{d}s$$

が成り立ちます．

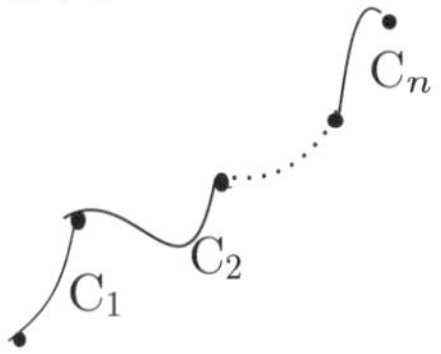

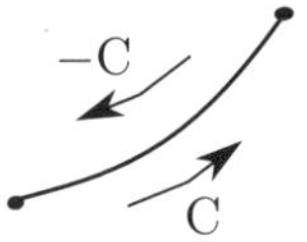

例題 6.3： $(0,0,0), (1,0,0), (1,2,0), (1,2,2)$ を順に結ぶ折れ線を C としたとき，C に沿うスカラー場 $\varphi = xyz$ の線積分を求めなさい．

…………………………………………………………………………

解： $(0,0,0), (1,0,0)$ を結ぶ線分を C_1，$(1,0,0), (1,2,0)$ を結ぶ線分を C_2，$(1,2,0)$, $(1,2,2)$ を結ぶ線分を C_3 とします．すると，$\mathrm{C}_1, \mathrm{C}_2, \mathrm{C}_3$ をつなげれば C になります．そして，C_1 上と C_2 上では $\varphi = xyz = 0$ です．また，C_3 は $\boldsymbol{r} = (1, 2, t)$ $(0 \leqq t \leqq 2)$ と表され，C_3 上では $\varphi = xyz = 2t$, $\left|\dfrac{\mathrm{d}\boldsymbol{r}}{\mathrm{d}t}\right| = |(0,0,1)| = 1$ です．よって，求める線積分は

$$\begin{aligned}
\int_{\mathrm{C}} \varphi \, \mathrm{d}s &= \int_{\mathrm{C}_1+\mathrm{C}_2+\mathrm{C}_3} \varphi \, \mathrm{d}s \\
&= \int_{\mathrm{C}_1} \varphi \, \mathrm{d}s + \int_{\mathrm{C}_2} \varphi \, \mathrm{d}s + \int_{\mathrm{C}_3} \varphi \, \mathrm{d}s \\
&= \int_{\mathrm{C}_1} 0 \, \mathrm{d}s + \int_{\mathrm{C}_2} 0 \, \mathrm{d}s + \int_0^2 2t \left|\frac{\mathrm{d}\boldsymbol{r}}{\mathrm{d}t}\right| \mathrm{d}t \\
&= \int_0^2 2t \, \mathrm{d}t = \Big[t^2\Big]_0^2 = 4 \quad \text{です．}
\end{aligned}$$

§6.2 ベクトル場の線積分

❶ 曲線に沿ってのベクトル場の線積分

ベクトル場に対してはいろいろな線積分が考えられますが，ベクトル関数と単位接線ベクトルとの内積の積分がよく使われます．

ベクトル a の
接線方向成分 $a \cdot t$ を
曲線 C に沿って積分

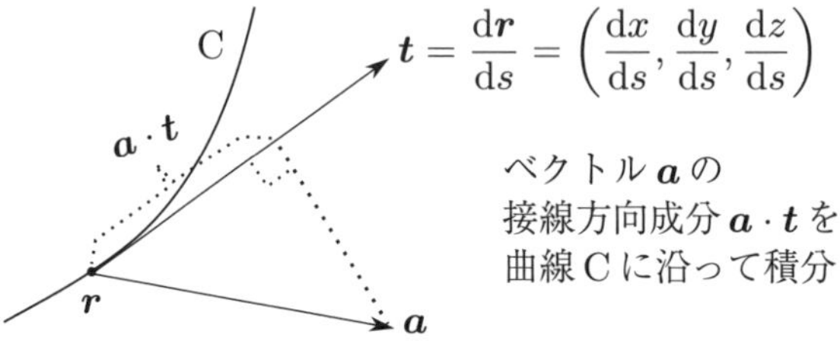

> **定義 6.2** 曲線に沿ってのベクトル場の線積分
>
> ベクトル場 $a = (a_x, a_y, a_z)$ 内にある曲線 C 上の位置ベクトルを，曲線の長さ（弧長）s をパラメータとして $r(s) = (x(s), y(s), z(s))$ で表すとき，ベクトル場 a の曲線 C に沿っての線積分は
> $$\begin{aligned}\int_C a \cdot t \, ds &= \int_C (a_x, a_y, a_z) \cdot \left(\frac{dx}{ds}, \frac{dy}{ds}, \frac{dz}{ds}\right) ds \\ &= \int_C \left(a_x \frac{dx}{ds} + a_y \frac{dy}{ds} + a_z \frac{dz}{ds}\right) ds \\ &= \int_C (a_x dx + a_y dy + a_z dz) \\ &= \int_C a \cdot dr\end{aligned}$$
> で定義されます．なお，dr は $dr = (dx, dy, dz)$ を表します．

また，r が一般のパラメータ t で $r = r(t)$ $(a \leqq t \leqq b)$ と表されるときには

$$\int_C a \cdot t \, ds = \int_C a \cdot dr = \int_a^b a \cdot \frac{dr}{dt} dt \tag{6.7}$$

のように計算できます．

例題 6.4： 曲線 C: $\boldsymbol{r}(\theta) = (\cos\theta, \sin\theta, \theta) \quad (0 \leqq \theta \leqq \pi)$ に沿って
ベクトル場 $\boldsymbol{a} = (-y, z, x)$ の線積分を求めなさい.

解： C 上では $\boldsymbol{a} = (-y, z, x) = (-\sin\theta, \theta, \cos\theta)$,
$\dfrac{\mathrm{d}\boldsymbol{r}}{\mathrm{d}\theta} = (-\sin\theta, \cos\theta, 1)$ です. よって

$$\begin{aligned}
\int_{\mathrm{C}} \boldsymbol{a}\cdot \mathrm{d}\boldsymbol{r} &= \int_0^{\pi} \boldsymbol{a}\cdot\frac{\mathrm{d}\boldsymbol{r}}{\mathrm{d}\theta}\,\mathrm{d}\theta \\
&= \int_0^{\pi} (-\sin\theta, \theta, \cos\theta)\cdot(-\sin\theta, \cos\theta, 1)\,\mathrm{d}\theta \\
&= \int_0^{\pi} (\sin^2\theta + \theta\cos\theta + \cos\theta)\,\mathrm{d}\theta \\
&= \int_0^{\pi} \left(\frac{1-\cos 2\theta}{2} + \theta\cos\theta + \cos\theta\right)\mathrm{d}\theta \\
&= \left[\frac{\theta}{2} - \frac{\sin 2\theta}{4} + \theta\sin\theta + \cos\theta + \sin\theta\right]_0^{\pi} = \frac{\pi}{2} - 2
\end{aligned}$$

です.

■**練習問題 6.4**　つぎの曲線 $\mathrm{C}_1, \mathrm{C}_2$ に沿ってベクトル場 $\boldsymbol{a} = (y, -z, x)$ の線積分を求めなさい.

(1) $\mathrm{C}_1 : \boldsymbol{r}(t) = (2t, t^2, t)\ (0 \leqq t \leqq 1)$　(2) $\mathrm{C}_2 : \boldsymbol{r}(t) = (2t^2, t, t^2)\ (0 \leqq t \leqq 1)$

❷ 曲線上の仕事を線積分で求める

直線に沿って大きさ f の力が加わり距離 s だけ点を移動させたとき, 力がなした仕事 W は力の大きさ f と移動距離 s の積, すなわち

$$W = fs$$

で求まります.

また, 力が加わる方向と, 点が移動した方向が 1 つの直線上でなく, 2 つの間に角度 θ があるときには, 力の大きさと方向をベクトル $\boldsymbol{f}$ で表し, 移動した距離と方向をベクトル $\boldsymbol{s}$ で表すと, 力がなした仕事 W は

$$W = |\boldsymbol{f}||\boldsymbol{s}|\cos\theta = \boldsymbol{f}\cdot\boldsymbol{s}$$

であり，移動方向への力の成分 $|\boldsymbol{f}|\cos\theta$ と移動距離 $|\boldsymbol{s}|$ の積として求まります．

つぎに点が曲線C上を移動する場合を考えましょう．まず，139ページで曲線の長さを求めたときと同じように n 本に分割した線分で曲線を近似します．すると，各線分に沿う移動を $\Delta\boldsymbol{s}_i$，各線分での力を $\boldsymbol{f}_i$ で表すと，曲線上を移動させる仕事 W は

$$W \fallingdotseq \sum_{i=1}^{n} \boldsymbol{f}_i \cdot \Delta\boldsymbol{s}_i$$

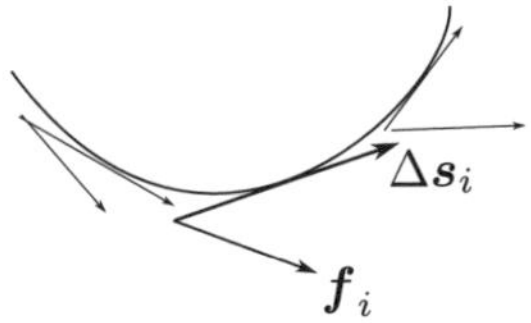

のように各線分での仕事の総和で近似できます．そして，$n \to \infty$ として分割を無限に細かくすると，$\Delta\boldsymbol{s}_i$ は $\mathrm{d}\boldsymbol{s}$ に，$\sum$ は $\int$ に変わり，

$$W = \int_{\mathrm{C}} \boldsymbol{f} \cdot \mathrm{d}\boldsymbol{s}$$

のように曲線上の仕事が線積分によって求まります．

❸　ベクトル場の線積分の性質

曲線の分割や向きについて，スカラー場の線積分の性質 (p.183) と同じことが成り立ちます．すなわち，複数の滑らかな曲線 C_i $(i = 1, 2, .., n)$ がつながって曲線Cができているとき，ベクトル場 $\boldsymbol{a}$ の線積分では

$$\int_{\mathrm{C}} \boldsymbol{a} \cdot \mathrm{d}\boldsymbol{r} = \int_{\mathrm{C}_1} \boldsymbol{a} \cdot \mathrm{d}\boldsymbol{r} + \int_{\mathrm{C}_2} \boldsymbol{a} \cdot \mathrm{d}\boldsymbol{r} + \cdots + \int_{\mathrm{C}_n} \boldsymbol{a} \cdot \mathrm{d}\boldsymbol{r} \qquad (6.8)$$

が成り立ちます．また，Cを逆に向かう曲線を $-\mathrm{C}$ で表すとき，ベクトル場 $\boldsymbol{a}$ の線積分では

$$\int_{-\mathrm{C}} \boldsymbol{a} \cdot \mathrm{d}\boldsymbol{r} = -\int_{\mathrm{C}} \boldsymbol{a} \cdot \mathrm{d}\boldsymbol{r} \qquad (6.9)$$

が成り立ちます．

例題 6.5：

ベクトル場 $\boldsymbol{a} = (x, x+y, z)$ 内に曲線

$\mathrm{C}_1 : \boldsymbol{r}(t) = (t, 0, 0) \quad (-1 \leqq t \leqq 1)$

$\mathrm{C}_2 : \boldsymbol{r}(t) = (\cos t, \sin t, 0) \quad (0 \leqq t \leqq \pi)$

があります．このとき線積分

$\displaystyle\int_{\mathrm{C}_1+\mathrm{C}_2} \boldsymbol{a} \cdot \mathrm{d}\boldsymbol{r}$ を求めなさい．

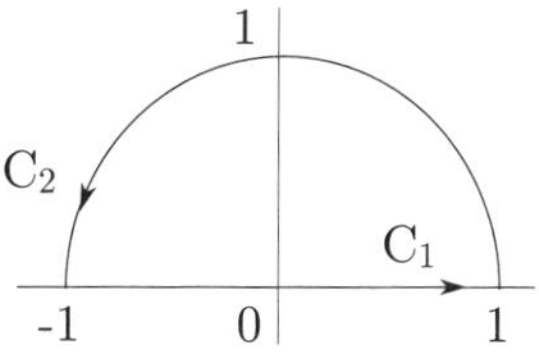

解：　C_1 上では $\boldsymbol{a} = (x, x+y, z) = (t, t, 0)$, $\dfrac{\mathrm{d}\boldsymbol{r}}{\mathrm{d}t} = (1, 0, 0)$ だから

$$\begin{aligned}\int_{\mathrm{C}_1} \boldsymbol{a} \cdot \mathrm{d}\boldsymbol{r} &= \int_{-1}^{1} \boldsymbol{a} \cdot \frac{\mathrm{d}\boldsymbol{r}}{\mathrm{d}t}\,\mathrm{d}t \\ &= \int_{-1}^{1} (t, t, 0) \cdot (1, 0, 0)\,\mathrm{d}t \\ &= \int_{-1}^{1} t\,\mathrm{d}t = 0 \quad \text{です．}\end{aligned}$$

C_2 上では $\boldsymbol{a} = (\cos t, \cos t + \sin t, 0)$, $\quad \dfrac{\mathrm{d}\boldsymbol{r}}{\mathrm{d}t} = (-\sin t, \cos t, 0)$ だから

$$\begin{aligned}\int_{\mathrm{C}_2} \boldsymbol{a} \cdot \mathrm{d}\boldsymbol{r} &= \int_{0}^{\pi} \boldsymbol{a} \cdot \frac{\mathrm{d}\boldsymbol{r}}{\mathrm{d}t}\,\mathrm{d}t \\ &= \int_{0}^{\pi} (\cos t, \cos t + \sin t, 0) \cdot (-\sin t, \cos t, 0)\,\mathrm{d}t \\ &= \int_{0}^{\pi} \cos^2 t\,\mathrm{d}t \\ &= \int_{0}^{\pi} \frac{1 + \cos 2t}{2}\,\mathrm{d}t \\ &= \left[\frac{t}{2} + \frac{\sin 2t}{4}\right]_0^{\pi} = \frac{\pi}{2} \quad \text{です．}\end{aligned}$$

よって $\displaystyle\int_{\mathrm{C}_1+\mathrm{C}_2} \boldsymbol{a} \cdot \mathrm{d}\boldsymbol{r} = \int_{\mathrm{C}_1} \boldsymbol{a} \cdot \mathrm{d}\boldsymbol{r} + \int_{\mathrm{C}_2} \boldsymbol{a} \cdot \mathrm{d}\boldsymbol{r} = \frac{\pi}{2}$ 　です．

■**練習問題 6.5**　ベクトル場 $\boldsymbol{a} = (\sin x, \sin y, \sin z)$ 内にある曲線 C を，原点 $(0, 0, 0)$, 点 $(\pi, 0, 0)$, 点 $(\pi, 2\pi, 3\pi)$, 原点 $(0, 0, 0)$ をこの順に結ぶ線分とします．このとき C に沿った線積分 $\displaystyle\int_{\mathrm{C}} \boldsymbol{a} \cdot \mathrm{d}\boldsymbol{r}$ を求めなさい．

❹ 勾配の線積分

関数 $f(x)$ が $F(x)$ の微分，すなわち

$$f(x) = \frac{\mathrm{d}}{\mathrm{d}x}F(x)$$

になっているときには，

$$\int_{\mathrm{A}}^{\mathrm{B}} f(x)\,\mathrm{d}x = F(\mathrm{B}) - F(\mathrm{A})$$

であり，積分区間の両端での値だけで定積分の値が決まりました．

同じように，ベクトル場 $\boldsymbol{a}(x, y, z)$ がスカラー場 $\varphi(x, y, z)$ の勾配，すなわち

$$\boldsymbol{a} = \nabla\varphi$$

になっているときには，始点 A から終点 B に至る曲線 C に沿う接線線積分は

$$\begin{aligned}
\int_{\mathrm{C}} \nabla\varphi \cdot \mathrm{d}\boldsymbol{r} &= \int_{\mathrm{A}}^{\mathrm{B}} \left(\frac{\partial\varphi}{\partial x}, \frac{\partial\varphi}{\partial y}, \frac{\partial\varphi}{\partial z}\right) \cdot (\mathrm{d}x, \mathrm{d}y, \mathrm{d}z) \\
&= \int_{\mathrm{A}}^{\mathrm{B}} \left(\frac{\partial\varphi}{\partial x}\mathrm{d}x + \frac{\partial\varphi}{\partial y}\mathrm{d}y + \frac{\partial\varphi}{\partial z}\mathrm{d}z\right) \qquad \text{(　) 内は全微分 } \mathrm{d}\varphi \text{ だから} \\
&= \int_{\mathrm{A}}^{\mathrm{B}} \mathrm{d}\varphi \\
&= \varphi(\mathrm{B}) - \varphi(\mathrm{A}) \qquad (6.10)
\end{aligned}$$

であり，曲線 C の経路にかかわらず両端の値だけで値が決まります．

ただし，任意のベクトル場 $\boldsymbol{a}$ にたいして $\boldsymbol{a} = \nabla\varphi$ となるスカラー場 φ が必ずしも存在するとは限りません．

❺ 閉曲線の向き

始点と終点が同じである曲線では向きをどのように決めるのでしょう．

定義 6.3　閉曲線の向き

始点と終点が一致する曲線を**閉曲線**といいます．
そして，**閉曲線の向き**は閉曲線が囲む領域 (表側) を左側に見ながら進む方向を正とします．

§6.3 ベクトル場とスカラーポテンシャル

定義 6.4 スカラーポテンシャル

ベクトル場 $\boldsymbol{a}$ にたいして

$$\boldsymbol{a} = \nabla\varphi$$

となるスカラー場 φ が存在するとき，φ をベクトル場 $\boldsymbol{a}$ の**スカラーポテンシャル**，あるいは単にポテンシャルといいます．そして，スカラーポテンシャルをもつベクトル場を**保存場**といいます．

保存場の例として，万有引力，重力，弾性力，静電気力などが物理学で登場します．物理学では，ベクトル場 $\boldsymbol{a}$ にたいして

$$\boldsymbol{a} = -\nabla\varphi$$

となるスカラー場 φ が存在するときに，φ をスカラーポテンシャルということがよくあります．ポテンシャル φ の勾配 $\nabla\varphi$ に $-$ をつけることで，ポテンシャルの高いほうから低いほうへの方向を表します．これは，勾配の方向とは逆ですが，万有引力などの力の働く方向とは一致します．

いま，点 A から B に至る曲線を C とします．このとき，$\boldsymbol{a} = \nabla\varphi$ となる φ にたいして

$$\int_{\mathrm{C}} \nabla\varphi \cdot \mathrm{d}\boldsymbol{r} \underset{(6.10)}{=} \varphi(\mathrm{B}) - \varphi(\mathrm{A}),$$

$\boldsymbol{a} = -\nabla\varphi$ となる φ にたいして

$$\int_{\mathrm{C}} (-\nabla\varphi) \cdot \mathrm{d}\boldsymbol{r} = \varphi(\mathrm{A}) - \varphi(\mathrm{B})$$

が成り立ちます．

そして，A=B，すなわち C が閉曲線のときには，$\varphi(\mathrm{A}) = \varphi(\mathrm{B})$ から

$\oint_{\mathrm{C}} \nabla\varphi \cdot \mathrm{d}\boldsymbol{r} = \oint_{\mathrm{C}} (-\nabla\varphi) \cdot \mathrm{d}\boldsymbol{r} = 0$ となります．

なお，このような閉曲線上の積分は**周回積分**といい，閉曲線の正の向きに沿って一回り積分します．周回積分では $\int$ の代わりに $\oint$ の記号がよく用いられます．

§6.4　応用：重力場とポテンシャル

ベクトル場の例として重力場があります．空間内に質量があると**重力場**が生じます。いま，質量 M をもつ点Mがあり，万有引力定数をG，点Mを始点として空間内の点を終点とするベクトルを $\boldsymbol{r}$，$r = |\boldsymbol{r}|$ とすると，重力場 $\boldsymbol{C}$ は

$$\boldsymbol{C} \ = \ \boldsymbol{C}(\boldsymbol{r}) \ = \ -\mathrm{G}\frac{M}{r^2}\,\frac{\boldsymbol{r}}{r}$$

で表せます．$\boldsymbol{C}$ は，$\boldsymbol{r}$ によって変わるベクトル場であり，大きさは $\mathrm{G}\dfrac{M}{r^2}$ で，点Mのほうを向いています．

この重力場に質量 m をもつ点mを置くと，(質量)×(重力場)，すなわち

$$\boldsymbol{f} \ = \ m\boldsymbol{C} \ = \ -\mathrm{G}\frac{Mm}{r^2}\,\frac{\boldsymbol{r}}{r}$$

となる引力 $\boldsymbol{f}$ が働きます．

そして，重力場 $\boldsymbol{C}$ はポテンシャル

$$\varphi \ = \ -\mathrm{G}\frac{M}{r}$$

をもちます．実際，

$$-\nabla\varphi = -\nabla(-\mathrm{G}\frac{M}{r}) = \mathrm{G}M\nabla\frac{1}{r} \underset{\text{p.150 (5.12)}}{=} \mathrm{G}M\,(-\frac{\boldsymbol{r}}{r^3}) = \boldsymbol{C}$$

が成り立ちます．よって，重力場は保存場です．

そして，重力場のポテンシャル φ の値は，点M $(r = 0)$ で $-\infty$ であり r の値とともに増加し無限遠 $(r = \infty)$ では0です．そして，ポテンシャルの勾配の向きを逆にしたベクトル $(-\nabla\varphi)$ が重力場 $\boldsymbol{C}$ に一致します．

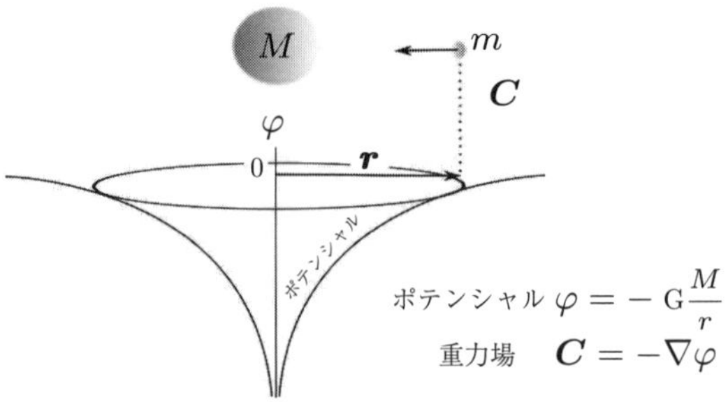

§6.5　スカラー場の面積分

スカラー関数，あるいはベクトル関数の値を線積分では曲線上で足し合わせてきました．つぎは曲面上で足し合わせましょう．

❶　スカラー場 φ の曲面 S 上での面積分

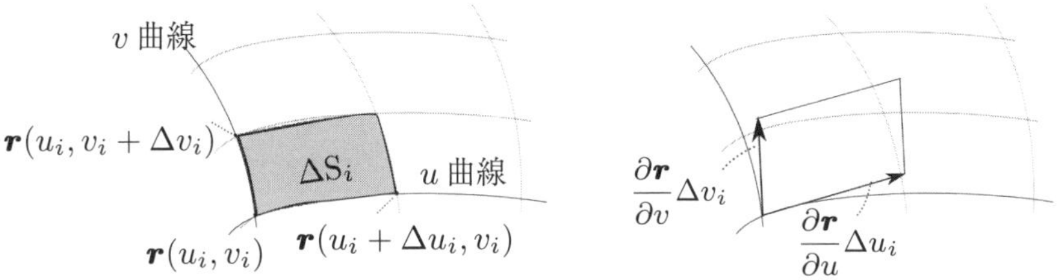

曲面上のスカラー量をすべて足し合わせるのがスカラー場の面積分です．いま，曲面 S がある領域 D 内のパラメータ u, v を用いて位置ベクトル

$$\boldsymbol{r} = \boldsymbol{r}(u, v) = (x(u, v), y(u, v), z(u, v)) \tag{6.11}$$

で表されていて，曲面 S 上でスカラー場

$$\varphi(u, v) = \varphi(x(u, v), y(u, v), z(u, v))$$

が定義されているとします．そして，$\boldsymbol{r}$ および φ が定義されている u, v の領域（定義域）を D とします．

このとき，v を固定して u だけを変化させたとき $\boldsymbol{r}$ が S 上で描く曲線を u **曲線**といい，u を固定して v だけを変化させたとき描く曲線を v **曲線**といいます．

いま，u 曲線と v 曲線で n 個の曲面 $\Delta \mathrm{S}_i$ $(i = 1, \cdots, n)$ に S を分割します．なお，曲面 $\Delta \mathrm{S}_i$ の面積は ΔS_i で表すことにして，ΔS_i の最大を ΔS とします．また，(u_i, v_i) での u 曲線の接線の傾きは $\dfrac{\partial \boldsymbol{r}}{\partial u}$，$v$ 曲線の接線の傾きは $\dfrac{\partial \boldsymbol{r}}{\partial v}$ であり，

$$\boldsymbol{r}(u_i + \Delta u_i, v_i) - \boldsymbol{r}(u_i, v_i) \fallingdotseq \frac{\partial \boldsymbol{r}}{\partial u}\Delta u_i,$$
$$\boldsymbol{r}(u_i, v_i + \Delta u_i) - \boldsymbol{r}(u_i, v_i) \fallingdotseq \frac{\partial \boldsymbol{r}}{\partial v}\Delta v_i$$

ですので，(u_i, v_i) における接平面上の平行四辺形の面積で面積 ΔS_i を近似します．平行四辺形の面積は上の 2 つのベクトルの外積の大きさなので，

$$\Delta S_i \fallingdotseq \left|\frac{\partial \boldsymbol{r}}{\partial u}\Delta u_i \times \frac{\partial \boldsymbol{r}}{\partial v}\Delta v_i\right| = \left|\frac{\partial \boldsymbol{r}}{\partial u} \times \frac{\partial \boldsymbol{r}}{\partial v}\right| \Delta u_i \Delta v_i \tag{6.12}$$

です．そして，各曲面 $\Delta \mathrm{S}_i$ 上のスカラー値をたし合わせたものを，$\varphi(u_i, v_i)$ と ΔS_i の積 $\varphi(u_i, v_i)\Delta S_i$ で近似します．

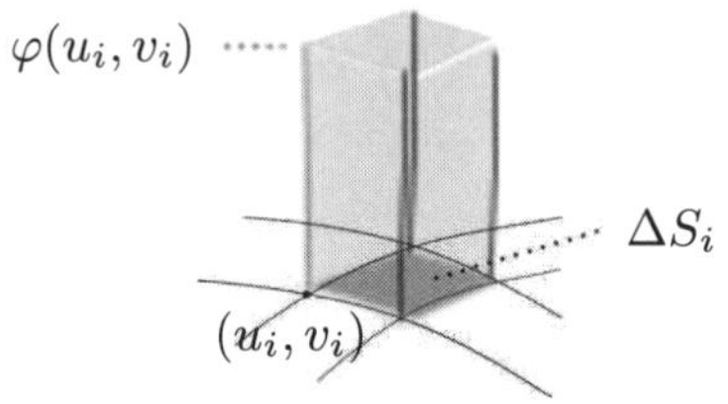

これをS上のすべての曲面について加えると

$$\sum_{i=1}^{n} \varphi(u_i, v_i)\Delta S_i \fallingdotseq \sum_{i=1}^{n} \varphi(u_i, v_i) \left|\frac{\partial \boldsymbol{r}}{\partial u} \times \frac{\partial \boldsymbol{r}}{\partial v}\right| \Delta u_i \Delta v_i \tag{6.13}$$

となり，S上の面積分の近似になります．そして，$n \to \infty$, $\Delta S \to 0$ として曲面の分割を細かくすれば，(6.12) は極限として

$$\mathrm{d}S = \left|\frac{\partial \boldsymbol{r}}{\partial u}\mathrm{d}u \times \frac{\partial \boldsymbol{r}}{\partial v}\mathrm{d}v\right| = \left|\frac{\partial \boldsymbol{r}}{\partial u} \times \frac{\partial \boldsymbol{r}}{\partial v}\right| \mathrm{d}u\mathrm{d}v \tag{6.14}$$

で表され，(6.13) は

$$\int_{\mathrm{S}} \varphi(u, v)\,\mathrm{d}S = \iint_{\mathrm{D}} \varphi(u, v) \left|\frac{\partial \boldsymbol{r}}{\partial u} \times \frac{\partial \boldsymbol{r}}{\partial v}\right| \mathrm{d}u\mathrm{d}v$$

で表されます．よって，スカラー場の面積分は，つぎのように定義され，2重積分で計算できるようになります．

定義 6.5　**スカラー場の面積分**

定義域をDとしてパラメータ u, v によって曲面Sが表され，曲面S上にスカラー場 $\varphi(u, v)$ が定義されているとします．このとき

$$\int_{\mathrm{S}} \varphi(u, v)\,\mathrm{d}S = \iint_{\mathrm{D}} \varphi(u, v) \left|\frac{\partial \boldsymbol{r}}{\partial u} \times \frac{\partial \boldsymbol{r}}{\partial v}\right| \mathrm{d}u\mathrm{d}v \tag{6.15}$$

をスカラー場 φ の**曲面S上の面積分**といいます．

❷ xy, yz, および zx に関する面積分

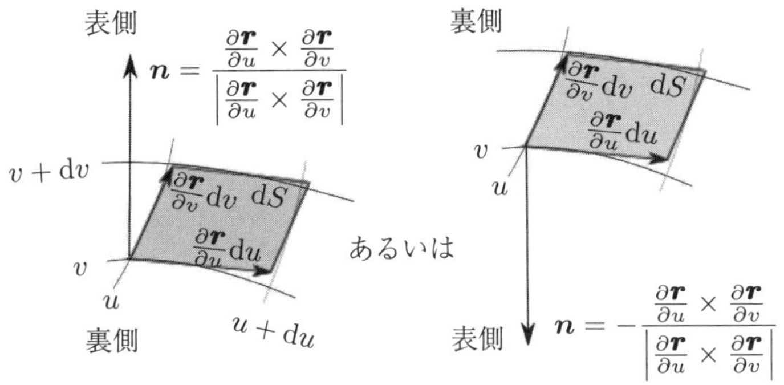

式(6.14)の $\mathrm{d}S$ は $\dfrac{\partial \boldsymbol{r}}{\partial u}\mathrm{d}u$ と $\dfrac{\partial \boldsymbol{r}}{\partial v}\mathrm{d}v$ が形作る平行四辺形の面積であり**面積素**といいます．ここで，$\dfrac{\partial \boldsymbol{r}}{\partial u}$ は u 曲線の接線ベクトルであり，$\dfrac{\partial \boldsymbol{r}}{\partial v}$ は v 曲線の接線ベクトルですので，$\boldsymbol{r}(u, v)$ における曲面Sの単位法線ベクトル $\boldsymbol{n}$ は

$$\boldsymbol{n} = \frac{\partial \boldsymbol{r}}{\partial u} \times \frac{\partial \boldsymbol{r}}{\partial v} \Big/ \left|\frac{\partial \boldsymbol{r}}{\partial u} \times \frac{\partial \boldsymbol{r}}{\partial v}\right| \text{か} \quad \boldsymbol{n} = -\frac{\partial \boldsymbol{r}}{\partial u} \times \frac{\partial \boldsymbol{r}}{\partial v} \Big/ \left|\frac{\partial \boldsymbol{r}}{\partial u} \times \frac{\partial \boldsymbol{r}}{\partial v}\right| \text{か} \tag{6.16}$$

＋か－かの2とおりが考えられます．そこで，状況に応じて曲面の表裏を定めて，裏から表へ向かう**外向き**の単位法線ベクトルを(6.16)から選び $\boldsymbol{n}$ で表し，もう一方は**内向き**であり $-\boldsymbol{n}$ と表します．なお，$\boldsymbol{n}$ の変化は曲面上で連続であると仮定します．ですから，この点ではこっち向きが＋，でもすぐ横では反対向きが＋というのは，なしです．また，表裏が定められないような曲面は扱わないことにします．ここで，(6.11)から

$$\begin{aligned}
\frac{\partial \boldsymbol{r}}{\partial u} \times \frac{\partial \boldsymbol{r}}{\partial v} &= \begin{vmatrix} \boldsymbol{i} & \boldsymbol{j} & \boldsymbol{k} \\ \dfrac{\partial x}{\partial u} & \dfrac{\partial y}{\partial u} & \dfrac{\partial z}{\partial u} \\ \dfrac{\partial x}{\partial v} & \dfrac{\partial y}{\partial v} & \dfrac{\partial z}{\partial v} \end{vmatrix} \\
&= \left(\begin{vmatrix} \dfrac{\partial y}{\partial u} & \dfrac{\partial z}{\partial u} \\ \dfrac{\partial y}{\partial v} & \dfrac{\partial z}{\partial v} \end{vmatrix}, \begin{vmatrix} \dfrac{\partial z}{\partial u} & \dfrac{\partial x}{\partial u} \\ \dfrac{\partial z}{\partial v} & \dfrac{\partial x}{\partial v} \end{vmatrix}, \begin{vmatrix} \dfrac{\partial x}{\partial u} & \dfrac{\partial y}{\partial u} \\ \dfrac{\partial x}{\partial v} & \dfrac{\partial y}{\partial v} \end{vmatrix} \right) \\
&= \left(\frac{\partial(y, z)}{\partial(u, v)}, \frac{\partial(z, x)}{\partial(u, v)}, \frac{\partial(x, y)}{\partial(u, v)} \right)
\end{aligned}$$

となります．このベクトルの各成分は，u, v から x, y, z のうちの2変数へ変数変換し領域をDからSに変換するときのヤコビアン (p.117 定理4.1) です．たとえば，(u, v) から (x, y) への変換は

$$\iint_{\mathrm{S}} \varphi \, \mathrm{d}x\mathrm{d}y = \iint_D \varphi \left(\pm \frac{\partial(x, y)}{\partial(u, v)} \right) \mathrm{d}u\mathrm{d}v$$

で表されます．符号 ± の選択は，(6.16) での符号の選択と一致させ，曲面の表をどちら側にするかで変わります．いま，$\boldsymbol{n}$ が x, y, z 各軸となす角を α, β, γ とすると，$\boldsymbol{n}$ の各成分について，

x 成分では

$$\boldsymbol{i} \cdot \boldsymbol{n} = \cos\alpha = \pm \frac{\partial(y, z)}{\partial(u, v)} \Big/ \left| \frac{\partial \boldsymbol{r}}{\partial u} \times \frac{\partial \boldsymbol{r}}{\partial v} \right|$$

y 成分では

$$\boldsymbol{j} \cdot \boldsymbol{n} = \cos\beta = \pm \frac{\partial(z, x)}{\partial(u, v)} \Big/ \left| \frac{\partial \boldsymbol{r}}{\partial u} \times \frac{\partial \boldsymbol{r}}{\partial v} \right|$$

z 成分では

$$\boldsymbol{k} \cdot \boldsymbol{n} = \cos\gamma = \pm \frac{\partial(x, y)}{\partial(u, v)} \Big/ \left| \frac{\partial \boldsymbol{r}}{\partial u} \times \frac{\partial \boldsymbol{r}}{\partial v} \right|$$

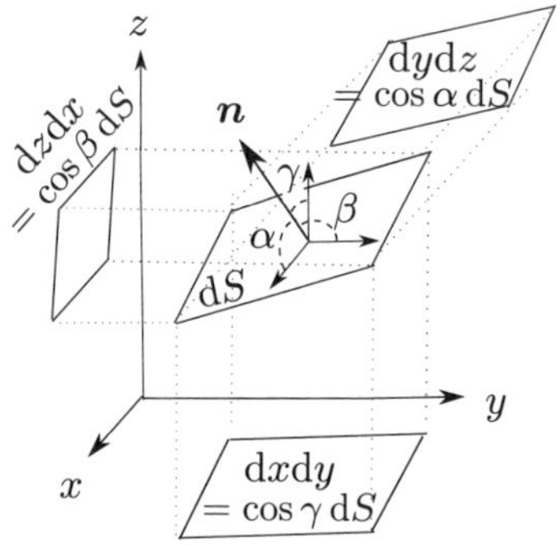

が成り立ちます．符号 ± は (6.16) の符号と一致させます．

さらに，yz, zx, xy 各平面上への面積素 $\mathrm{d}S$ の正射影が各平面上の面積素 $\cos\alpha\,\mathrm{d}S = \mathrm{d}y\mathrm{d}z$，$\cos\beta\,\mathrm{d}S = \mathrm{d}z\mathrm{d}x$，$\cos\gamma\,\mathrm{d}S = \mathrm{d}x\mathrm{d}y$ ですので，

$$\begin{aligned} \boldsymbol{n}\,\mathrm{d}S &= (\boldsymbol{i} \cdot \boldsymbol{n}, \boldsymbol{j} \cdot \boldsymbol{n}, \boldsymbol{k} \cdot \boldsymbol{n})\,\mathrm{d}S = (\cos\alpha, \cos\beta, \cos\gamma)\,\mathrm{d}S \\ &= (\cos\alpha\,\mathrm{d}S, \cos\beta\,\mathrm{d}S, \cos\gamma\,\mathrm{d}S) = (\mathrm{d}y\mathrm{d}z, \mathrm{d}z\mathrm{d}x, \mathrm{d}x\mathrm{d}y) \quad (6.17) \end{aligned}$$

と表せます．また (6.15) から，yz に関する面積分，zx に関する面積分，xy に関する面積分が

$$\begin{aligned} \iint_{\mathrm{S}} \varphi\,\mathrm{d}y\mathrm{d}z &= \iint_{\mathrm{S}} \varphi\,\boldsymbol{i} \cdot \boldsymbol{n}\mathrm{d}S = \iint_{\mathrm{S}} \varphi \cos\alpha \mathrm{d}S = \iint_D \varphi \left(\pm \frac{\partial(y, z)}{\partial(u, v)} \right) \mathrm{d}u\mathrm{d}v \\ \iint_{\mathrm{S}} \varphi\,\mathrm{d}z\mathrm{d}x &= \iint_{\mathrm{S}} \varphi\,\boldsymbol{j} \cdot \boldsymbol{n}\mathrm{d}S = \iint_{\mathrm{S}} \varphi \cos\beta \mathrm{d}S = \iint_D \varphi \left(\pm \frac{\partial(z, x)}{\partial(u, v)} \right) \mathrm{d}u\mathrm{d}v \\ \iint_{\mathrm{S}} \varphi\,\mathrm{d}x\mathrm{d}y &= \iint_{\mathrm{S}} \varphi\,\boldsymbol{k} \cdot \boldsymbol{n}\mathrm{d}S = \iint_{\mathrm{S}} \varphi \cos\gamma \mathrm{d}S = \iint_D \varphi \left(\pm \frac{\partial(x, y)}{\partial(u, v)} \right) \mathrm{d}u\mathrm{d}v \end{aligned}$$

(6.18)

のように導かれます．符号 ± は (6.16) の符号と一致させます．

また，$\boldsymbol{n}$ と同じ向きで面積素 $\mathrm{d}S$ と同じ大きさのベクトルを**面積素ベクトル**と呼び，$\mathrm{d}\boldsymbol{S}$ で表します．すなわち，(6.14) と (6.16) から

$$\mathrm{d}\boldsymbol{S} = \boldsymbol{n}\mathrm{d}S = \pm\frac{\partial \boldsymbol{r}}{\partial u} \times \frac{\partial \boldsymbol{r}}{\partial v}\mathrm{d}u\mathrm{d}v \tag{6.19}$$

が成り立ちます．符号 ± は $\dfrac{\partial \boldsymbol{r}}{\partial u} \times \dfrac{\partial \boldsymbol{r}}{\partial v}$ が外向きのときに ＋，内向きのときに － とします．

この面積素ベクトルを使って (6.18) の 3 つの式をベクトルの形で

$$\iint_{\mathrm{S}} \varphi\,\mathrm{d}\boldsymbol{S} = \iint_{\mathrm{S}} \varphi\,\boldsymbol{n}\mathrm{d}S = \left(\iint_{\mathrm{S}} \varphi\,\mathrm{d}y\mathrm{d}z, \iint_{\mathrm{S}} \varphi\,\mathrm{d}z\mathrm{d}x, \iint_{\mathrm{S}} \varphi\,\mathrm{d}x\mathrm{d}y\right)$$

とまとめて表し，**面積素ベクトルによる面積分**といいます．

❸　曲面積

面積素 $\mathrm{d}S$ を曲面 S 上の全体にわたって加えた

$$\int_{\mathrm{S}} \mathrm{d}S = \iint_{\mathrm{D}} \left|\frac{\partial \boldsymbol{r}}{\partial u} \times \frac{\partial \boldsymbol{r}}{\partial v}\right| \mathrm{d}u\mathrm{d}v \tag{6.20}$$

を曲面 S の**曲面積**といいます．この式は (6.15) で $\varphi(u,v) = 1$ としたものです．

例題 6.6：　定義域が D: $0 \leqq r \leqq 1,\ 0 \leqq \theta \leqq \dfrac{\pi}{2}$ であり $\boldsymbol{r}(r,\theta) = (r\cos\theta, r\sin\theta, \theta)$ で表される曲面を S とします．S の法線ベクトルを z 成分が負になるように定めるとき，スカラー場 $\varphi(x,y,z) = y$ の S における

面積素 $\mathrm{d}S$ に関する面積分 $\int_{\mathrm{S}} \varphi\,\mathrm{d}S$

yz に関する面積分 $\int_{\mathrm{S}} \varphi\,\mathrm{d}y\mathrm{d}z$

zx に関する面積分 $\int_{\mathrm{S}} \varphi\,\mathrm{d}z\mathrm{d}x$

xy に関する面積分 $\int_{\mathrm{S}} \varphi\,\mathrm{d}x\mathrm{d}y$

を求めなさい．

…………………………………………………………………………

解：　S上では，$\varphi = y = r\sin\theta$ であり

$$\frac{\partial \boldsymbol{r}}{\partial r} = (\cos\theta, \sin\theta, 0), \quad \frac{\partial \boldsymbol{r}}{\partial \theta} = (-r\sin\theta, r\cos\theta, 1)$$ だから

$$\frac{\partial \boldsymbol{r}}{\partial r} \times \frac{\partial \boldsymbol{r}}{\partial \theta} = \begin{vmatrix} \boldsymbol{i} & \boldsymbol{j} & \boldsymbol{k} \\ \cos\theta & \sin\theta & 0 \\ -r\sin\theta & r\cos\theta & 1 \end{vmatrix} = (\sin\theta, -\cos\theta, r), \quad \left|\frac{\partial \boldsymbol{r}}{\partial r} \times \frac{\partial \boldsymbol{r}}{\partial \theta}\right| = \sqrt{r^2+1}$$

です．よって面積素 $\mathrm{d}S$ に関する面積分はつぎのように求まります:

$$\begin{aligned}\int_{\mathrm{S}} \varphi \,\mathrm{d}S &= \iint_{\mathrm{D}} \varphi \left|\frac{\partial \boldsymbol{r}}{\partial r} \times \frac{\partial \boldsymbol{r}}{\partial \theta}\right| \mathrm{d}r\mathrm{d}\theta = \iint_{\mathrm{D}} r\sin\theta\sqrt{r^2+1}\,\mathrm{d}r\mathrm{d}\theta \\ &= \int_0^1 r\sqrt{r^2+1}\left(\int_0^{\pi/2} \sin\theta \mathrm{d}\theta\right)\mathrm{d}r = \int_0^1 r\sqrt{r^2+1}\,\mathrm{d}r \\ &= \left[\frac{1}{3}(r^2+1)^{3/2}\right]_0^1 = \frac{2}{3}\sqrt{2} - \frac{1}{3}.\end{aligned}$$

上で求めた $\dfrac{\partial \boldsymbol{r}}{\partial r} \times \dfrac{\partial \boldsymbol{r}}{\partial \theta}$ の z 成分は $r \geqq 0$ ですが，法線ベクトルの z 成分は負であるという問題文の条件を満たすように符号を定めると，法線は

$$-\frac{\partial \boldsymbol{r}}{\partial r} \times \frac{\partial \boldsymbol{r}}{\partial \theta} = \left(-\frac{\partial(y,z)}{\partial(r,\theta)}, -\frac{\partial(z,x)}{\partial(r,\theta)}, -\frac{\partial(x,y)}{\partial(r,\theta)}\right) = (-\sin\theta, \cos\theta, -r)$$

となります．よって，yz, zx, xy に関する面積分はつぎのように求まります:

$$\begin{aligned}\int_{\mathrm{S}} \varphi \,\mathrm{d}y\mathrm{d}z &= \iint_{\mathrm{D}} \varphi \left(-\frac{\partial(y,z)}{\partial(r,\theta)}\right)\mathrm{d}r\mathrm{d}\theta = \iint_{\mathrm{D}} r\sin\theta(-\sin\theta)\mathrm{d}r\mathrm{d}\theta \\ &= \int_0^1 \left(-r\int_0^{\pi/2} \sin^2\theta \,\mathrm{d}\theta\right)\mathrm{d}r = \int_0^1 \left(-r\int_0^{\pi/2} \frac{1-\cos 2\theta}{2}\mathrm{d}\theta\right)\mathrm{d}r \\ &= \int_0^1 (-r)\left[\frac{\theta}{2} - \frac{\sin 2\theta}{4}\right]_0^{\pi/2} \mathrm{d}r = -\frac{\pi}{4}\int_0^1 r\,\mathrm{d}r = -\frac{\pi}{8}.\end{aligned}$$

$$\begin{aligned}\int_{\mathrm{S}} \varphi \,\mathrm{d}z\mathrm{d}x &= \iint_{\mathrm{D}} \varphi \left(-\frac{\partial(z,x)}{\partial(r,\theta)}\right)\mathrm{d}r\mathrm{d}\theta = \iint_{\mathrm{D}} r\sin\theta\,\cos\theta\,\mathrm{d}r\mathrm{d}\theta \\ &= \int_0^1 \left(r\int_0^{\pi/2} \sin\theta\cos\theta\,\mathrm{d}\theta\right)\mathrm{d}r = \int_0^1 r\left[\frac{1}{2}\sin^2\theta\right]_0^{\pi/2}\mathrm{d}r \\ &= \frac{1}{2}\int_0^1 r\,\mathrm{d}r = \frac{1}{4}.\end{aligned}$$

$$\int_{\mathrm{S}} \varphi \,\mathrm{d}x\mathrm{d}y = \iint_{\mathrm{D}} \varphi \left(-\frac{\partial(x,y)}{\partial(r,\theta)}\right)\mathrm{d}r\mathrm{d}\theta = \iint_{\mathrm{D}} r(\sin\theta)(-r)\mathrm{d}r\mathrm{d}\theta$$

$$= \int_0^1 \left(-r^2 \int_0^{\pi/2} \sin\theta\,\mathrm{d}\theta \right) \mathrm{d}r \;= \int_0^1 r^2 \Big[\cos\theta\Big]_0^{\pi/2} \mathrm{d}r$$

$$= \int_0^1 (-r^2)\mathrm{d}r \;=\; -\frac{1}{3}.$$

■練習問題 6.6　平面 S を $2x + 2y + z = 2\ (x, y, z \geqq 0)$ で定まる三角形とし，S の単位法線ベクトル $\boldsymbol{n}$ の z 成分は 0 以上であるとします．

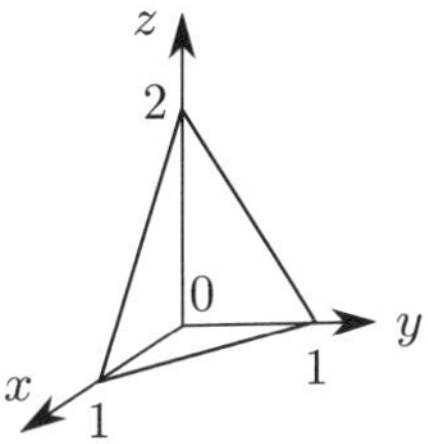

(1) $u = x, v = y$ として S 上の面積分によって S の面積

(2) スカラー場 $\varphi(x, y, z) = x + y + z$ の S 上の面積分

$$\int_{\mathrm{S}} \varphi\,\mathrm{d}S,\ \int_{\mathrm{S}} \varphi\,\mathrm{d}y\mathrm{d}z,\ \int_{\mathrm{S}} \varphi\,\mathrm{d}z\mathrm{d}x,\ \int_{\mathrm{S}} \varphi\,\mathrm{d}x\mathrm{d}y$$

を求めなさい．

❹　パラメータ x, y で表されている曲面上のスカラー場の面積分

曲面 S が $z = f(x, y)$ としてパラメータ x, y で表されるときにスカラー場 $\varphi(x, y, z)$ の面積分を求めることにします．

そのためは，パラメータを u, v として $u = x, v = y$, 曲面上の位置ベクトルを $\boldsymbol{r} = \boldsymbol{r}(u, v) = (u, v, f(u, v))$ とすれば，これまでと同じようにして面積分が求まります．でも，つぎのことを知っていると法線ベクトルを少し楽に求められます．

パラメータを x, y として曲面上の位置ベクトルを表すと

$$\boldsymbol{r} = \boldsymbol{r}(x, y) = (x, y, f(x, y))$$

となります．よって

$$\frac{\partial \boldsymbol{r}}{\partial x} = \left(1, 0, \frac{\partial f}{\partial x}\right), \quad \frac{\partial \boldsymbol{r}}{\partial y} = \left(0, 1, \frac{\partial f}{\partial y}\right),$$

$$\frac{\partial \boldsymbol{r}}{\partial x} \times \frac{\partial \boldsymbol{r}}{\partial y} = \begin{vmatrix} \boldsymbol{i} & \boldsymbol{j} & \boldsymbol{k} \\ 1 & 0 & \dfrac{\partial f}{\partial x} \\ 0 & 1 & \dfrac{\partial f}{\partial y} \end{vmatrix} = \left(-\frac{\partial f}{\partial x}, -\frac{\partial f}{\partial y}, 1\right) \tag{6.21}$$

が成り立ち，p.192 (6.14) は

$$\mathrm{d}S = \left|\frac{\partial \boldsymbol{r}}{\partial x} \times \frac{\partial \boldsymbol{r}}{\partial y}\right| \mathrm{d}x\mathrm{d}y = \sqrt{\left(\frac{\partial f}{\partial x}\right)^2 + \left(\frac{\partial f}{\partial y}\right)^2 + 1}\,\mathrm{d}x\mathrm{d}y$$

となります．そして，S上で φ は x, y の関数 $\varphi(x, y, f(x, y))$ として表されるので，p.192 (6.15) から $\mathrm{d}S$ に関する面積分は

$$\int_{\mathrm{S}} \varphi(x, y, f(x, y))\,\mathrm{d}S = \iint_{\mathrm{D}} \varphi(x, y, f(x, y)) \sqrt{\left(\frac{\partial f}{\partial x}\right)^2 + \left(\frac{\partial f}{\partial y}\right)^2 + 1}\,\mathrm{d}x\mathrm{d}y \tag{6.22}$$

で求められます．ここでDは (x, y) の積分領域を表しています．

■練習問題 6.7　平面Sを $2x + 2y + z = 2$ $(x, y, z \geqq 0)$ で定まる三角形とし，スカラー場 $\varphi(x, y, z) = x + y + z$ とします．

(1) 平面Sを $z = f(x, y)$ としてパラメータ x, y で表しなさい．

(2) スカラー場 φ を $\varphi = \varphi(x, y, f(x, y))$ としてパラメータ x, y で表しなさい．

(3) 平面S上で面積分 $\displaystyle\int_{\mathrm{S}} \varphi\,\mathrm{d}S$ を求めなさい．

§6.6　ベクトル場の面積分

❶ ベクトル場 $\boldsymbol{a}$ の曲面 S 上での面積分

ベクトル場に対してはいろいろな面積分が考えらますが，よく使われるベクトル関数と曲面の単位法線ベクトルとの内積の積分について学びます．

いま，定義域 D で曲面 S が $\boldsymbol{r} = \boldsymbol{r}(u, v)$ で表されていて，S の単位法線ベクトルが $\boldsymbol{n}(u, v)$ であり，曲面 S の点 (u, v) から流出するベクトル量が $\boldsymbol{a} = \boldsymbol{a}(u, v)$ で表されているとします．そのときに曲面 S の表面全体から流出する量を求めましょう．

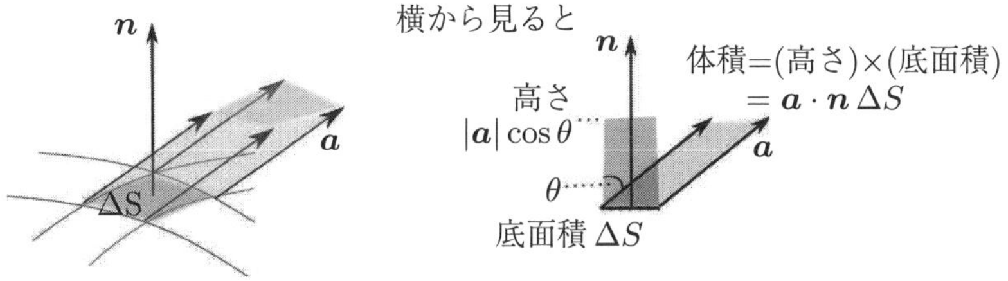

まず，S を n 個の小曲面 $\Delta\mathrm{S}_i$ に分割し，$\Delta\mathrm{S}_i$ の面積を ΔS_i，ΔS_i の最大値を ΔS とします．すると，$\Delta\mathrm{S}_i$ から流出する流体の体積は，$\boldsymbol{n}(u_i, v_i)$ と $\boldsymbol{a}(u_i, v_i)$ の内積 $\boldsymbol{a}(u_i, v_i) \cdot \boldsymbol{n}(u_i, v_i)$ と小面積 ΔS_i との積 $\boldsymbol{a}(u_i, v_i) \cdot \boldsymbol{n}(u_i, v_i)\, \Delta S_i$ です．これをすべての小曲面で足し合わせると $\displaystyle\sum_{i=1}^{n} \boldsymbol{a}(u_i, v_i) \cdot \boldsymbol{n}(u_i, v_i) \Delta S_i$ となります．

この値の $n \to \infty, \Delta S \to 0$ での極限値が曲面 S の表面全体からの流出量であり $\displaystyle\int_{\mathrm{S}} \boldsymbol{a} \cdot \boldsymbol{n}\, \mathrm{d}S$ で表されます．さらに (6.19) の $\mathrm{d}\boldsymbol{S} = \boldsymbol{n}\mathrm{d}S = \pm\dfrac{\partial \boldsymbol{r}}{\partial u} \times \dfrac{\partial \boldsymbol{r}}{\partial v}\mathrm{d}u\mathrm{d}v$ が成り立ちます．よって，ベクトル場の面積分をつぎのように定義します．

定義 6.6　ベクトル場の面積分

定義域を D としてパラメータ u, v によって曲面 S が表され，曲面 S 上にベクトル場 $\boldsymbol{a}$ が定義されているとします．このとき

$$\int_{\mathrm{S}} \boldsymbol{a} \cdot \mathrm{d}\boldsymbol{S} = \int_{\mathrm{S}} \boldsymbol{a} \cdot \boldsymbol{n}\, \mathrm{d}S = \iint_{\mathrm{D}} \boldsymbol{a} \cdot \left(\pm\frac{\partial \boldsymbol{r}}{\partial u} \times \frac{\partial \boldsymbol{r}}{\partial v} \right) \mathrm{d}u\mathrm{d}v \qquad (6.23)$$

を**ベクトル場 $\boldsymbol{a}$ の曲面 S 上の面積分**といいます．ただし，± は $\dfrac{\partial \boldsymbol{r}}{\partial u} \times \dfrac{\partial \boldsymbol{r}}{\partial v}$ が外向きのときに +，内向きのときに − です．

例題 6.7：　定義域が D: $0 \leqq r \leqq 1,\ 0 \leqq \theta \leqq \frac{\pi}{2}$ であり $\boldsymbol{r}(r,\theta) = (r\cos\theta, r\sin\theta, \theta)$ で表される曲面を S として，S の法線ベクトルを z 成分が負になるように定めるとき，ベクトル場 $\boldsymbol{a} = (x^2, y^2, z^2)$ の S 上の面積分 $\int_{\mathrm{S}} \boldsymbol{a} \cdot \mathrm{d}\boldsymbol{S}$ を求めなさい．

解：　S 上では，$\boldsymbol{a} = (x^2, y^2, z^2) = (r^2\cos^2\theta, r^2\sin^2\theta, \theta^2)$ であり

$$\frac{\partial \boldsymbol{r}}{\partial r} = (\cos\theta, \sin\theta, 0), \quad \frac{\partial \boldsymbol{r}}{\partial \theta} = (-r\sin\theta, r\cos\theta, 1) \text{ より}$$

$$\frac{\partial \boldsymbol{r}}{\partial r} \times \frac{\partial \boldsymbol{r}}{\partial \theta} = \begin{vmatrix} \boldsymbol{i} & \boldsymbol{j} & \boldsymbol{k} \\ \cos\theta & \sin\theta & 0 \\ -r\sin\theta & r\cos\theta & 1 \end{vmatrix} = (\sin\theta, -\cos\theta, r)$$

です．この $\frac{\partial \boldsymbol{r}}{\partial r} \times \frac{\partial \boldsymbol{r}}{\partial \theta}$ の z 成分は $r \geqq 0$ ですが，法線ベクトルの z 成分は負であるという問題文の条件を満たすように − 符号を付けます．すると，法線ベクトルは

$$-\frac{\partial \boldsymbol{r}}{\partial r} \times \frac{\partial \boldsymbol{r}}{\partial \theta} = (-\sin\theta, \cos\theta, -r)$$

となります．よって S 上の面積分はつぎのように求まります:

$$\begin{aligned}
\int_{\mathrm{S}} \boldsymbol{a} \cdot \mathrm{d}\boldsymbol{S} &= \iint_{\mathrm{D}} \boldsymbol{a} \cdot \left(-\frac{\partial \boldsymbol{r}}{\partial r} \times \frac{\partial \boldsymbol{r}}{\partial \theta}\right) \mathrm{d}r\mathrm{d}\theta \\
&= \iint_{\mathrm{D}} (r^2\cos^2\theta, r^2\sin^2\theta, \theta^2) \cdot (-\sin\theta, \cos\theta, -r)\, \mathrm{d}r\mathrm{d}\theta \\
&= \int_0^1 \left(\int_0^{\pi/2} (-r^2\cos^2\theta\sin\theta + r^2\sin^2\theta\cos\theta - r\theta^2)\, \mathrm{d}\theta \right) \mathrm{d}r \\
&= \int_0^1 \left[\frac{r^2}{3}\cos^3\theta + \frac{r^2}{3}\sin^3\theta - \frac{r}{3}\theta^3 \right]_{\theta=0}^{\pi/2} \mathrm{d}r \\
&= \int_0^1 \left(-\frac{\pi^3}{24}\right) r\, \mathrm{d}r \;=\; -\frac{\pi^3}{48}.
\end{aligned}$$

■練習問題 6.8　定義域が D: $0 \leqq z \leqq 1,\ 0 \leqq \theta \leqq 2\pi$ であり $\boldsymbol{r}(z,\theta) = (\cos\theta, \sin\theta, z)$ で表される曲面を S として，S の法線ベクトルを z 軸から遠ざかる方向に定めるとき，ベクトル場 $\boldsymbol{a} = (xy, yz, zx)$ の S 上の面積分 $\displaystyle\int_{\mathrm{S}} \boldsymbol{a}\cdot \mathrm{d}\boldsymbol{S}$ を求めなさい．

❷ パラメータ $\boldsymbol{x}, \boldsymbol{y}$ で表されている曲面上のベクトル場の面積分

曲面 S が $z = f(x,y)$ で表されているときのベクトル場 $\boldsymbol{a}(x,y,z)$ の面積分はつぎのようにしても求められます．このときは S 上で，位置ベクトルは $\boldsymbol{r}(x,y) = (x, y, f(x,y))$，ベクトル場は $\boldsymbol{a}(x,y,f(x,y)) = (a_x(x,y), a_y(x,y), a_z(x,y))$ と表されます．そして，S 上の点 $(x,y,f(x,y))$ における法線ベクトルは，p.197 (6.21) で求めたベクトル，あるいはその逆ベクトル，すなわち

$$\frac{\partial \boldsymbol{r}}{\partial x} \times \frac{\partial \boldsymbol{r}}{\partial y} = \left(-\frac{\partial f}{\partial x}, -\frac{\partial f}{\partial y}, 1\right),\ \text{あるいは}\ -\frac{\partial \boldsymbol{r}}{\partial x} \times \frac{\partial \boldsymbol{r}}{\partial y} = -\left(-\frac{\partial f}{\partial x}, -\frac{\partial f}{\partial y}, 1\right)$$

となります．よって，(6.19) から

$$\mathrm{d}\boldsymbol{S} = \boldsymbol{n}\mathrm{d}S = \pm\left(-\frac{\partial f}{\partial x}, -\frac{\partial f}{\partial y}, 1\right)\mathrm{d}x\mathrm{d}y \tag{6.24}$$

さらに (6.23) から

$$\begin{aligned}\int_{\mathrm{S}} \boldsymbol{a}\cdot \mathrm{d}\boldsymbol{S} &= \int_{\mathrm{S}} \boldsymbol{a}\cdot \boldsymbol{n}\,\mathrm{d}S = \iint_{\mathrm{D}} \boldsymbol{a}\cdot\left(\pm\frac{\partial \boldsymbol{r}}{\partial x}\times\frac{\partial \boldsymbol{r}}{\partial y}\right)\mathrm{d}x\mathrm{d}y \\ &= \iint_{\mathrm{D}} \left(a_x, a_y, a_z\right)\cdot\left(\pm\left(-\frac{\partial f}{\partial x}, -\frac{\partial f}{\partial y}, 1\right)\right)\mathrm{d}x\mathrm{d}y \end{aligned} \tag{6.25}$$

が導かれます．ここで D は (x,y) の積分領域であり，$\pm$ は $\left(-\dfrac{\partial f}{\partial x}, -\dfrac{\partial f}{\partial y}, 1\right)$ が外向きのときには $+$，内向きのときには $-$ です．

■練習問題 6.9　ベクトル場 $\boldsymbol{a} = (z, x, y)$ の中に曲面 S があり，S の法線ベクトルは z 成分が負になるように定めます．このとき，ベクトル場 $\boldsymbol{a}$ の S 上の面積分 $\displaystyle\int_{\mathrm{S}} \boldsymbol{a}\cdot \mathrm{d}\boldsymbol{S}$ を

(1) 曲面 S の定義域を D : $0 \leqq u \leqq 2,\ 0 \leqq v \leqq 3$，曲面 S 上の位置ベクトルを $\boldsymbol{r}(u,v) = (u, v, \sqrt{1-u^2})$ として求めなさい．

(2) 曲面 S の定義域を D : $0 \leqq x \leqq 2,\ 0 \leqq y \leqq 3$，曲面 S を $z = \sqrt{1-x^2}$ として求めなさい．

§6.7　体積分

いま，空間内の立体Vを n 個の直方体 $\Delta \mathrm{V}_i$ に分割します．直方体の体積を ΔV_i で表して，辺の長さを $\Delta x_i, \Delta y_i, \Delta z_i$ とすると， $\Delta V_i = \Delta x_i \Delta y_i \Delta z_i$ となり，ΔV_i の最大を ΔV とします．そして，$n \to \infty, \Delta V \to 0$ とした極限での直方体を**体積素**と呼び

$$\mathrm{d}V = \mathrm{d}x\mathrm{d}y\mathrm{d}z$$

で表します．この立体の各点での値と体積素との積を足し合わるのが体積分です．

定義 6.7　**スカラー場の体積分**

スカラー場 $\varphi(x, y, z)$ の中に立体Vがあるとき，

$$\int_{\mathrm{V}} \varphi(x, y, z)\,\mathrm{d}V = \iiint_{\mathrm{V}} \varphi(x, y, z)\,\mathrm{d}x\mathrm{d}y\mathrm{d}z \qquad (6.26)$$

を**スカラー場 φ の V における体積分**，あるいは**3重積分**といいます．

特に $\varphi(x, y, z) \equiv 1$ とすると (6.26) で体積が求まります．

■**練習問題 6.10**　4平面 $2x + 2y + z = 2$, $x = 0$, $y = 0$, $z = 0$ で囲まれた立体Vについて，スカラー場 $\varphi(x, y, z) = x$ の体積分と，立体Vの体積とを求めなさい．

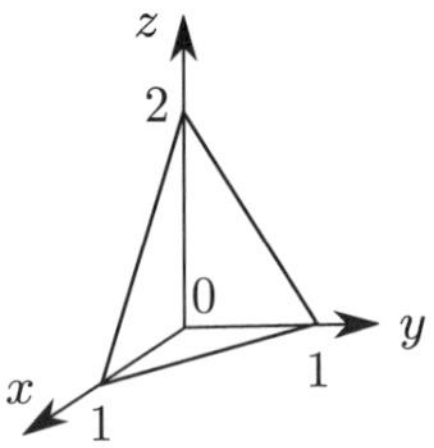

第7章

積分定理

前章では，線積分・面積分・体積分を学びました．それらの積分の間にガウスの発散定理やストークスの定理などが成り立ちます．本章では，そのような積分定理から，体積分を面積分で計算したり，面積分を線積分で計算したりできることを学びます．

§7.1　ガウスの発散定理

定理 7.1　ガウスの発散定理

ベクトル場 $\boldsymbol{a} = (a_x, a_y, a_z)$ の中に滑らかな閉曲面Sで囲まれた立体V があり，S上で外向きにとった単位法線ベクトルを $\boldsymbol{n}$ とします．そのとき

$$\int_{\mathrm{V}} \nabla \cdot \boldsymbol{a}\, \mathrm{d}V = \int_{\mathrm{S}} \boldsymbol{a} \cdot \boldsymbol{n}\, \mathrm{d}S \tag{7.1}$$

が成り立ちます．

この定理は，立体V内で生まれるベクトル量の総和（左辺, 体積分）と立体表面Sから流出するベクトル量の総和（右辺, 面積分）が等しいことを表しています．

左辺の $\nabla \cdot \boldsymbol{a}$ はベクトル場の発散であり，立体内の一点におけるベクトル量 $\boldsymbol{a}$ の湧き出しの密度を表します．よって，体積素 $\mathrm{d}V$ からの湧き出し量は (密度) ×(体積) $= \nabla \cdot \boldsymbol{a}\ \mathrm{d}V$ です．それらをV全体で加えると $\int_{\mathrm{V}} \nabla \cdot \boldsymbol{a}\, \mathrm{d}V$ となります．

右辺の $\boldsymbol{a} \cdot \boldsymbol{n}$ は表面一点からの流出密度であり，面積素 $\mathrm{d}S$ からの流出量は $\boldsymbol{a} \cdot \boldsymbol{n}\, \mathrm{d}S$ です（p.199の図）．それらをS全体で加えると $\int_{\mathrm{S}} \boldsymbol{a} \cdot \boldsymbol{n}\, \mathrm{d}S$ となります．

いまベクトル場 $\boldsymbol{a}$ に体積Vとそれを囲む閉曲面Sがあるとして，発散定理を導きましょう．ただし，座標軸に平行な直線とSとの交点の数は高々2であるとします．4個以上あるときは立体を適当に分割して考えてください．

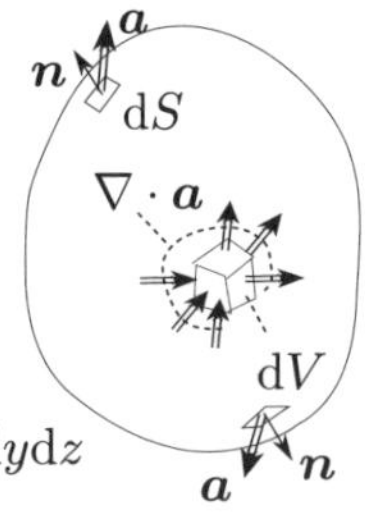

$$\begin{aligned}
(7.1)\,\text{左辺} &= \int_{\mathrm{V}} \nabla \cdot \boldsymbol{a}\, \mathrm{d}V \\
&= \iiint_{\mathrm{V}} \left(\frac{\partial}{\partial x}, \frac{\partial}{\partial y}, \frac{\partial}{\partial z} \right) \cdot (a_x, a_y, a_z)\ \mathrm{d}x\mathrm{d}y\mathrm{d}z \\
&= \iiint_{\mathrm{V}} \left(\frac{\partial a_x}{\partial x} + \frac{\partial a_y}{\partial y} + \frac{\partial a_z}{\partial z} \right) \mathrm{d}x\mathrm{d}y\mathrm{d}z \\
&= \iiint_{\mathrm{V}} \frac{\partial a_x}{\partial x} \mathrm{d}x\mathrm{d}y\mathrm{d}z + \iiint_{\mathrm{V}} \frac{\partial a_y}{\partial y} \mathrm{d}x\mathrm{d}y\mathrm{d}z + \iiint_{\mathrm{V}} \frac{\partial a_z}{\partial z} \mathrm{d}x\mathrm{d}y\mathrm{d}z
\end{aligned}$$

$$\begin{aligned}
(7.1)\,\text{右辺} &= \int_{\mathrm{S}} \boldsymbol{a} \cdot \boldsymbol{n}\, \mathrm{d}S = \int_{\mathrm{S}} (a_x, a_y, a_z) \cdot \boldsymbol{n} \mathrm{d}S \\
&= \int_{\mathrm{S}} (a_x \boldsymbol{i} + a_y \boldsymbol{j} + a_z \boldsymbol{k}) \cdot \boldsymbol{n} \mathrm{d}S \\
&= \int_{\mathrm{S}} a_x \boldsymbol{i} \cdot \boldsymbol{n} \mathrm{d}S + \int_{\mathrm{S}} a_y \boldsymbol{j} \cdot \boldsymbol{n} \mathrm{d}S + \int_{\mathrm{S}} a_z \boldsymbol{k} \cdot \boldsymbol{n} \mathrm{d}S
\end{aligned}$$

の間で3つの対応する項どうしが等しいことを示します．

まず，Sのxy平面上の正射影をDとします．そして，Dを定義域とする2つの関数 $z = z_1(x,y)$，$z = z_2(x,y)$ $(z_1(x,y) \leqq z_2(x,y))$ で表される曲面S_1, S_2にSを分けます．そこで，

$$
\begin{aligned}
\int_S (a_z\boldsymbol{k})\cdot\boldsymbol{n}\,\mathrm{d}S &= \int_{S_1+S_2}(a_z\boldsymbol{k})\cdot\boldsymbol{n}\,\mathrm{d}S \\
&= \int_{S_2}(a_z\boldsymbol{k})\cdot\boldsymbol{n}\,\mathrm{d}S + \int_{S_1}(a_z\boldsymbol{k})\cdot\boldsymbol{n}\,\mathrm{d}S \\
&\quad a_z\boldsymbol{k} = a_z(0,0,1) = (0,0,a_z) \\
&\underset{(6.24)}{=} \iint_D (0,0,a_z(x,y,z_2))\cdot\underbrace{\left(-\frac{\partial z_2}{\partial x}, -\frac{\partial z_2}{\partial y}, 1\right)}_{\text{法線ベクトルの}z\text{成分は正だから}(6.24)\text{は}S_2\text{で}+}\mathrm{d}x\mathrm{d}y \\
&\quad + \iint_D (0,0,a_z(x,y,z_1))\cdot\underbrace{\left(-\left(-\frac{\partial z_1}{\partial x}, -\frac{\partial z_1}{\partial y}, 1\right)\right)}_{\text{法線ベクトルの}z\text{成分は負だから}(6.24)\text{は}S_1\text{で}-}\mathrm{d}x\mathrm{d}y \\
&= \iint_D a_z(x,y,z_2(x,y))\,\mathrm{d}x\mathrm{d}y - \iint_D a_z(x,y,z_1(x,y))\,\mathrm{d}x\mathrm{d}y \\
&= \iint_D \Big[a_z(x,y,z)\Big]_{z=z_1}^{z_2}\mathrm{d}x\mathrm{d}y \\
&= \iint_D \left\{\int_{z_1}^{z_2}\frac{\partial a_z}{\partial z}\mathrm{d}z\right\}\mathrm{d}x\mathrm{d}y \\
&= \iiint_V \frac{\partial a_z}{\partial z}\,\mathrm{d}x\mathrm{d}y\mathrm{d}z
\end{aligned}
$$

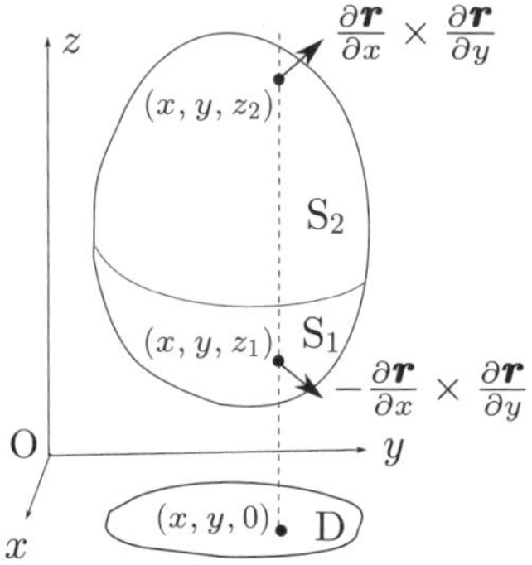

が成り立ちます．同じようにyz, zx平面でも

$$
\begin{aligned}
\int_S (a_x\boldsymbol{i})\cdot\boldsymbol{n}\,\mathrm{d}S &= \iiint_V \frac{\partial a_x}{\partial x}\,\mathrm{d}x\mathrm{d}y\mathrm{d}z \\
\int_S (a_y\boldsymbol{j})\cdot\boldsymbol{n}\,\mathrm{d}S &= \iiint_V \frac{\partial a_y}{\partial y}\,\mathrm{d}x\mathrm{d}y\mathrm{d}z
\end{aligned}
$$

が成り立ちます．

この3式の和をとると(7.1)右辺=(7.1)左辺，すなわちガウスの発散定理が得られます．

例題 7.1：　閉曲面 S 上の位置ベクトルを $\boldsymbol{r} = (x, y, z)$ とし，$r = |\boldsymbol{r}|$ とします．そして，S 上の単位法線ベクトル $\boldsymbol{n}$ を S の外側に向けてとるとき，

$$\int_{\mathrm{S}} \frac{\boldsymbol{r}}{r^3} \cdot \boldsymbol{n}\, \mathrm{d}S = \begin{cases} 0 & (\text{原点 O が S の外部にあるとき}) \\ 4\pi & (\text{原点 O が S の内部にあるとき}) \\ 2\pi & (\text{原点 O が S 上にあるとき}) \end{cases}$$

です．この積分を**ガウスの積分**といいます．この式が成り立つことを示しなさい．

解：　(i) 原点 O が S の外部にあるとき

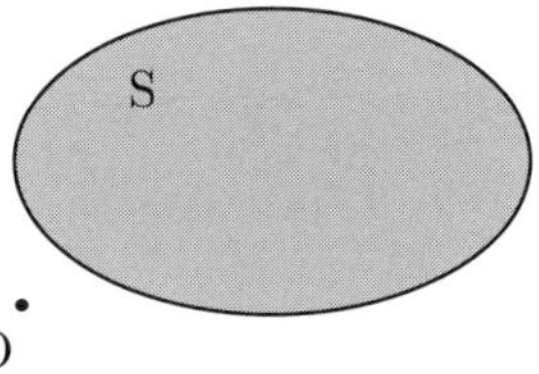

S で囲まれた立体を V とします．V 内では，$r \neq 0$ だからベクトル場 $\dfrac{\boldsymbol{r}}{r^3}$ が定義され，ガウスの発散定理が使えます．よって，

$$\begin{aligned}
\int_{\mathrm{S}} \frac{\boldsymbol{r}}{r^3} \cdot \boldsymbol{n}\, \mathrm{d}S &= \int_{\mathrm{V}} \nabla \cdot \frac{\boldsymbol{r}}{r^3}\, \mathrm{d}V && (\text{ガウスの発散定理より}) \\
&= \int_{\mathrm{V}} \left(\left(\nabla \frac{1}{r^3} \right) \cdot \boldsymbol{r} + \frac{1}{r^3} \nabla \cdot \boldsymbol{r} \right) \mathrm{d}V && (\text{p.160 発散の公式 (3) より}) \\
&= \int_{\mathrm{V}} \left(\left(\frac{1}{r^3} \right)' \nabla r \cdot \boldsymbol{r} + \frac{1}{r^3} \nabla \cdot \boldsymbol{r} \right) \mathrm{d}V && (\text{p.147 勾配の公式 (4) より}) \\
&= \int_{\mathrm{V}} \left(-\frac{3}{r^4} \frac{\boldsymbol{r}}{r} \cdot \boldsymbol{r} + \frac{3}{r^3} \right) \mathrm{d}V && (\text{p.149 (5.10), p.161 (5.19) より}) \\
&= \int_{\mathrm{V}} \left(-\frac{3}{r^3} + \frac{3}{r^3} \right) dV = 0 \quad \text{です．} && (\boldsymbol{r} \cdot \boldsymbol{r} = r^2 \text{より})
\end{aligned}$$

(ii) 原点 O が S の内部にあるとき

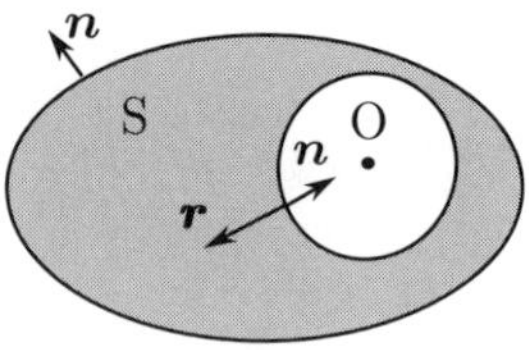

原点では $r = 0$ であり $\dfrac{\boldsymbol{r}}{r^3}$ が定義されません．そこで，原点を中心に半径 ϵ の球面 S_ϵ を S 内部にとります．

すると，S と S_ϵ で囲まれた立体内には原点はなく $\dfrac{\boldsymbol{r}}{r^3}$ が定義されますので (i) から $\displaystyle\int_{\mathrm{S}+\mathrm{S}_\epsilon} \frac{\boldsymbol{r}}{r^3} \cdot \boldsymbol{n}\, \mathrm{d}S = 0$ です．すなわち，$\displaystyle\int_{\mathrm{S}} \frac{\boldsymbol{r}}{r^3} \cdot \boldsymbol{n}\, \mathrm{d}S + \int_{\mathrm{S}_\epsilon} \frac{\boldsymbol{r}}{r^3} \cdot \boldsymbol{n}\, \mathrm{d}S = 0$ なので $\displaystyle\int_{\mathrm{S}} \frac{\boldsymbol{r}}{r^3} \cdot \boldsymbol{n}\, \mathrm{d}S = -\int_{\mathrm{S}_\epsilon} \frac{\boldsymbol{r}}{r^3} \cdot \boldsymbol{n}\, \mathrm{d}S$ です．

また，S_ϵ 上では $r = |\boldsymbol{r}| = \epsilon$ であり，$\boldsymbol{n}$ は S と S_ϵ で囲まれた立体の外側を向いているので $\boldsymbol{r}$ と $\boldsymbol{n}$ は互いに逆方向を向いています．よって $\boldsymbol{r} = -\epsilon\boldsymbol{n}$ ですので，$\boldsymbol{r}\cdot\boldsymbol{n} = -\epsilon\boldsymbol{n}\cdot\boldsymbol{n} = -\epsilon$ となります．

さらに，半径 ϵ の球面の表面積は $4\pi\epsilon^2$ です．したがって，

$$\int_{\mathrm{S}} \frac{\boldsymbol{r}}{r^3}\cdot\boldsymbol{n}\mathrm{d}S = -\int_{\mathrm{S}_\epsilon} \frac{\boldsymbol{r}}{r^3}\cdot\boldsymbol{n}\mathrm{d}S = -\int_{\mathrm{S}_\epsilon} \frac{-\epsilon}{\epsilon^3}\mathrm{d}S = \frac{1}{\epsilon^2}\int_{\mathrm{S}_\epsilon}\mathrm{d}S = \frac{4\pi\epsilon^2}{\epsilon^2} = 4\pi \text{ です．}$$

(iii) 原点 O が S 上にあるとき

原点を中心に半径 ϵ の球面 S_ϵ をとります．そして，S_ϵ の外部にある S の部分を S'，S の内部にある S_ϵ の部分を S'_ϵ とします．すると，S' と S'_ϵ の 2 つの面で囲まれた立体内には原点はないので (i) から $\displaystyle\int_{\mathrm{S}'+\mathrm{S}'_\epsilon} \frac{\boldsymbol{r}}{r^3}\cdot\boldsymbol{n}\,\mathrm{d}S = 0$ です．よって，

$$\int_{\mathrm{S}'} \frac{\boldsymbol{r}}{r^3}\cdot\boldsymbol{n}\mathrm{d}S = -\int_{\mathrm{S}'_\epsilon} \frac{\boldsymbol{r}}{r^3}\cdot\boldsymbol{n}\mathrm{d}S = -\int_{\mathrm{S}'_\epsilon} \frac{-\epsilon}{\epsilon^3}\mathrm{d}S = \frac{1}{\epsilon^2}\int_{\mathrm{S}'_\epsilon}\mathrm{d}S$$

です．そして，$\epsilon \to 0$ の極限では，S' は S となり，S'_ϵ は半球面となり，

$$\frac{1}{\epsilon^2}\int_{\mathrm{S}'_\epsilon}\mathrm{d}S \to \frac{2\pi\epsilon^2}{\epsilon^2} = 2\pi$$

となります．したがって，$\displaystyle\int_{\mathrm{S}} \frac{\boldsymbol{r}}{r^3}\cdot\boldsymbol{n}\mathrm{d}S = 2\pi$ です．

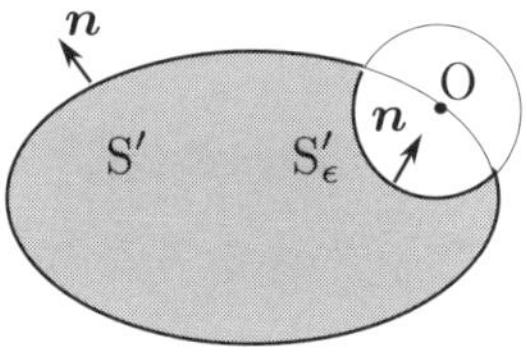

■**練習問題 7.1** 流体の速度 [m/秒] を表すベクトル場を $\boldsymbol{a} = (x, 2y, 3z)$ とします．ベクトル場の中に原点を中心として半径 $r[m]$ の球面 S があります．このとき，S の表面から 1 秒あたりどれだけ流体が流出しているか求めなさい．

§7.2　グリーンの定理

❶ グリーンの定理

定理 7.2　グリーンの定理

xy 平面上の滑らかな閉曲線Cで囲まれた領域をDとします．そして，スカラー関数 F, G は偏微分可能であり，偏導関数が連続であるとします．このとき次式が成立します．ただし，Cの向きは正とします

$$\oint_{\mathrm{C}} (F\,\mathrm{d}x + G\,\mathrm{d}y) = \iint_{\mathrm{D}} \left(\frac{\partial G}{\partial x} - \frac{\partial F}{\partial y}\right) \mathrm{d}x\mathrm{d}y \qquad (7.2)$$

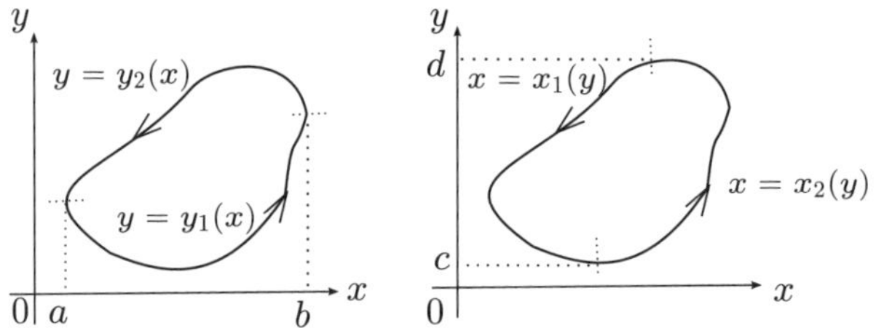

証明　まず，x 軸または y 軸に平行な直線とCとの交点が高々2点であるとして(7.2)を証明します．

いま，2つの関数 $y_1(x)$ と $y_2(x)$ ($y_1(x) \leqq y_2(x), a \leqq x \leqq b$, $y_1(a) = y_2(a)$, $y_1(b) = y_2(b)$) にCを分割すると

$$\begin{aligned}\oint_{\mathrm{C}} F\,\mathrm{d}x &= \int_a^b F(x, y_1(x))\,\mathrm{d}x + \int_b^a F(x, y_2(x))\,\mathrm{d}x.\\ &= \int_a^b F(x, y_1(x))\,\mathrm{d}x - \int_a^b F(x, y_2(x))\,\mathrm{d}x.\end{aligned}$$

一方

$$\begin{aligned}\iint_{\mathrm{D}} \frac{\partial F}{\partial y}\,\mathrm{d}x\mathrm{d}y &= \int_a^b \left(\int_{y_1(x)}^{y_2(x)} \frac{\partial F}{\partial y}\,\mathrm{d}y\right) \mathrm{d}x = \int_a^b \Big[F(x, y)\Big]_{y=y_1(x)}^{y_2(x)} \mathrm{d}x\\ &= \int_a^b (F(x, y_2(x)) - F(x, y_1(x)))\,\mathrm{d}x\\ &= \int_a^b F(x, y_2(x))\,\mathrm{d}x - \int_a^b F(x, y_1(x))\,\mathrm{d}x.\end{aligned}$$

よって

$$\oint_{\mathrm{C}} F\,\mathrm{d}x = -\iint_{\mathrm{D}} \frac{\partial F}{\partial y}\,\mathrm{d}x\mathrm{d}y. \tag{7.3}$$

また，2つの関数 $x_1(y)$ と $x_2(y)$ $(x_1(y) \leqq x_2(y),\ c \leqq y \leqq d, x_1(c) = x_2(c),\ x_1(d) = x_2(d))$ に C を分割すると

$$\oint_{\mathrm{C}} G\,\mathrm{d}y = \int_c^d G(x_2(y), y)\,\mathrm{d}y - \int_c^d G(x_1(y), y)\,\mathrm{d}y.$$

一方

$$\begin{aligned}\iint_{\mathrm{D}} \frac{\partial G}{\partial x}\,\mathrm{d}x\mathrm{d}y &= \int_c^d \left(\int_{x_1(y)}^{x_2(y)} \frac{\partial G}{\partial x}\,\mathrm{d}x\right)\mathrm{d}y = \int_c^d \Big[G(x, y)\Big]_{x=x_1(y)}^{x_2(y)}\,\mathrm{d}y \\ &= \int_c^d (G(x_2(y), y) - G(x_1(y), y))\,\mathrm{d}y \\ &= \int_c^d G(x_2(y), y)\,\mathrm{d}y - \int_c^d G(x_1(y), y)\,\mathrm{d}y.\end{aligned}$$

よって

$$\oint_{\mathrm{C}} G\,\mathrm{d}y = \iint_{\mathrm{D}} \frac{\partial G}{\partial x}\,\mathrm{d}x\mathrm{d}y. \tag{7.4}$$

そして (7.3) と (7.4) を加えてグリーンの定理 (7.2) が導かれます．

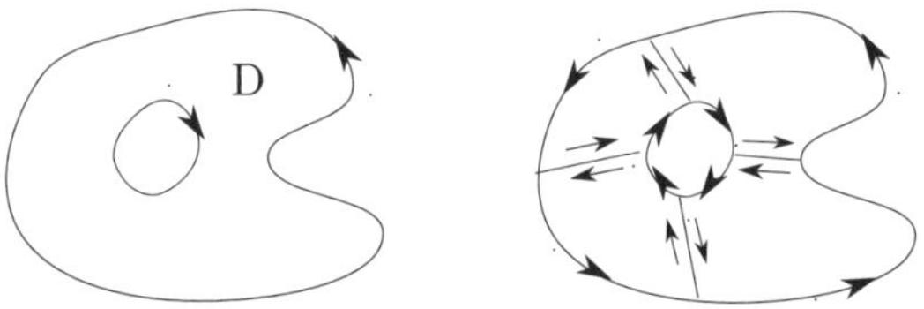

つぎに，x 軸または y 軸に平行な直線と C との交点が 3 点以上あるときにも (7.2) が成立することを示します．このときには，交点が 2 点以下になるまで領域 D を小領域に分割します．すると各小領域では (7.2) が成立しますので，それらをすべて加えます．

小領域ごとの (7.2) 右辺の重積分の和は分割前の領域 D での重積分と等しいです．一方，左辺の線積分の和には，小領域間の境界での線積分が新たに加わりますが，隣接する小領域相互で積分の向きが逆なのでその部分の積分は相殺し，左辺の線積分の和も分割前の閉曲線 C での線積分と等しいです．

したがって，分割前の領域 D と閉曲線 C についても (7.2) が成立します．　■

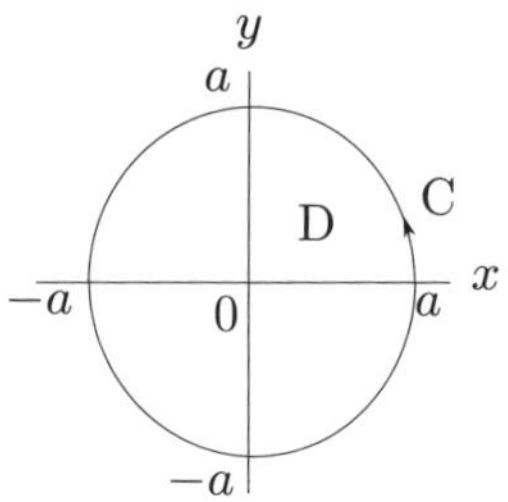

例題 7.2：　C: $x^2+y^2=a^2\ (a>0)$ として，

$$\oint_{\mathrm{C}}\{(x-y)\,\mathrm{d}x+(x+y)\,\mathrm{d}y\}$$　を

(1) 線積分によって求めなさい．

(2) グリーンの定理を用いて求めなさい．

解：　(1)　円Cを $x=a\cos\theta,\ y=a\sin\theta\ (0\leqq\theta\leqq 2\pi)$ によって表すと，$\mathrm{d}x=-a\sin\theta\,\mathrm{d}\theta,\ \mathrm{d}y=a\cos\theta\,\mathrm{d}\theta$ です．　よって

$$\begin{aligned}&\oint_{\mathrm{C}}\{(x-y)\,\mathrm{d}x+(x+y)\,\mathrm{d}y\}\\&=\int_0^{2\pi}\{(a\cos\theta-a\sin\theta)(-a\sin\theta)\,\mathrm{d}\theta\ +(a\cos\theta+a\sin\theta)a\cos\theta\,\mathrm{d}\theta\}\\&=a^2\int_0^{2\pi}(\sin^2\theta+\cos^2\theta)\,\mathrm{d}\theta=a^2\int_0^{2\pi}\mathrm{d}\theta=2\pi a^2\end{aligned}$$　です．

(2)　Cで囲まれた領域をDとすると，グリーンの定理から

$$\begin{aligned}&\oint_{\mathrm{C}}\{(x-y)\,\mathrm{d}x+(x+y)\,\mathrm{d}y\}\ =\iint_{\mathrm{D}}\left\{\frac{\partial}{\partial x}(x+y)-\frac{\partial}{\partial y}(x-y)\right\}\mathrm{d}x\mathrm{d}y\\&=\iint_{\mathrm{D}}(1+1)\,\mathrm{d}x\mathrm{d}y\ =2\iint_{\mathrm{D}}\mathrm{d}x\mathrm{d}y=2\times(\mathrm{D}\ の面積)=2\pi a^2\end{aligned}$$　です．

■練習問題 7.2　曲線 $y=x^2$ と曲線 $y=x$ で囲まれる領域をD，領域Dの境界を曲線Cとして，$\oint_{\mathrm{C}}\left\{(x^2+y^2)\,\mathrm{d}x+xy\,\mathrm{d}y\right\}$　を

(1) 線積分によって求めなさい．

(2) グリーンの定理を用いて求めなさい．

■練習問題 7.3　平面上の閉曲線Cで囲まれる領域Dの面積は

$$\frac{1}{2}\int_{\mathrm{C}}(x\,\mathrm{d}y-y\,\mathrm{d}x)$$

で与えられます．このことをグリーンの定理を用いて示しなさい．

❷ グリーンの定理と平面でのガウスの発散定理

いま，xy 平面上のベクトル場

$$\boldsymbol{a}(x,y) = (G(x,y), F(x,y))$$

の中に閉曲線 C で囲まれた領域 D があるとします．このとき C 上の点 (x,y) では，単位接線ベクトル (p.138 (5.3)) は $\left(\dfrac{\mathrm{d}x}{\mathrm{d}s}, \dfrac{\mathrm{d}y}{\mathrm{d}s}\right)$ であり，D の外向きにとった単位法線ベクトル $\boldsymbol{n} = (n_x, n_y)$ は

$$n_x = \frac{\mathrm{d}y}{\mathrm{d}s},\ n_y = -\frac{\mathrm{d}x}{\mathrm{d}s} \tag{7.5}$$

です．そして，線積分の定義 (p.181(6.5), (6.4)) から

$$\oint_{\mathrm{C}} G\,\mathrm{d}y = \oint_{\mathrm{C}} G\,\frac{\mathrm{d}y}{\mathrm{d}s}\,\mathrm{d}s, \quad \oint_{\mathrm{C}} F\,\mathrm{d}x = \oint_{\mathrm{C}} F\,\frac{\mathrm{d}x}{\mathrm{d}s}\,\mathrm{d}s, \tag{7.6}$$

グリーンの定理 (p.209 (7.4), (7.3)) から

$$\oint_{\mathrm{C}} G\,\mathrm{d}y = \iint_{\mathrm{D}} \frac{\partial G}{\partial x}\,\mathrm{d}x\mathrm{d}y, \quad \oint_{\mathrm{C}} F\,\mathrm{d}x = -\iint_{\mathrm{D}} \frac{\partial F}{\partial y}\,\mathrm{d}x\mathrm{d}y \tag{7.7}$$

です．よって，

$$\oint_{\mathrm{C}} G\,n_x\,\mathrm{d}s \underset{(7.5)}{=} \oint_{\mathrm{C}} G\,\frac{\mathrm{d}y}{\mathrm{d}s}\,\mathrm{d}s \underset{(7.6)}{=} \oint_{\mathrm{C}} G\,\mathrm{d}y \underset{(7.7)}{=} \iint_{\mathrm{D}} \frac{\partial G}{\partial x}\,\mathrm{d}x\mathrm{d}y \tag{7.8}$$

$$\oint_{\mathrm{C}} F\,n_y\,\mathrm{d}s \underset{(7.5)}{=} \oint_{\mathrm{C}} F\left(-\frac{\mathrm{d}x}{\mathrm{d}s}\right)\mathrm{d}s \underset{(7.6)}{=} -\oint_{\mathrm{C}} F\,\mathrm{d}x \underset{(7.7)}{=} \iint_{\mathrm{D}} \frac{\partial F}{\partial y}\,\mathrm{d}x\mathrm{d}y \tag{7.9}$$

が成り立ちます．よって，

$$\begin{aligned}
\iint_{\mathrm{D}} \nabla\cdot\boldsymbol{a}\,\mathrm{d}x\,\mathrm{d}y &= \iint_{\mathrm{D}} \left(\frac{\partial G}{\partial x} + \frac{\partial F}{\partial y}\right)\mathrm{d}x\mathrm{d}y \\
&= \iint_{\mathrm{D}} \left(\frac{\partial G}{\partial x}\,\mathrm{d}x\mathrm{d}y + \frac{\partial F}{\partial y}\,\mathrm{d}x\mathrm{d}y\right) \\
&\underset{(7.8),(7.9)}{=} \oint_{\mathrm{C}} (Gn_x + Fn_y)\,\mathrm{d}s \\
&= \oint_{\mathrm{C}} (G,F)\cdot(n_x,n_y)\,\mathrm{d}s = \oint_{\mathrm{C}} \boldsymbol{a}\cdot\boldsymbol{n}\,\mathrm{d}s
\end{aligned}$$

すなわち，ガウスの発散定理（p.204 (7.1) の立体 V が領域 D になり曲面 S が曲線 C になった）平面版がグリーンの定理から導かれます．

§7.3　ストークスの定理

❶　ストークスの定理

定理 7.3　ストークスの定理

ベクトル場 $\boldsymbol{a}$ の中に滑らかな曲面Sと，Sを囲む滑らかな閉曲線Cがあり，曲面Sの単位法線ベクトルを $\boldsymbol{n}$，閉曲線Cの位置ベクトルを $\boldsymbol{r}$ とします．このとき，

$$\int_S (\nabla \times \boldsymbol{a}) \cdot \boldsymbol{n}\, \mathrm{d}S = \oint_C \boldsymbol{a} \cdot \mathrm{d}\boldsymbol{r} \qquad (7.10)$$

が成り立ちます．ただし，Cの向きは正とします．

この定理は，閉曲線が囲む曲面の各点における回転 $\nabla \times \boldsymbol{a}$ の法線方向成分 $(\nabla \times \boldsymbol{a}) \cdot \boldsymbol{n}$ を曲面S全体で加え合わせた面積分 $\int_S (\nabla \times \boldsymbol{a}) \cdot \boldsymbol{n}\, \mathrm{d}S$ と，閉曲線の各点におけるベクトルの接線方向成分 $\boldsymbol{a} \cdot \mathrm{d}\boldsymbol{r}$ を閉曲線C全体で加え合わせた線積分 $\oint_C \boldsymbol{a} \cdot \mathrm{d}\boldsymbol{r}$ とが等しいことを表しています．

❷　平面でのストークスの定理

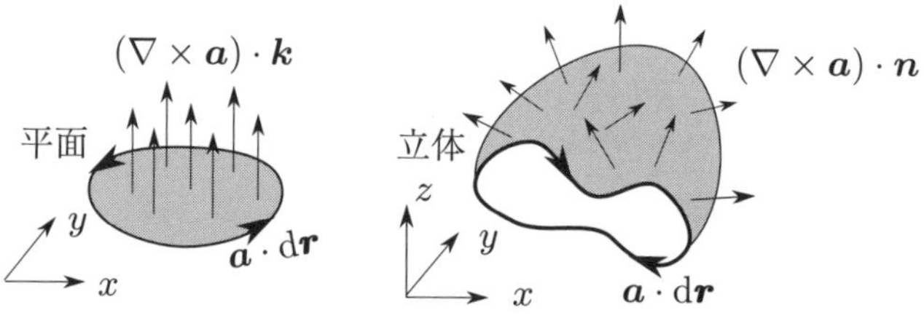

グリーンの定理　　ストークスの定理

閉曲線と曲面が平面上にあるときグリーンの定理 p.208 (7.2) からストークスの定理が導かれます．

実際，ベクトル場を $\boldsymbol{a} = (F(x,y), G(x,y), 0)$，閉曲線の位置ベクトルを $\boldsymbol{r} = (x(t), y(t), 0)$ とすると p.194 (6.17) から $\boldsymbol{n} = (0,0,1) = \boldsymbol{k}$，$\mathrm{d}S = \mathrm{d}x\mathrm{d}y$ であり

$$\overbrace{\int_S (\nabla \times \boldsymbol{a}) \cdot \boldsymbol{n}\, \mathrm{d}S}^{\text{ストークスの定理 (7.10) 左辺}} = \int_S \begin{vmatrix} \boldsymbol{i} & \boldsymbol{j} & \boldsymbol{k} \\ \frac{\partial}{\partial x} & \frac{\partial}{\partial y} & \frac{\partial}{\partial z} \\ F & G & 0 \end{vmatrix} \cdot (0,0,1)\, \mathrm{d}S$$

$$= \iint_{\mathrm{D}} \left(\frac{\partial G}{\partial x} - \frac{\partial F}{\partial y} \right) \mathrm{d}x\mathrm{d}y$$

グリーンの定理 (7.2) 右辺

ストークスの定理 (7.10) 右辺

$$\oint_{\mathrm{C}} \boldsymbol{a} \cdot \mathrm{d}\boldsymbol{r} = \oint_{\mathrm{C}} (F, G, 0) \cdot (\mathrm{d}x, \mathrm{d}y, 0)$$

$$= \oint_{\mathrm{C}} (F\,\mathrm{d}x + G\,\mathrm{d}y)$$

グリーンの定理 (7.2) 左辺

ですので (7.10) が xy 平面上で成り立ちます．

❸ 空間でのストークスの定理

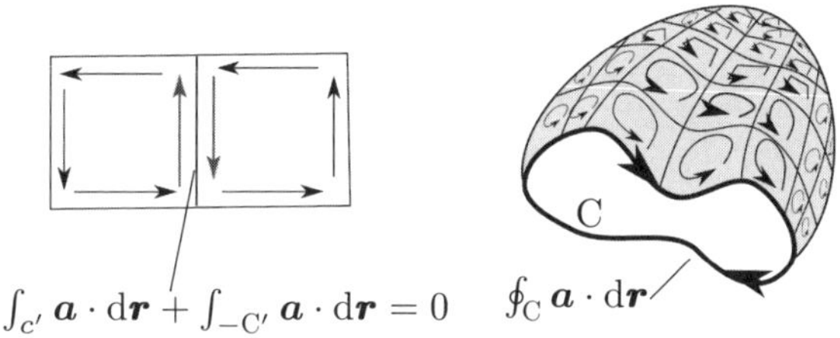

つぎに，xy 平面上で 2 領域が隣り合う状況を考え，2 領域を合わせた領域を S，それを囲む閉曲線を C とします．このときも S 上の面積分が 2 領域の面積分の和になり，C 上の線積分が 2 領域の線積分の和になります．

なお，C 上以外の線積分が消えてしまいましたが構いません．なぜなら，内部にあった線分では積分の向きが 2 領域で互いに逆になり，その線分を C′ とすると一方の線積分は $\int_{\mathrm{C}'} \boldsymbol{a} \cdot \mathrm{d}\boldsymbol{r}$ 一方は $\int_{-\mathrm{C}'} \boldsymbol{a} \cdot \mathrm{d}\boldsymbol{r}$ ですので足すと 0 になるからです．

そこで任意の領域でも xy 平面上ならば無数の小領域に分割すると，面積分は領域の和をとればよく，線積分も領域内部では 0 となり閉曲線上の線積分だけでよいので，(7.10) が成り立つだろうと考えられます．

そして，xy 平面で限らず任意の平面でも (7.10) が成り立つだろうと考えられます．さらに，平面に限らず曲面であっても，各小領域が平面とみなされるまで無限に分割すれば，面積分は領域の和をとればよく，線積分も閉曲線上だけでよいので (7.10) が曲面上でもやはり成り立つだろうと考えられます．

はたして，(7.10) が曲面上でも成り立つのか，式を変形していき証明しましょう．

❹ ストークスの定理の証明

曲面Sは u, v をパラメータとして位置ベクトル $\boldsymbol{r}(u,v)$ で表されているとします.

ストークスの定理 (7.10) 左辺

$$\int_{\mathrm{S}}(\nabla\times\boldsymbol{a})\cdot\boldsymbol{n}\,\mathrm{d}S$$

$\frac{\partial\boldsymbol{r}}{\partial u}\times\frac{\partial\boldsymbol{r}}{\partial v}$ が外向きとして p.195 (6.19) より

$$=\iint_{\mathrm{D}}(\nabla\times\boldsymbol{a})\cdot\left(\frac{\partial\boldsymbol{r}}{\partial u}\times\frac{\partial\boldsymbol{r}}{\partial v}\right)\mathrm{d}u\mathrm{d}v$$

Dは (u,v) の定義域

$$=\iint_{\mathrm{D}}\begin{vmatrix}\boldsymbol{i} & \boldsymbol{j} & \boldsymbol{k}\\ \frac{\partial}{\partial x} & \frac{\partial}{\partial y} & \frac{\partial}{\partial z}\\ a_x & a_y & a_z\end{vmatrix}\cdot\begin{vmatrix}\boldsymbol{i} & \boldsymbol{j} & \boldsymbol{k}\\ \frac{\partial x}{\partial u} & \frac{\partial y}{\partial u} & \frac{\partial z}{\partial u}\\ \frac{\partial x}{\partial v} & \frac{\partial y}{\partial v} & \frac{\partial z}{\partial v}\end{vmatrix}\mathrm{d}u\mathrm{d}v$$

$$=\iint_{\mathrm{D}}\left(\frac{\partial a_z}{\partial y}-\frac{\partial a_y}{\partial z},\ \frac{\partial a_x}{\partial z}-\frac{\partial a_z}{\partial x},\ \frac{\partial a_y}{\partial x}-\frac{\partial a_x}{\partial y}\right)$$
$$\cdot\left(\frac{\partial y}{\partial u}\frac{\partial z}{\partial v}-\frac{\partial z}{\partial u}\frac{\partial y}{\partial v},\ \frac{\partial z}{\partial u}\frac{\partial x}{\partial v}-\frac{\partial x}{\partial u}\frac{\partial z}{\partial v},\ \frac{\partial x}{\partial u}\frac{\partial y}{\partial v}-\frac{\partial y}{\partial u}\frac{\partial x}{\partial v}\right)\mathrm{d}u\mathrm{d}v$$

$$=\iint_{\mathrm{D}}\left(\frac{\partial a_z}{\partial y}\frac{\partial y}{\partial u}\frac{\partial z}{\partial v}-\frac{\partial a_z}{\partial y}\frac{\partial z}{\partial u}\frac{\partial y}{\partial v}-\frac{\partial a_y}{\partial z}\frac{\partial y}{\partial u}\frac{\partial z}{\partial v}+\frac{\partial a_y}{\partial z}\frac{\partial z}{\partial u}\frac{\partial y}{\partial v}\right.$$
$$+\frac{\partial a_x}{\partial z}\frac{\partial z}{\partial u}\frac{\partial x}{\partial v}-\frac{\partial a_x}{\partial z}\frac{\partial x}{\partial u}\frac{\partial z}{\partial v}-\frac{\partial a_z}{\partial x}\frac{\partial z}{\partial u}\frac{\partial x}{\partial v}+\frac{\partial a_z}{\partial x}\frac{\partial x}{\partial u}\frac{\partial z}{\partial v}$$
$$\left.+\frac{\partial a_y}{\partial x}\frac{\partial x}{\partial u}\frac{\partial y}{\partial v}-\frac{\partial a_y}{\partial x}\frac{\partial y}{\partial u}\frac{\partial x}{\partial v}-\frac{\partial a_x}{\partial y}\frac{\partial x}{\partial u}\frac{\partial y}{\partial v}+\frac{\partial a_x}{\partial y}\frac{\partial y}{\partial u}\frac{\partial x}{\partial v}\right)\mathrm{d}u\mathrm{d}v$$

$$=\iint_{\mathrm{D}}\left\{\left(\frac{\partial a_x}{\partial y}\frac{\partial y}{\partial u}+\frac{\partial a_x}{\partial z}\frac{\partial z}{\partial u}\right)\frac{\partial x}{\partial v}-\left(\frac{\partial a_x}{\partial y}\frac{\partial y}{\partial v}+\frac{\partial a_x}{\partial z}\frac{\partial z}{\partial v}\right)\frac{\partial x}{\partial u}\right.$$
$$+\left(\frac{\partial a_y}{\partial z}\frac{\partial z}{\partial u}+\frac{\partial a_y}{\partial x}\frac{\partial x}{\partial u}\right)\frac{\partial y}{\partial v}-\left(\frac{\partial a_y}{\partial z}\frac{\partial z}{\partial v}+\frac{\partial a_y}{\partial x}\frac{\partial x}{\partial v}\right)\frac{\partial y}{\partial u}$$
$$\left.+\left(\frac{\partial a_z}{\partial x}\frac{\partial x}{\partial u}+\frac{\partial a_z}{\partial y}\frac{\partial y}{\partial u}\right)\frac{\partial z}{\partial v}-\left(\frac{\partial a_z}{\partial x}\frac{\partial x}{\partial v}+\frac{\partial a_z}{\partial y}\frac{\partial y}{\partial v}\right)\frac{\partial z}{\partial u}\right\}\mathrm{d}u\mathrm{d}v$$

$$=\iint_{\mathrm{D}}\left\{\left(\underbrace{\frac{\partial a_x}{\partial x}\frac{\partial x}{\partial u}}_{\text{足して}}+\frac{\partial a_x}{\partial y}\frac{\partial y}{\partial u}+\frac{\partial a_x}{\partial z}\frac{\partial z}{\partial u}\right)\underline{\frac{\partial x}{\partial v}}-\left(\underbrace{\frac{\partial a_x}{\partial x}\frac{\partial x}{\partial v}}_{\text{引く}}+\frac{\partial a_x}{\partial y}\frac{\partial y}{\partial v}+\frac{\partial a_x}{\partial z}\frac{\partial z}{\partial v}\right)\underline{\frac{\partial x}{\partial u}}\right.$$
$$+\left(\frac{\partial a_y}{\partial x}\frac{\partial x}{\partial u}+\underline{\frac{\partial a_y}{\partial y}\frac{\partial y}{\partial u}}+\frac{\partial a_y}{\partial z}\frac{\partial z}{\partial u}\right)\underline{\frac{\partial y}{\partial v}}-\left(\frac{\partial a_y}{\partial x}\frac{\partial x}{\partial v}+\underline{\frac{\partial a_y}{\partial y}\frac{\partial y}{\partial v}}+\frac{\partial a_y}{\partial z}\frac{\partial z}{\partial v}\right)\underline{\frac{\partial y}{\partial u}}$$
$$+\left(\frac{\partial a_z}{\partial x}\frac{\partial x}{\partial u}+\frac{\partial a_z}{\partial y}\frac{\partial y}{\partial u}+\underline{\frac{\partial a_z}{\partial z}\frac{\partial z}{\partial u}}\right)\underline{\frac{\partial z}{\partial v}}-\left(\frac{\partial a_z}{\partial x}\frac{\partial x}{\partial v}+\frac{\partial a_z}{\partial y}\frac{\partial y}{\partial v}+\underline{\frac{\partial a_z}{\partial z}\frac{\partial z}{\partial v}}\right)\underline{\frac{\partial z}{\partial u}}$$
$$\left.\right\}\mathrm{d}u\mathrm{d}v$$

$\frac{\partial a_x}{\partial u}=\frac{\partial a_x}{\partial x}\frac{\partial x}{\partial u}+\frac{\partial a_x}{\partial y}\frac{\partial y}{\partial u}+\frac{\partial a_x}{\partial z}\frac{\partial z}{\partial u}$ だから

$$=\iint_{\mathrm{D}}\left\{\frac{\partial a_x}{\partial u}\frac{\partial x}{\partial v}-\frac{\partial a_x}{\partial v}\frac{\partial x}{\partial u}+\frac{\partial a_y}{\partial u}\frac{\partial y}{\partial v}-\frac{\partial a_y}{\partial v}\frac{\partial y}{\partial u}+\frac{\partial a_z}{\partial u}\frac{\partial z}{\partial v}-\frac{\partial a_z}{\partial v}\frac{\partial z}{\partial u}\right\}\mathrm{d}u\mathrm{d}v$$

$$= \iint_{\mathrm{D}} \left\{ \left(\frac{\partial a_x}{\partial u}\frac{\partial x}{\partial v} + a_x \underline{\frac{\partial^2 x}{\partial u \partial v}} \right) - \left(\frac{\partial a_x}{\partial v}\frac{\partial x}{\partial u} + a_x \underline{\frac{\partial^2 x}{\partial v \partial u}} \right) \right.$$

$\frac{\partial^2 x}{\partial u \partial v} = \frac{\partial^2 x}{\partial v \partial u}$ とする

$$+ \left(\frac{\partial a_y}{\partial u}\frac{\partial y}{\partial v} + a_y \underline{\frac{\partial^2 y}{\partial u \partial v}} \right) - \left(\frac{\partial a_y}{\partial v}\frac{\partial y}{\partial u} + a_y \underline{\frac{\partial^2 y}{\partial v \partial u}} \right)$$

$$\left. + \left(\frac{\partial a_z}{\partial u}\frac{\partial z}{\partial v} + a_z \underline{\frac{\partial^2 z}{\partial u \partial v}} \right) - \left(\frac{\partial a_z}{\partial v}\frac{\partial z}{\partial u} + a_z \underline{\frac{\partial^2 z}{\partial v \partial u}} \right) \right\} \mathrm{d}u\mathrm{d}v$$

$$= \iint_{\mathrm{D}} \left\{ \frac{\partial}{\partial u}\left(a_x \frac{\partial x}{\partial v} \right) - \frac{\partial}{\partial v}\left(a_x \frac{\partial x}{\partial u} \right) \right.$$

$$+ \frac{\partial}{\partial u}\left(a_y \frac{\partial y}{\partial v} \right) - \frac{\partial}{\partial v}\left(a_y \frac{\partial y}{\partial u} \right)$$

$$\left. + \frac{\partial}{\partial u}\left(a_z \frac{\partial z}{\partial v} \right) - \frac{\partial}{\partial v}\left(a_z \frac{\partial z}{\partial u} \right) \right\} \mathrm{d}u\mathrm{d}v$$

(7.2) $F = a_x \frac{\partial x}{\partial u}$, $G = a_x \frac{\partial x}{\partial v}$ とすると
$\iint_{\mathrm{D}} \{ \frac{\partial}{\partial u}(a_x \frac{\partial x}{\partial v}) - \frac{\partial}{\partial v}(a_x \frac{\partial x}{\partial u}) \} \mathrm{d}u\mathrm{d}v$
$= \oint_{\mathrm{C}} (a_x \frac{\partial x}{\partial u}\mathrm{d}u + a_x \frac{\partial x}{\partial v}\mathrm{d}v)$

$$= \oint_{\mathrm{C}} \left\{ a_x \left(\frac{\partial x}{\partial u}\mathrm{d}u + \frac{\partial x}{\partial v}\mathrm{d}v \right) + a_y \left(\frac{\partial y}{\partial u}\mathrm{d}u + \frac{\partial y}{\partial v}\mathrm{d}v \right) + a_z \left(\frac{\partial z}{\partial u}\mathrm{d}u + \frac{\partial z}{\partial v}\mathrm{d}v \right) \right\}$$

$$= \oint_{\mathrm{C}} (a_x \mathrm{d}x + a_y \mathrm{d}y + a_z \mathrm{d}z)$$

$\mathrm{d}x = \frac{\partial x}{\partial u}\mathrm{d}u + \frac{\partial x}{\partial v}\mathrm{d}v$

$$= \oint_{\mathrm{C}} (a_x, a_y, a_z) \cdot (\mathrm{d}x, \mathrm{d}y, \mathrm{d}z)$$

$$= \oint_{\mathrm{C}} \boldsymbol{a} \cdot \mathrm{d}\boldsymbol{r}$$ ストークスの定理 (7.10) 右辺

となり，ストークスの定理が成り立ちます．

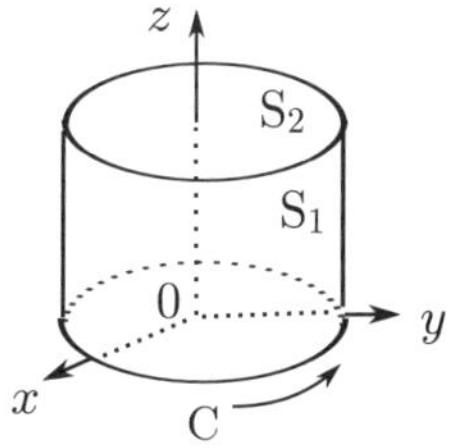

例題 7.3： ベクトル場を，$\boldsymbol{a} = (-y, -xz, 1)$，円柱の側面を $\mathrm{S}_1 : x^2 + y^2 = 4$, $0 \leqq z \leqq 3$，円柱の上底面を $\mathrm{S}_2 : x^2 + y^2 \leqq 4$, $z = 3$，S_1 と S_2 の和を S，S の境界を曲線 C: $x^2 + y^2 = 4$, $z = 0$ として，法線ベクトルは，S_1 では z 軸から遠ざかる方向，S_2 では上向きとし，C の向きは正とします．このとき，$\oint_{\mathrm{C}} \boldsymbol{a} \cdot \mathrm{d}\boldsymbol{r}$ と $\int_{\mathrm{S}} (\nabla \times \boldsymbol{a}) \cdot \boldsymbol{n}\, \mathrm{d}S$ を求めてストークスの定理を確かめなさい．

解：　まず，Cに沿って$\boldsymbol{a}$の線積分を求めましょう．

曲線Cはxy平面上の円$x^2+y^2=4$なので，C上の位置ベクトルを

$$\boldsymbol{r}(\theta)=(2\cos\theta,2\sin\theta,0)\quad(0\leqq\theta\leqq 2\pi)$$

で表します．するとC上では，$\boldsymbol{a}=(-y,-xz,1)=(-2\sin\theta,0,1)$，$\dfrac{\mathrm{d}\boldsymbol{r}}{\mathrm{d}\theta}=(-2\sin\theta,2\cos\theta,0)$です．よって，

$$\begin{aligned}\oint_{\mathrm{C}}\boldsymbol{a}\cdot\mathrm{d}\boldsymbol{r}&=\int_0^{2\pi}\boldsymbol{a}\cdot\frac{\mathrm{d}\boldsymbol{r}}{\mathrm{d}\theta}\mathrm{d}\theta\qquad(\text{p.184 (6.7) より})\\&=\int_0^{2\pi}(-2\sin\theta,0,1)\cdot(-2\sin\theta,2\cos\theta,0)\,\mathrm{d}\theta\\&=\int_0^{2\pi}4\sin^2\theta\,\mathrm{d}\theta\\&=\int_0^{2\pi}2(1-\cos 2\theta)\,\mathrm{d}\theta\\&=\Big[2\theta-\sin 2\theta\Big]_0^{2\pi}=4\pi\quad\text{です．}\end{aligned}\tag{7.11}$$

つぎに，S$(=\mathrm{S}_1+\mathrm{S}_2)$上で$\nabla\times\boldsymbol{a}$の面積分を求めましょう．$\nabla\times\boldsymbol{a}$はベクトルなので面積分はp.199 (6.23)で計算できます．

$\boldsymbol{a}=(-y,-xz,1)$から$\nabla\times\boldsymbol{a}=\begin{vmatrix}\boldsymbol{i}&\boldsymbol{j}&\boldsymbol{k}\\\dfrac{\partial}{\partial x}&\dfrac{\partial}{\partial y}&\dfrac{\partial}{\partial z}\\-y&-xz&1\end{vmatrix}=(x,0,-z+1)$です．

円柱の側面S_1上の位置ベクトルを

$$\boldsymbol{r}(z,\theta)=(2\cos\theta,2\sin\theta,z)\quad(0\leqq z\leqq 3,\ 0\leqq\theta\leqq 2\pi)$$

で表します．するとS_1上では，$\nabla\times\boldsymbol{a}=(x,0,-z+1)=(2\cos\theta,0,-z+1)$，$\dfrac{\partial\boldsymbol{r}}{\partial z}=(0,0,1)$，$\dfrac{\partial\boldsymbol{r}}{\partial\theta}=(-2\sin\theta,2\cos\theta,0)$，

$\dfrac{\partial\boldsymbol{r}}{\partial z}\times\dfrac{\partial\boldsymbol{r}}{\partial\theta}=\begin{vmatrix}\boldsymbol{i}&\boldsymbol{j}&\boldsymbol{k}\\0&0&1\\-2\sin\theta&2\cos\theta&0\end{vmatrix}=(-2\cos\theta,-2\sin\theta,0)$です．そして，条件を満たす法線ベクトルは$-\dfrac{\partial\boldsymbol{r}}{\partial z}\times\dfrac{\partial\boldsymbol{r}}{\partial\theta}=(2\cos\theta,2\sin\theta,0)$です．よって，

$$\begin{aligned}
\int_{S_1} (\nabla \times \boldsymbol{a}) \cdot \boldsymbol{n}\,\mathrm{d}S \underset{\substack{(6.23)\\ \mathrm{p}.199}}{=} & \int_0^{2\pi}\int_0^3 (2\cos\theta, 0, -z+1)\cdot(2\cos\theta, 2\sin\theta, 0)\,\mathrm{d}z\mathrm{d}\theta \\
= & \int_0^{2\pi}\int_0^3 4\cos^2\theta\,\mathrm{d}z\mathrm{d}\theta \\
= & \int_0^{2\pi} 12\cos^2\theta\,\mathrm{d}\theta \\
= & \int_0^{2\pi} 6\,(1+\cos 2\theta)\,\mathrm{d}\theta \\
= & \Big[6\,\theta + 3\sin 2\theta\Big]_0^{2\pi} \;=\; 12\pi \text{ です.}
\end{aligned}$$

S_2 は平面 $z=3$ 上の円内部なので，その位置ベクトルを

$$\boldsymbol{r}(r,\theta) = (r\cos\theta, r\sin\theta, 3) \quad (0 \leqq r \leqq 2,\ 0 \leqq \theta \leqq 2\pi)$$

で表します．すると S_2 上では，$\nabla \times \boldsymbol{a} = (x, 0, -z+1) = (r\cos\theta, 0, -2)$，
$\dfrac{\partial \boldsymbol{r}}{\partial r} = (\cos\theta, \sin\theta, 0)$，$\dfrac{\partial \boldsymbol{r}}{\partial \theta} = (-r\sin\theta, r\cos\theta, 0)$，
$\dfrac{\partial \boldsymbol{r}}{\partial r} \times \dfrac{\partial \boldsymbol{r}}{\partial \theta} = \begin{vmatrix} \boldsymbol{i} & \boldsymbol{j} & \boldsymbol{k} \\ \cos\theta & \sin\theta & 0 \\ -r\sin\theta & r\cos\theta & 0 \end{vmatrix} = (0,0,r)$ です．法線ベクトルの向きは条件を満たしています．よって，

$$\begin{aligned}
\int_{S_2} (\nabla \times \boldsymbol{a}) \cdot \boldsymbol{n}\,\mathrm{d}S = & \int_0^{2\pi}\int_0^2 (r\cos\theta, 0, -2)\cdot(0,0,r)\,\mathrm{d}r\mathrm{d}\theta \\
= & \int_0^{2\pi}\int_0^2 (-2r)\,\mathrm{d}r\mathrm{d}\theta \\
= & \int_0^{2\pi} \Big[-r^2\Big]_0^2 \mathrm{d}\theta \\
= & -4\int_0^{2\pi} d\theta \;=\; -8\pi \text{ です.}
\end{aligned}$$

以上から

$$\begin{aligned}
\int_{S} (\nabla \times \boldsymbol{a}) \cdot \boldsymbol{n}\,\mathrm{d}S &= \int_{S_1} (\nabla \times \boldsymbol{a}) \cdot \boldsymbol{n}\,\mathrm{d}S + \int_{S_2} (\nabla \times \boldsymbol{a}) \cdot \boldsymbol{n}\,\mathrm{d}S \\
&= 12\pi - 8\pi = 4\pi = \oint_C \boldsymbol{a}\cdot\mathrm{d}\boldsymbol{r}
\end{aligned}$$

となり，ストークスの定理が成り立ちます．

例題のように，**区分的に滑らかな曲面**（有限個の滑らかな曲面を接合してできる曲面）にたいしてもストークスの定理は成り立ちます．

■**練習問題 7.4**　ベクトル場 $\boldsymbol{a}=(-y,-xz,1)$ と境界線 C: $x^2+y^2=4,\ z=0$ は例題 **7.3** と同じにします．このとき，つぎの曲面 S における回転の面積分

$$\int_{\mathrm{S}}(\nabla\times\boldsymbol{a})\cdot\boldsymbol{n}\,\mathrm{d}S$$

を求めなさい．なお，S 上の法線ベクトルは上向きとし，C の向きは正とします．

(1) S : $x^2+y^2\leqq 4,\ z=0$　　(2) S : $x^2+y^2+z=4,\ z\geqq 0$　　(3) S : $x^2+y^2+z^2=4,\ z\geqq 0$

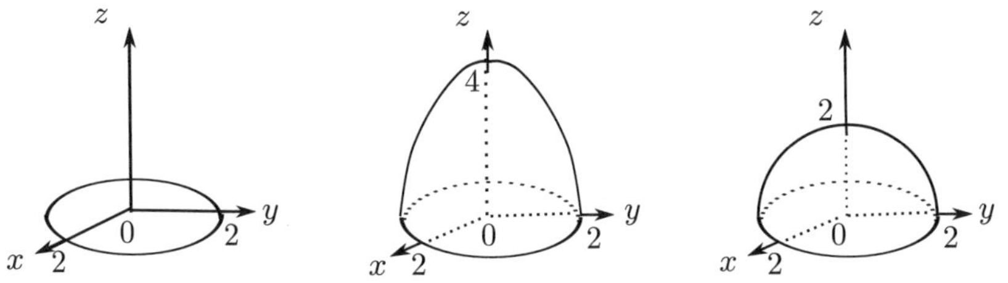

■**練習問題 7.5**　閉曲線 C で囲まれた曲面 S において，φ と ψ をスカラー関数とし，S の単位法線ベクトルを $\boldsymbol{n}$ とするとき，つぎを示しなさい．

$$\int_{\mathrm{S}}(\nabla\varphi\times\nabla\psi)\cdot\boldsymbol{n}\mathrm{d}S=\oint_{\mathrm{C}}\varphi\nabla\psi\cdot\mathrm{d}\boldsymbol{r}=-\oint_{\mathrm{C}}\psi\nabla\varphi\cdot\mathrm{d}\boldsymbol{r}.$$

ヒント：$\boldsymbol{a}=\varphi\nabla\psi$ とすると $\nabla\times\boldsymbol{a}=\nabla\varphi\times\nabla\psi$ であれば，ストークスの定理 (7.10) の形です．

§7.4　応用：電場と積分定理

真空中に電荷があると**電場**が生じます。いま，電荷 Q をもつ点 Q があり，真空の誘電率を ϵ_0，点 Q を始点として空間内の点を終点とするベクトルを $\boldsymbol{r}$，$r=|\boldsymbol{r}|$ とすると，電場 $\boldsymbol{E}$ は

$$\boldsymbol{E}\;=\;\boldsymbol{E}(\boldsymbol{r})\;=\;\frac{1}{4\pi\epsilon_0}\frac{Q}{r^2}\,\frac{\boldsymbol{r}}{r}$$

で表せ，向きは，$Q > 0$ のときは $\boldsymbol{r}$ と一致し，$Q < 0$ のときは $-\boldsymbol{r}$ と一致します．

この電場に電荷 q を置くと，（電荷）掛ける（電場），すなわち

$$\boldsymbol{f} \;=\; q\,\boldsymbol{E} \;=\; \frac{1}{4\pi\epsilon_0}\frac{Qq}{r^2}\,\frac{\boldsymbol{r}}{r}$$

となる斥力 $\boldsymbol{f}$ が働きます．ただし，Q と q が異符号のときには引力になります．

そして，電場 $\boldsymbol{E}$ はポテンシャル

$$\phi \;=\; \frac{1}{4\pi\epsilon_0}\frac{Q}{r}$$

をもち，$\boldsymbol{E} \;=\; -\nabla\phi$ が成り立ちます．このポテンシャル ϕ が**電位**です．

つぎに，立体 V を囲む閉曲面 S 中に複数の電荷が存在して，電荷の密度を $\rho = \rho(x, y, z)$ とすると，つぎの式が成り立ち，**ガウスの法則**と呼ばれます．

$$\oint_{\mathrm{S}} \boldsymbol{E}\cdot\boldsymbol{n}\,\mathrm{d}S = \frac{1}{\epsilon_0}\int_{\mathrm{V}} \rho\,\mathrm{d}V.$$

一方，ガウスの発散定理 (7.1) からは

$$\int_{\mathrm{S}} \boldsymbol{E}\cdot\boldsymbol{n}\,\mathrm{d}S = \int_{\mathrm{V}} \nabla\cdot\boldsymbol{E}\,\mathrm{d}V$$

が得られます．ともに，V 内で生じる電場の総和と，S を通って出ていく電場の総和が等しいことを表しています．

また，電場 $\boldsymbol{E}$ における任意の閉曲線を C とすると

$$\oint_{\mathrm{C}} \boldsymbol{E}\cdot\mathrm{d}\boldsymbol{r} = \oint_{\mathrm{C}} (-\nabla\phi)\cdot\mathrm{d}\boldsymbol{r} = \phi(\text{始点}) - \phi(\text{終点}) = 0$$

です．よって，ストークスの定理 (7.10) から

$$\int_{\mathrm{S}} (\nabla\times\boldsymbol{E})\cdot\boldsymbol{n}\,\mathrm{d}S = \oint_{\mathrm{C}} \boldsymbol{E}\cdot\mathrm{d}\boldsymbol{r}$$

ですので，

$$\nabla\times\boldsymbol{E} = \boldsymbol{0}$$

が導かれます．これからも電場 $\boldsymbol{E}$ は渦がないことがわかります．

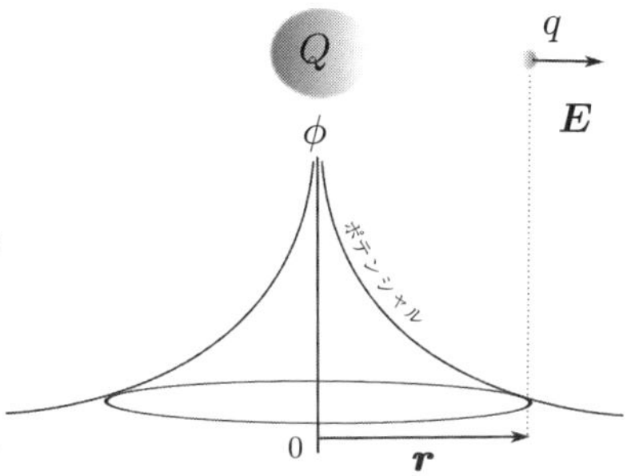

正電荷によるポテンシャル

練習問題の解答

1.1　(1) AB$=\sqrt{(7-(-5))^2+((-2)-3)^2}=\sqrt{144+25}=13$
(2) CD$=\sqrt{(0-1)^2+(1-0)^2+(4-2)^2}=\sqrt{1+1+4}=\sqrt{6}$

1.2　$\overrightarrow{\mathrm{AB}}=\overrightarrow{\mathrm{ED}}, \overrightarrow{\mathrm{BC}}=\overrightarrow{\mathrm{FE}}$

1.3　$\overrightarrow{\mathrm{OA}}=(2,3), \overrightarrow{\mathrm{OB}}=(x,-y)$

1.4　$\overrightarrow{\mathrm{CD}}=(2,1,-2)$，$|\overrightarrow{\mathrm{CD}}|=\sqrt{2^2+1^2+(-2)^2}=3$
$\overrightarrow{\mathrm{DC}}=(-2,-1,2)$，$|\overrightarrow{\mathrm{DC}}|=\sqrt{(-2)^2+(-1)^2+2^2}=3$

1.5　たとえば (1) $\boldsymbol{a}=(2,0), \boldsymbol{b}=(2,2)$　(2) $2\boldsymbol{a}=(4,0), \boldsymbol{-3b}=(-6,-6)$
ベクトルの図示は略.

1.6　$\frac{1}{|\boldsymbol{a}|}\boldsymbol{a}=\frac{1}{5}\boldsymbol{a}$，$\frac{1}{|\boldsymbol{b}|}\boldsymbol{b}=\frac{1}{\sqrt{5}}\boldsymbol{b}$

1.7　(1) $-(\boldsymbol{x}-2\boldsymbol{y})+2(\boldsymbol{x}-3\boldsymbol{y})=\boldsymbol{x}-4\boldsymbol{y}$
(2) $3(-\boldsymbol{a}+\boldsymbol{b}-2\boldsymbol{c})-2(\boldsymbol{a}+2\boldsymbol{b}-\boldsymbol{c})=-5\boldsymbol{a}-\boldsymbol{b}-4\boldsymbol{c}$

1.8　(1) $(-3,2,4)=-3\boldsymbol{i}+2\boldsymbol{j}+4\boldsymbol{k}$
(2) $\boldsymbol{a}-\boldsymbol{b}=-\boldsymbol{i}+2\boldsymbol{k}=(-1,0,2)$ より，$|\boldsymbol{a}-\boldsymbol{b}|=\sqrt{5}$

1.9　$\boldsymbol{R}^3$ の任意の点は実数 x,y,z を用いて (x,y,z) と表される．3 つのベクトル $\boldsymbol{a}_1=(1,0,1), \boldsymbol{a}_2=(0,1,1), \boldsymbol{a}_3=(0,0,1)$ の線形結合は $c_1\boldsymbol{a}_1+c_2\boldsymbol{a}_2+c_3\boldsymbol{a}_3$ であるから，示すべきことは

$$
\begin{aligned}
(x,y,z) &= c_1\boldsymbol{a}_1+c_2\boldsymbol{a}_2+c_3\boldsymbol{a}_3 \\
&= c_1(1,0,1)+c_2(0,1,1)+c_3(0,0,1)
\end{aligned}
$$

$$= (c_1, c_2, c_1 + c_2 + c_3)$$

と置いたときに，係数 c_1, c_2, c_3 が x, y, z で決定できるかどうかである．これはを未知数が c_1, c_2, c_3 である次の連立一次方程式の解について考えることと同じである．

$$\begin{cases} c_1 = x \\ c_2 = y \\ c_1 + c_2 + c_3 = z \end{cases}$$

この連立一次方程式の解は $c_1 = x, c_2 = y, c_3 = z - y - x$ となる．したがって，$\boldsymbol{R}^3$ の任意の点 (x, y, z) は

$$(x, y, z) = x\boldsymbol{a}_1 + y\boldsymbol{a}_2 + (z - y - x)\boldsymbol{a}_3$$

と 3 つのベクトル $\boldsymbol{a}_1 = (1, 0, 1), \boldsymbol{a}_2 = (0, 1, 1), \boldsymbol{a}_3 = (0, 0, 1)$ の線形結合で表されることが分かる．

1.10　(1) 線形従属　(2) 線形独立　(3) 線形従属

1.11　$\boldsymbol{a} = (a_1, a_2, a_3), \boldsymbol{b} = (b_1, b_2, b_3)$ とし，$\boldsymbol{c} = (c_1, c_2, c_3) = \boldsymbol{a} + \boldsymbol{b}$ とおく．$\boldsymbol{a}, \boldsymbol{b} \in \boldsymbol{V}$ であるから，

$$\begin{aligned} p_{11}a_1 + p_{12}a_2 + p_{13}a_3 &= 0 \\ p_{21}a_1 + p_{22}a_2 + p_{23}a_3 &= 0 \\ p_{11}b_1 + p_{12}b_2 + p_{13}b_3 &= 0 \\ p_{21}b_1 + p_{22}b_2 + p_{23}b_3 &= 0 \end{aligned}$$

が成り立つ．1 行目と 3 行目，2 行目と 4 行目を足し合わせることで

$$\begin{aligned} (p_{11}a_1+p_{12}a_2+p_{13}a_3)+(p_{11}b_1+p_{12}b_2+p_{13}b_3) &= p_{11}(a_1+b_1)+p_{12}(a_2+b_2)+p_{13}(a_3+b_3) \\ &= p_{11}c_1+p_{12}c_2+p_{13}c_3 = 0 \\ (p_{21}a_1+p_{22}a_2+p_{23}a_3)+(p_{21}b_1+p_{22}b_2+p_{23}b_3) &= p_{21}(a_1+b_1)+p_{22}(a_2+b_2)+p_{23}(a_3+b_3) \\ &= p_{21}c_1+p_{22}c_2+p_{23}c_3 = 0 \end{aligned}$$

が得られる．したがって，$\boldsymbol{c} = \boldsymbol{a} + \boldsymbol{b} \in \boldsymbol{V}$ となる．$k\boldsymbol{a} \in \boldsymbol{V}$ も同様である．

1.12　$\boldsymbol{W}$ がベクトル空間 $\boldsymbol{V}$ の部分空間であるとは，以下の 2 つの条件を満たす

ときにいうのであった.
(1) $\boldsymbol{x}, \boldsymbol{y} \in \boldsymbol{W}$ なら $\boldsymbol{x}+\boldsymbol{y} \in \boldsymbol{W}$
(2) $a \in \boldsymbol{R}, \boldsymbol{x} \in \boldsymbol{W}$ なら $a\boldsymbol{x} \in \boldsymbol{W}$
したがって，示すべきことは，[I]「(1) かつ (2) なら (条件) が成り立つこと」と，[II]「(条件) なら (1) かつ (2) が成り立つこと」である．[1] については，$a=b=1$ とすれば (1) となり，$b=0$ とすれば (2) となることから分かる．[2] については (2) より $a\boldsymbol{x}, b\boldsymbol{y} \in \boldsymbol{V}$ であり，これに (1) を適用して $a\boldsymbol{x}+b\boldsymbol{y} \in \boldsymbol{V}$ となる.

1.13 $\boldsymbol{a}, \boldsymbol{b} \in \boldsymbol{L}$ とすると $\boldsymbol{V}$ の有限個の元 $\boldsymbol{x}_1, \boldsymbol{x}_2, \cdots, \boldsymbol{x}_k$ によって

$$\begin{aligned} \boldsymbol{a} &= p_1\boldsymbol{x}_1 + p_2\boldsymbol{x}_2 + \cdots + p_k\boldsymbol{x}_k \\ \boldsymbol{b} &= q_1\boldsymbol{x}_1 + q_2\boldsymbol{x}_2 + \cdots + q_k\boldsymbol{x}_k \end{aligned}$$

と表される．ここで，$c, d \in \boldsymbol{R}$ として $c\boldsymbol{a}+d\boldsymbol{b}$ を計算すると

$$\begin{aligned} c\boldsymbol{a}+d\boldsymbol{b} &= c(p_1\boldsymbol{x}_1 + p_2\boldsymbol{x}_2 + \cdots + p_k\boldsymbol{x}_k) + d(q_1\boldsymbol{x}_1 + q_2\boldsymbol{x}_2 + \cdots + q_k\boldsymbol{x}_k) \\ &= (cp_1+dq_1)\boldsymbol{x}_1 + (cp_2+dq_2)\boldsymbol{x}_2 + \cdots + (cp_k+dq_k)\boldsymbol{x}_k \end{aligned}$$

となる．$cp_1+dq_1, cp_2+dq_2, \cdots, cp_k+dq_k$ はすべて実数であるから $c\boldsymbol{a}+d\boldsymbol{b} \in \boldsymbol{L}$ となることが分かる.

1.14 単項式の組 $\{1, x, x^2\}$ は線形独立である．任意の実数 x に対して，$a_2x^2+a_1x+a_0=0$ とすると $a_2=a_1=a_0$ となるからである．したがって，高々 2 次の実多項式は $\{1, x, x^2\}$ の線形結合 $a_2x^2+a_1x+a_0$ で表されることが分かる．したがって，$\{1, x, x^2\}$ は $\boldsymbol{V}_2$ の基底の組である.

1.15 $\boldsymbol{V}$ の部分空間にならないのは和集合 $W_1 \cup W_2$ である．これを反例で示す．$\boldsymbol{V}=\boldsymbol{R}^2$ として $W_1=\{(x_1,x_2); x_1=0\}, W_2=\{(x_1,x_2); x_2=0\}$ とする．$(0,1) \in W_1, (1,0) \in W_2$ とすると，$(1,0),(0,1) \in W_1 \cup W_2$ であるが，$(1,0)+(0,1)=(1,1) \notin W_1 \cup W_2$ となる．したがって，$W_1 \cup W_2$ は $\boldsymbol{V}$ の部分空間にはならない.
共通部分 $W_1 \cap W_2$ が $\boldsymbol{V}$ の部分空間になることを示す．$\boldsymbol{x}, \boldsymbol{y} \in W_1 \cap W_2$ とすると，$\boldsymbol{x}, \boldsymbol{y} \in W_1$ かつ $\boldsymbol{x}, \boldsymbol{y} \in W_2$ となる．W_1 と W_2 は $\boldsymbol{V}$ の部分空間であるから,

$\boldsymbol{x}+\boldsymbol{y} \in W_1$ かつ $\boldsymbol{x}+\boldsymbol{y} \in W_2$ となり，$\boldsymbol{x}+\boldsymbol{y} \in W_1 \cap W_2$ となる．また，実数 c に対して $c\boldsymbol{x} \in W_1, W_2$ かつ $c\boldsymbol{y} \in W_1, W_2$ であるから，$c(\boldsymbol{x}+\boldsymbol{y}) \in W_1 \cap W_2$ となる．

和空間についても，同様に示せばよい．

1.16　方向余弦の定義から明らかである．ベクトル $\boldsymbol{x}$ の方向余弦は

$$\left(\frac{x_1}{|\boldsymbol{x}|}, \frac{x_2}{|\boldsymbol{x}|}, \cdots, \frac{x_n}{|\boldsymbol{x}|}\right)$$

である．

1.17　$\frac{x-1}{-1} = \frac{y-3}{2} = \frac{z+2}{1}$

1.18

$$\begin{aligned} |\boldsymbol{x}+\boldsymbol{y}|^2 &= (\boldsymbol{x}+\boldsymbol{y}) \cdot (\boldsymbol{x}+\boldsymbol{y}) \\ &= (\boldsymbol{x}+\boldsymbol{y}) \cdot \boldsymbol{x} + (\boldsymbol{x}+\boldsymbol{y}) \cdot \boldsymbol{y} \\ &= \boldsymbol{x} \cdot \boldsymbol{x} + \boldsymbol{y} \cdot \boldsymbol{x} + \boldsymbol{x} \cdot \boldsymbol{y} + \boldsymbol{y} \cdot \boldsymbol{y} \\ &= |\boldsymbol{x}|^2 + \boldsymbol{x} \cdot \boldsymbol{y} + \boldsymbol{x} \cdot \boldsymbol{y} + |\boldsymbol{y}|^2 \\ &= |\boldsymbol{x}|^2 + 2\boldsymbol{x} \cdot \boldsymbol{y} + |\boldsymbol{y}|^2 \end{aligned}$$

1.19　$|\boldsymbol{x}+\boldsymbol{y}|^2 = |\boldsymbol{x}|^2 + 2\boldsymbol{x}\cdot\boldsymbol{y} + |\boldsymbol{y}|^2$ となることを利用する．$|\boldsymbol{x}+\boldsymbol{y}|^2 = 4^2+1^2 = 17, |\boldsymbol{x}|^2 = 2, |\boldsymbol{y}|^2 = 13$ であるから

$$\boldsymbol{x} \cdot \boldsymbol{y} = \frac{17-2-13}{2} = 1$$

となる．

1.20　$\boldsymbol{a} = \left(\frac{1}{4}, \frac{1}{4}, \frac{1}{4}, \frac{1}{4}\right), \boldsymbol{b} = (x, y, z, w)$ とおいて，シュワルツの不等式を使えばよい．等号成立は $x = y = z = w = 1$ となる場合のみである．

1.21

$$\begin{aligned} \boldsymbol{i} &= (1, 0, 0) = (x_1, x_2, x_3) \\ \boldsymbol{j} &= (0, 1, 0) = (y_1, y_2, y_3) \end{aligned}$$

$$\boldsymbol{k} = (0,0,1) = (z_1, z_2, z_3)$$

とおいて，例えば，$\boldsymbol{j}\times\boldsymbol{k}$を計算する場合は，$(y_2z_3-y_3z_2, y_3z_1-y_1z_3, y_1z_2-y_2z_1)$において，$y_2=1, z_3=1$以外はすべて0を代入すればよい．$\boldsymbol{i}\times\boldsymbol{i}$を計算するときは，$(x_2x_3-x_3x_2, x_3x_1-x_1x_3, x_1x_2-x_2x_1)$に対して$x_1=1, x_2=x_3=0$を代入すれば$\boldsymbol{i}\times\boldsymbol{i}=(0,0,0)=\boldsymbol{0}$となることが確認できる．残りも同様である．

1.22　成分の計算をすることで確認できる．

1.23　三角形OABの面積は$\frac{1}{2}|\boldsymbol{x}||\boldsymbol{y}|\sin\theta$であるから，求める平行四辺形の面積は$S=|\boldsymbol{x}||\boldsymbol{y}|\sin\theta$となる．また，三角形OABにおいて，余弦定理から$\cos\theta=\frac{\boldsymbol{x}\cdot\boldsymbol{y}}{|\boldsymbol{x}||\boldsymbol{y}|}$が成り立つから

$$S^2 = |\boldsymbol{x}|^2|\boldsymbol{y}|^2(1-\cos^2\theta) = |\boldsymbol{x}|^2|\boldsymbol{y}|^2\left(1-\frac{(\boldsymbol{x}\cdot\boldsymbol{y})^2}{|\boldsymbol{x}|^2|\boldsymbol{y}|^2}\right) = |\boldsymbol{x}|^2|\boldsymbol{y}|^2-(\boldsymbol{x}\cdot\boldsymbol{y})^2$$

となる．$\boldsymbol{x}=(x_1,x_2,x_3), \boldsymbol{y}=(y_1,y_2,y_3)$とおくと，

$$|\boldsymbol{x}|^2|\boldsymbol{y}|^2-(\boldsymbol{x}\cdot\boldsymbol{y})^2 = (x_1^2+x_2^2+x_3^2)(y_1^2+y_2^2+y_3^3)-(x_1y_1+x_2y_2+x_3y_3)^2 = |\boldsymbol{x}\times\boldsymbol{y}|^2$$

となる．

2.1

$$\begin{aligned} AB &= \begin{pmatrix} 2-2 & -4+4 \\ 6-6 & -12+12 \end{pmatrix} \\ &= \begin{pmatrix} 0 & 0 \\ 0 & 0 \end{pmatrix} \\ BA &= \begin{pmatrix} 2-12 & 4-24 \\ -1+6 & -2+12 \end{pmatrix} \\ &= \begin{pmatrix} -10 & -20 \\ 5 & 10 \end{pmatrix} \end{aligned}$$

2.2　奇順列になるものは$\sigma_3=(2,1,3), \sigma_5=(3,2,1)$であり，偶順列になるものは$\sigma_4=(3,1,2)$である．以下，簡単に互換の方法を示しておく．

$$\sigma_3 = (2,1,3) \to (1,2,3)$$
$$\sigma_4 = (3,1,2) \to (1,3,2) \to (1,2,3)$$
$$\sigma_5 = (3,2,1) \to (2,3,1) \to (2,1,3) \to (1,2,3)$$

2.3　$|A| = 5 - 6 = -1, |B| = 0$ となる．

2.4　(1)

$$\begin{aligned}\begin{vmatrix} \boldsymbol{i} & \boldsymbol{j} & \boldsymbol{k} \\ 1 & -2 & 0 \\ 2 & 1 & 3 \end{vmatrix} &= (-6+0)\boldsymbol{i} + (0-3)\boldsymbol{j} + (1+4)\boldsymbol{k} \\ &= (-6,-3,5)\end{aligned}$$

(2)

$$\begin{aligned}\begin{vmatrix} \boldsymbol{i} & \boldsymbol{j} & \boldsymbol{k} \\ 0 & 1 & 2 \\ 2 & -1 & 3 \end{vmatrix} &= (3+2)\boldsymbol{i} + (4-0)\boldsymbol{j} + (0-2)\boldsymbol{k} \\ &= (5,4,-2)\end{aligned}$$

2.5　(1) 0（3 行目は 1 行目の 2 倍足す 2 行目）
(2) 0（1 行目の 2 倍が 3 行目と一致）

2.6　(1) $\boldsymbol{a} \cdot (\boldsymbol{b} \times \boldsymbol{c}) = \begin{vmatrix} 2 & 0 & -1 \\ -1 & 1 & 0 \\ 0 & 1 & 1 \end{vmatrix} = 3$

(2) $\boldsymbol{x} \cdot (\boldsymbol{y} \times \boldsymbol{z}) = \begin{vmatrix} -3 & 2 & 0 \\ -1 & 0 & 1 \\ 0 & 1 & 2 \end{vmatrix} = 7$

2.7　例えば，$\boldsymbol{y}, \boldsymbol{z}$ が同じベクトルであるとき，$|\boldsymbol{y} \times \boldsymbol{z}| = 0$，つまり平行六面体の底面積となる平行四辺形の面積は 0 になる．したがって，体積も 0 となる．内積を計算しても同様である．

2.8　$\boldsymbol{z} = \boldsymbol{x} + \boldsymbol{y}$ となるから，ベクトルの組 $\{\boldsymbol{x}, \boldsymbol{y}, \boldsymbol{z}\}$ は線形従属である．また，

$\boldsymbol{x} \cdot (\boldsymbol{y} \times \boldsymbol{z}) = 0$ と計算できることも分かる.

2.9

$$\begin{aligned} x_1(y_3z_1 - y_1z_3) - x_2(y_2z_3 - y_3z_2) &= y_3(x_1z_1 + x_2z_2) - z_3(x_1y_1 + x_2y_2) \\ &= y_3(x_1z_1 + x_2z_2 + x_3z_3) - z_3(x_1y_1 + x_2y_2 + x_3y_3) \\ &= y_3(\boldsymbol{x} \cdot \boldsymbol{z}) - z_3(\boldsymbol{x} \cdot \boldsymbol{y}) \end{aligned}$$

となる.

2.10　$(\boldsymbol{x} \times \boldsymbol{y}) \times \boldsymbol{z} = (\boldsymbol{x} \cdot \boldsymbol{z})\boldsymbol{y} - (\boldsymbol{y} \cdot \boldsymbol{z})\boldsymbol{x}$ となることから確認できる.

2.11

$$yz = -(\boldsymbol{y} \cdot \boldsymbol{z}) + \boldsymbol{y} \times \boldsymbol{z}$$

であるから,

$$\begin{aligned} x(yz) &= -(\boldsymbol{y} \cdot \boldsymbol{z})\boldsymbol{x} - \boldsymbol{x} \cdot (\boldsymbol{y} \times \boldsymbol{z}) + \boldsymbol{x} \times (\boldsymbol{y} \times \boldsymbol{z}) \\ &= -(\boldsymbol{y} \cdot \boldsymbol{z})\boldsymbol{x} - \begin{vmatrix} x_1 & x_2 & x_3 \\ y_1 & y_2 & y_3 \\ z_1 & z_2 & z_3 \end{vmatrix} - (\boldsymbol{x} \cdot \boldsymbol{y})\boldsymbol{z} + (\boldsymbol{x} \cdot \boldsymbol{z})\boldsymbol{y} \end{aligned}$$

2.12

$$\begin{aligned} f'(t) &= 6t^2 - 2t \\ f''(t) &= 12t - 2 \end{aligned}$$

であるから, 2 秒後の点 Q の速さは $f'(2) = 24 - 4 = 20$, 加速度は $f''(2) = 24 - 2 = 22$ となる.

2.13　$\boldsymbol{\alpha} = \bigl(-r\omega^2 \cos(\omega t), -r\omega^2 \sin(\omega t)\bigr)$ より, $|\boldsymbol{\alpha}| = r\omega^2$ となる. また, $\boldsymbol{v} \cdot \boldsymbol{\alpha} = -r\omega \sin(\omega t)(-r)\omega^2 \cos(\omega t) + r\omega \cos(\omega t)(-r)\omega^2 \sin(\omega t) = 0$ である.

2.14　点 A の位置ベクトルは $\boldsymbol{r} = \boldsymbol{i} - \boldsymbol{k}$ で与えられるから,

$$\boldsymbol{M} = \boldsymbol{r} \times \boldsymbol{F}$$

$$= \begin{vmatrix} \boldsymbol{i} & \boldsymbol{j} & \boldsymbol{k} \\ 1 & 0 & -1 \\ 1 & 1 & 0 \end{vmatrix}$$
$$= \boldsymbol{i} - \boldsymbol{j} + \boldsymbol{k}$$

となります.

3.1　右辺を M とおいて $\mathrm{L} \subset \mathrm{M}$ かつ $\mathrm{L} \supset \mathrm{M}$ となることを次のように示す. 任意に $(x, y, z) \in \mathrm{L}$ とすると, ある $t \in \boldsymbol{R}$ が存在して $(x, y, z) = (\alpha, \beta, \gamma) + t\boldsymbol{n}$ と書ける. すると, $\frac{x-\alpha}{n_x} = \frac{(\alpha+tn_x)-\alpha}{n_x} = t, \frac{y-\beta}{n_y} = \frac{(\beta+tn_y)-\beta}{n_y} = t, z - \gamma = \gamma - \gamma = 0$ なので, $\frac{x-\alpha}{n_x} = \frac{y-\beta}{n_y}, z = \gamma$ となる. ゆえに, $(x, y, z) \in \mathrm{M}$ なので $\mathrm{L} \subset \mathrm{M}$ となる. 任意に $(x, y, z) \in \mathrm{M}$ とする. $t = \frac{x-\alpha}{n_x} = \frac{y-\beta}{n_y}$ とおくと $(x, y, z) = (\alpha + tn_x, \beta + tn_y, \gamma) = (\alpha, \beta, \gamma) + t\boldsymbol{n} \in \mathrm{L}$ となる. ゆえに, $(x, y, z) \in \mathrm{L}$ なので $\mathrm{L} \supset \mathrm{M}$ となる. 以上より, $\mathrm{L} = \mathrm{M}$ となる.
右辺を M とおく. 任意に $(x, y, z) \in \mathrm{L}$ とすると, ある $t \in \boldsymbol{R}$ が存在して $(x, y, z) = (\alpha, \beta, \gamma) + t\boldsymbol{n}$ と書ける. すると, $\frac{x-\alpha}{n_x} = \frac{(\alpha+tn_x)-\alpha}{n_x} = t, y - \beta = \beta - \beta = 0, z - \gamma = \gamma - \gamma = 0$ なので, $x = tn_x + \alpha, y = \beta, z = \gamma$ となる. ゆえに, $(x, y, z) \in \mathrm{M}$ なので $\mathrm{L} \subset \mathrm{M}$ となる. 任意に $(x, y, z) \in \mathrm{M}$ とする. $t = \frac{x-\alpha}{n_x}$ とおくと $(x, y, z) = (\alpha + tn_x, \beta, \gamma) = (\alpha, \beta, \gamma) + t\boldsymbol{n} \in \mathrm{L}$ となる. ゆえに, $(x, y, z) \in \mathrm{L}$ なので $\mathrm{L} \supset \mathrm{M}$ となる. 以上より, $\mathrm{L} = \mathrm{M}$ となる.

3.2　$x = r\cos\theta, y = r\sin\theta$ とおくと, $(x, y) \to 0 \Leftrightarrow r \to 0$ なので $\lim\limits_{(x,y)\to(0,0)} f(x, y) = \lim\limits_{r\to 0}(r(\cos^2\theta - \sin^2\theta)) = 0$.

3.3

1. $\frac{\partial z}{\partial x} = \frac{\mathrm{d}}{\mathrm{d}x}\left(\frac{x}{y}\right)e^{\frac{x}{y}} = \frac{1}{y}e^{\frac{x}{y}}, \frac{\partial z}{\partial y} = \frac{\mathrm{d}}{\mathrm{d}y}\left(\frac{x}{y}\right)e^{\frac{x}{y}} = -\frac{x}{y^2}e^{\frac{x}{y}}$.
2. $\frac{\partial z}{\partial x} = \frac{\mathrm{d}y}{\mathrm{d}x}\cos xy + y\frac{\mathrm{d}\cos xy}{\mathrm{d}x} = -y^2\sin xy, \frac{\partial z}{\partial y} = \frac{\mathrm{d}y}{\mathrm{d}y}\cos xy + y\frac{\mathrm{d}\cos xy}{\mathrm{d}y} = \cos xy - xy\sin xy$.
3. $\frac{\partial y}{\partial x_i} = 2x_i \ (i = 1, 2, 3)$.

3.4

1. $\frac{\partial z}{\partial x} = -\sin(x + y^2), \frac{\partial z}{\partial y} = -2y\sin(x + y^2)$ なので $\frac{\partial}{\partial x}\left(\frac{\partial z}{\partial x}\right) = -\cos(x + y^2), \frac{\partial}{\partial y}\left(\frac{\partial z}{\partial x}\right) = -2y\cos(x + y^2), \frac{\partial}{\partial x}\left(\frac{\partial z}{\partial y}\right) = -2y\cos(x + y^2), \frac{\partial}{\partial y}\left(\frac{\partial z}{\partial y}\right) =$

$-2\sin(x+y^2)-4y^2\cos(x+y^2)$.

2. $\frac{\partial}{\partial x_i}\left(\frac{\partial y}{\partial x_i}\right)=2\ (i=1,2,3)$, $\frac{\partial}{\partial x_i}\left(\frac{\partial y}{\partial x_j}\right)=0\ (i\neq j)$.

3.5 $f(a+\Delta x,b+\Delta y)=f(a,b)+\Delta x f_x(a,b)+\Delta y f_y(a,b)+\frac{1}{2}(\Delta x^2 f_{xx}(a+\theta\Delta x,b+\theta\Delta y)+2\Delta x\Delta y f_{xy}(a+\theta\Delta x,b+\theta\Delta y)+\Delta y^2 f_{yy}(a+\theta\Delta x,b+\theta\Delta y))$

3.6

1. $i=1$ のとき

$$\begin{aligned}
\text{左辺} &= F'(t)\\
&= \Delta x\frac{\partial}{\partial x}f(a+\Delta xt,b+\Delta yt)+\Delta y\frac{\partial}{\partial y}f(a+\Delta xt,b+\Delta yt)\\
&= \left(\Delta x\frac{\partial}{\partial x}+\Delta y\frac{\partial}{\partial y}\right)f(a+\Delta xt,b+\Delta yt)\\
\text{右辺} &= \left(\Delta x\frac{\partial}{\partial x}+\Delta y\frac{\partial}{\partial y}\right)f(a+\Delta xt,b+\Delta yt)
\end{aligned}$$

なので式 (3.5) が成立する.

2. $k\geqq 1$ に対し

$$F^{(k)}(t)=\sum_{j=0}^{k}\binom{k}{j}\Delta x^{k-j}\Delta y^j\frac{\partial^k}{\partial x^{k-j}\partial y^j}f(a+\Delta xt,b+\Delta yt)$$

が成立すると仮定する.

$$\begin{aligned}
&F^{(k+1)}(t)\\
&= (F^{(k)}(t))'\\
&= \left(\sum_{j=0}^{k}\binom{k}{j}\Delta x^{k-j}\Delta y^j\frac{\partial^k}{\partial x^{k-j}\partial y^j}f(a+\Delta xt,b+\Delta yt)\right)'\\
&= \sum_{j=0}^{k}\binom{k}{j}\left(\Delta x^{k-j+1}\Delta y^j\frac{\partial^{k+1}}{\partial x^{k-j+1}\partial y^j}f(a+\Delta xt,b+\Delta yt)\right.\\
&\qquad\left.+\Delta x^{k-j}\Delta y^{j+1}\frac{\partial^{k+1}}{\partial x^{k-j}\partial y^{j+1}}f(a+\Delta xt,b+\Delta yt)\right)\\
&= \Delta x^{k+1}\frac{\partial^{k+1}}{\partial x^{k+1}}f(a+\Delta xt,b+\Delta yt)\\
&\quad+\sum_{j=0}^{k-1}\left(\binom{k}{j}+\binom{k}{j+1}\right)\Delta x^{k-j}\Delta y^{j+1}\frac{\partial^{k+1}}{\partial x^{k-j}\partial y^{j+1}}f(a+\Delta xt,b+\Delta yt)
\end{aligned}$$

$$+\Delta x^{k+1}\frac{\partial^{k+1}}{\partial y^{k+1}}f(a+\Delta xt, b+\Delta yt)$$
$$=\sum_{j=0}^{k+1}\binom{k+1}{j}\Delta x^{k+1-j}\Delta y^{j}\frac{\partial^{k+1}}{\partial x^{k+1-j}\partial y^{j}}f(a+\Delta xt, b+\Delta yt)$$

なので $i=k+1$ のときに式 (3.5) が成立する.

3. すべての自然数 i について式 (3.5) が成立する.

3.7 $\frac{\partial z}{\partial x}=\sec^2 x\cos y e^{\tan x\cos y}$, $\frac{\partial z}{\partial y}=-\tan x\sin y e^{\tan x\cos y}$, $\frac{\partial x}{\partial u}=v$, $\frac{\partial x}{\partial v}=u\frac{\partial y}{\partial u}=1$, $\frac{\partial y}{\partial v}=1$ なので定理 3.5 より $\frac{\partial z}{\partial u}=(v\sec^2 uv\cos(u+v)-\tan uv\sin(u+v))e^{\tan uv\cos(u+v)}$, $\frac{\partial z}{\partial v}=(u\sec^2 uv\cos(u+v)-\tan uv\sin(u+v))e^{\tan uv\cos(u+v)}$ である.

3.8 $f(x,y)=x^2+4.2y^2-1$ とすると，定義 3.1 より $f_x=2x, f_y=8.4y$ である．定理 3.6 より $\frac{\mathrm{d}y}{\mathrm{d}x}=-\frac{2x}{8.4y}=-\frac{x}{4.2y}$ である.

3.9 点 (a,b) で極値を持つならば 1 変数関数 $f(x,b)$ と $f(a,y)$ はそれぞれ $x=a$ と $y=b$ で極値をもつ．ゆえに，$f_x(a,b)=0$ と $f_y(a,b)=0$ が成り立つ.

3.10 極大点は $(x,y)=(\frac{1}{\sqrt{2}},0)$ で，極大値は $f(\frac{1}{\sqrt{2}},0)=\frac{1}{\sqrt{2e}}$ である．極小点は $(x,y)=(-\frac{1}{\sqrt{2}},0)$ で，極小値は $f(-\frac{1}{\sqrt{2}},0)=-\frac{1}{\sqrt{2e}}$ である.

3.11 $F(x,y,\lambda)=\frac{x^2}{2}+\frac{y^2}{2}+6+\lambda(x^2+xy+y^2-1)$ とおく．定理 3.11 より，極点は

$$\begin{aligned}F_x &= (2\lambda+1)x+\lambda y=0\\ F_y &= \lambda x+(2\lambda+1)y=0\\ F_\lambda &= x^2+xy+y^2-1=0\end{aligned}$$

の解である．(第 1 式) $\times\,(2\lambda+1)-$ (第 2 式) $\times\,\lambda$ より，$((2\lambda+1)^2-\lambda^2)x=0$ なので $(\lambda+1)(3\lambda+1)x=0$ となる．ゆえに，$\lambda=-\frac{1}{3},-1$ または $x=0$ である．$x=0$ と仮定すると，第 1 式より $y=0$ ですが，$x=y=0$ は第 3 式を満たさないので $x\neq 0$ である．$\lambda=-\frac{1}{3}$ とすると，第 1 式より $x=y$ なので第 3 式より $(x,y)=(\pm\frac{1}{\sqrt{3}},\pm\frac{1}{\sqrt{3}})$ となる．$\lambda=-1$ とすると，第 1 式より

$x=-y$ なので第 3 式より $(x,y)=(\pm1,\mp1)$ となる．
ワイエルシュトラスの定理より連続関数は有界な閉領域で最大値と最小値をとるので，最小値は $f(\pm\frac{1}{\sqrt{3}},\pm\frac{1}{\sqrt{3}})=\frac{19}{3}$，最大値は $f(\pm1,\mp1)=7$ となる．

3.12 ヤコビアン $J=\begin{vmatrix}\cos\theta & -r\sin\theta\\ \sin\theta & r\cos\theta\end{vmatrix}=r>0$ である．$f(r_1,\theta_1)=f(r_2,\theta_2)$ ならば $(r_1,\theta_1)=(r_2,\theta_2)$ を示す．なぜならば，$(r_1\cos\theta_1, r_1\sin\theta_1)=(r_2\cos\theta_2, r_2\sin\theta_2)$ より，$r_1\cos\theta_1=r_2\cos\theta_2$，$r_1\sin\theta_1=r_2\sin\theta_2$ となる．よって，$r_1\cos\theta_1 r_2\sin\theta_2=r_2\cos\theta_2 r_1\sin\theta_1, r_1>0, r_2>0$ より $\sin(\theta_1-\theta_2)=0$ なので $\theta_1-\theta_2=0,\pi$ となる．$\theta_1-\theta_2=\pi$ は $r_1\sin\theta_1=r_2\sin\theta_2$ を満たさないので $\theta_1-\theta_2=0$，つまり $(r_1,\theta_1)=(r_2,\theta_2)$ となる．また，$f(r,\theta)=(x,y)$ とすると，$x=r\cos\theta, y=r\sin\theta$ である．$x^2+y^2=r^2(\cos^2\theta+\sin^2\theta)=r^2$，$r>0$ なので，$r=\sqrt{x^2+y^2}$ となる．$\frac{y}{x}=\frac{r\sin\theta}{r\cos\theta}=\tan\theta$ なので，$\theta=\tan^{-1}(\frac{y}{x})$ となる．ゆえに，$f^{-1}(x,y)=(\sqrt{x^2+y^2},\tan^{-1}(\frac{y}{x}))$ である．

4.1 (1) $\int_0^1 \mathrm{d}x\int_0^1(x^2+y^3)\mathrm{d}y=\int_0^1\left[x^2y+\frac{1}{4}y^4\right]_0^1\mathrm{d}x=\int_0^1\left(x^2+\frac{1}{4}\right)\mathrm{d}x=\left[\frac{1}{3}x^3+\frac{1}{4}x\right]_0^1=\frac{7}{12}$. (2) $\int_0^1\mathrm{d}x\int_0^1 xe^{x+y}\mathrm{d}y=\int_0^1 xe^x\mathrm{d}x\cdot\int_0^1 e^y\mathrm{d}y=\left([xe^x]_0^1-\int_0^1 e^x\mathrm{d}x\right)\cdot[e^y]_0^1=\left(e-[e^x]_0^1\right)(e^1-e^0)=e-1$. (3) $\int_1^2\mathrm{d}x\int_0^1\frac{1}{x+y}\mathrm{d}y=\int_1^2[\log(x+y)]_0^1\mathrm{d}x=\int_1^2(\log(x+1)-\log x)\mathrm{d}x=\int_1^2\log\left(1+\frac{1}{x}\right)\mathrm{d}x=\left[x\log\left(1+\frac{1}{x}\right)\right]_1^2+\int_1^2\frac{1}{x+1}\mathrm{d}x=\log\frac{25}{8}+[\log(x+1)]_1^2=\log\frac{27}{16}$. (4) $\int_0^{1/2}\mathrm{d}x\int_0^{1/2}\cos\pi\left(\frac{1}{2}x+y\right)\mathrm{d}y=\int_0^{1/2}\left[\frac{1}{\pi}\sin\pi\left(\frac{1}{2}x+y\right)\right]_0^{1/2}\mathrm{d}x=\frac{1}{\pi}\int_0^{1/2}\left(\sin\left(\frac{\pi x}{2}+\frac{\pi}{2}\right)-\sin\frac{\pi x}{2}\right)\mathrm{d}x=\frac{2}{\pi}\cdot\sin\frac{\pi}{4}\int_0^{1/2}\cos\frac{\pi x+\frac{\pi}{2}}{2}\mathrm{d}x=\frac{2\sqrt{2}}{\pi^2}\left[\sin\left(\frac{\pi x}{2}+\frac{\pi}{4}\right)\right]_0^{1/2}=\frac{2\sqrt{2}}{\pi^2}\left(1-\frac{\sqrt{2}}{2}\right)$.

4.2 (1) (4.8) の形式: $\{(x,y)\mid 0\leqq x\leqq 1,\ x^2\leqq y\leqq\sqrt{x}\}$. (4.9) の形式: $\{(x,y)\mid y^2\leqq x\leqq\sqrt{y},\ 0\leqq y\leqq 1\}$. (2) (4.8) の形式: $\{(x,y)\mid 0\leqq x\leqq 1,\ e^x-e\leqq y\leqq 0\}$. (4.9) の形式: $\{(x,y)\mid 0\leqq x\leqq\log(y+e), 1-e\leqq y\leqq 0\}$.

4.3 (1) $\int_1^3\mathrm{d}y\int_0^{y+1}(x+y)\mathrm{d}x=\int_1^3\left[\frac{1}{2}x^2+xy\right]_0^{y+1}\mathrm{d}y=\int_1^3\frac{1}{2}((y+1)(3y+1))\mathrm{d}y=\frac{1}{2}[y^3+2y^2+y]_1^3=22$. (2) $\int_0^2\mathrm{d}x\int_{x+1}^{x+2}y\mathrm{d}y=\int_0^2\left[\frac{y^2}{2}\right]_{x+1}^{x+2}\mathrm{d}x=\int_0^2\left(x+\frac{3}{2}\right)\mathrm{d}x=5$. (3) R を (4.8) の形式に表すと $\{(x,y)\mid 0\leqq x\leqq 2,\ 0\leqq y\leqq 2-x\}$ と表せる．よって，与式 $=\int_0^2\mathrm{d}x\int_0^{2-x}e^{x+y}\mathrm{d}y=\int_0^2\left[e^{x+y}\right]_0^{2-x}\mathrm{d}x=\int_0^2(e^2-e^x)\mathrm{d}x=\left[e^2x-e^x\right]_0^2=e^2+1$. (4) $\int_0^{\pi/4}\mathrm{d}\theta\int_0^{\sin\theta}r^2\cos\theta\mathrm{d}r=\int_0^{\pi/4}\left[\frac{1}{3}r^3\cos\theta\right]_0^{\sin\theta}\mathrm{d}\theta=\frac{1}{3}\int_0^{\pi/4}\sin^3\theta\cos\theta\mathrm{d}\theta$. ここで $\sin\theta=t$ と変数変換を

行うと，$\cos\theta \mathrm{d}\theta = \mathrm{d}t, \theta : 0 \to \pi/4,\ t : 0 \to \sqrt{2}/2$ であり，$\frac{1}{3}\int_0^{\pi/4} \sin^3\theta \cos\theta \mathrm{d}\theta = \int_0^{\sqrt{2}/2} \frac{t^3}{3}\mathrm{d}t = \frac{1}{48}$.

4.4　(1) (4.8) の形式: $\{(x, y) \mid -1 \leqq x \leqq 3,\ x^2 \leqq y \leqq 2x+3\}$. (4.9) の形式: $R_1 = \{(x, y) \mid -\sqrt{y} \leqq x \leqq \sqrt{y},\ 0 \leqq y \leqq 1\}$, $R_2 = \{(x, y) \mid y/2 - 3/2 \leqq x \leqq \sqrt{y},\ 1 \leqq y \leqq 9\}$ としたときの $R_1 \cup R_2$.　(2) (4.8) の形式: $R_1 = \{(x, y) \mid 0 \leqq x \leqq 1,\ -\sqrt{x} \leqq y \leqq \sqrt{x}\}, R_2 = \{(x, y) | 1 \leqq x \leqq 4, x-2 \leqq y \leqq \sqrt{x}\}$ としたときの $R_1 \cup R_2$. (4.9) の形式: $\{(x, y) \mid y^2 \leqq x \leqq y+2,\ -1 \leqq y \leqq 2\}$.

4.5　(1) $\int_0^1 \mathrm{d}x \int_{\sqrt{x}}^1 \frac{1}{\sqrt{y^3+1}}\mathrm{d}y = \int_0^1 \mathrm{d}y \int_0^{y^2} \frac{1}{\sqrt{y^3+1}}\mathrm{d}x = \int_0^1 \left[\frac{1}{\sqrt{y^3+1}}x\right]_0^{y^2} \mathrm{d}y = \int_0^1 \frac{y^2}{\sqrt{y^3+1}}\mathrm{d}y$. ここで $y^3+1 = t$ と変数変換を行うと，$3y^2\mathrm{d}y = \mathrm{d}t, y : 0 \to 1,\ t : 1 \to 2$ であり，$\int_0^1 \frac{y^2}{\sqrt{y^3+1}}\mathrm{d}y = \int_1^2 \frac{1}{3}t^{-1/2}\mathrm{d}t = \left[\frac{2}{3}t^{1/2}\right]_1^2 = \frac{2}{3}(\sqrt{2}-1)$.
(2) $\int_0^1 \mathrm{d}x \int_x^1 e^{x/y}\mathrm{d}y = \int_0^1 \mathrm{d}y \int_0^y e^{x/y}\mathrm{d}x = \int_0^1 \left[ye^{x/y}\right]_0^y \mathrm{d}y = \int_0^1 (ye - y)\mathrm{d}y = (e-1)\left[\frac{1}{2}y^2\right]_0^1 = \frac{1}{2}(e-1)$.

4.6　(1) $x+y = u,\ x-y = v$ とおくと，$x = (u+v)/2,\ y = (u-v)/2$. このとき，$D = \{(u, v) \mid 1/2 \leqq u \leqq 1,\ 0 \leqq v \leqq 1/3\}$. また，$J = \begin{vmatrix} \frac{\partial x}{\partial u} & \frac{\partial x}{\partial v} \\ \frac{\partial y}{\partial u} & \frac{\partial y}{\partial v} \end{vmatrix} = \begin{vmatrix} 1/2 & 1/2 \\ 1/2 & -1/2 \end{vmatrix} = -\frac{1}{2} \neq 0$. $\therefore$ $\iint_D v\cos(\pi u)|J|\mathrm{d}u\mathrm{d}v = -\frac{1}{2}\int_{1/2}^1 \cos(\pi u)\mathrm{d}u \cdot \int_0^{1/3} v\mathrm{d}v = -\frac{1}{2}\left[\frac{1}{\pi}\sin(\pi u)\right]_{1/2}^1 \cdot \left[\frac{1}{2}v^2\right]_0^{1/3} = \frac{1}{36\pi}$.　(2) $x^3 + x^2y - xy^2 - y^3 = (x+y)^2(x-y)$. ここで $x+y = u,\ x-y = v$ とおくと，$x = (u+v)/2,\ y = (u-v)/2$. このとき，$D = \{(u, v) \mid 0 \leqq u \leqq 1,\ 0 \leqq v \leqq 2\}$. また，$J = -\frac{1}{2}$. $\therefore$ $\iint_D u^2v|J|\mathrm{d}u\mathrm{d}v = -\frac{1}{2}\int_0^1 u^2\mathrm{d}u \cdot \int_0^2 v\mathrm{d}v = -\frac{1}{2}\left[\frac{1}{3}u^3\right]_0^1 \cdot \left[\frac{1}{2}v^2\right]_0^2 = -\frac{1}{3}$.　(3) $x+y = u,\ y/x = v$ とおくと，$x = u/(1+v),\ y = xv = uv/(1+v)$. このとき，$D = \{(u, v) \mid 0 \leqq u \leqq 2,\ 1 \leqq v \leqq 2\}$. また，$J = \begin{vmatrix} \frac{\partial x}{\partial u} & \frac{\partial x}{\partial v} \\ \frac{\partial y}{\partial u} & \frac{\partial y}{\partial v} \end{vmatrix} = \begin{vmatrix} \frac{1}{1+v} & -\frac{u}{(1+v)^2} \\ \frac{v}{1+v} & \frac{u}{(1+v)^2} \end{vmatrix} = \frac{u}{(1+v)^2}$. $\therefore$ $\iint_D (1+v)^2 e^v|J|\mathrm{d}u\mathrm{d}v = \int_0^2 \mathrm{d}u \int_1^2 (1+v)^2 e^v \frac{u}{(1+v)^2}\mathrm{d}v = \int_0^2 u\mathrm{d}u \cdot \int_1^2 e^v\mathrm{d}v = \left[\frac{1}{2}u^2\right]_0^2 \cdot [e^v]_1^2 = 2e(e-1)$.
(4) $\sqrt{x} = u \geqq 0,\ \sqrt{y} = v \geqq 0$ とおくと，$x = u^2,\ y = v^2$. このとき，$D = \{(u, v) \mid 0 \leqq u,\ 0 \leqq v, u+v \leqq 1\} = \{(u, v) \mid 0 \leqq u \leqq 1,\ 0 \leqq v \leqq$

$1-u\}$. また，$J=\begin{vmatrix} 2u & 0 \\ 0 & 2v \end{vmatrix}=4uv$. $\therefore$ $\iint_D u^2|J|\mathrm{d}u\mathrm{d}v=\iint_D 4u^3v\mathrm{d}u\mathrm{d}v=4\int_0^1\mathrm{d}u\int_0^{1-u}u^3v\mathrm{d}v=4\int_0^1\left[\frac{1}{2}u^3v^2\right]_0^{1-u}\mathrm{d}u=2\int_0^1 u^3(1-u)^2\mathrm{d}u=2\int_0^1(u^5-2u^4+u^3)\mathrm{d}u=2\left[\frac{1}{6}u^6-\frac{2}{5}u^5+\frac{1}{4}u^4\right]_0^1=\frac{1}{30}$.

4.7 (1) 極座標(r,θ)を使うと$\Pi=\{(r,\theta)\mid 0\leqq r\leqq\sqrt{2},\ 0\leqq\theta\leqq\pi/2\}$. このとき $\iint_\Pi r^2\sin\theta\mathrm{d}r\mathrm{d}\theta=\int_0^{\sqrt{2}}r^2\mathrm{d}r\cdot\int_0^{\pi/2}\sin\theta\mathrm{d}\theta=\left[\frac{1}{3}r^3\right]_0^{\sqrt{2}}\cdot[-\cos\theta]_0^{\pi/2}=\frac{2\sqrt{2}}{3}$. (2) 同様に，極座標を使うと $\Pi=\{(r,\theta)\mid 0\leqq r\leqq 2,\ 0\leqq\theta<2\pi\}$. このとき $\iint_\Pi\frac{r}{\sqrt{9-r^2}}\mathrm{d}r\mathrm{d}\theta=\int_0^{2\pi}\mathrm{d}\theta\int_0^2\frac{r}{\sqrt{9-r^2}}\mathrm{d}r$. ここで $9-r^2=t$ とすると $-2r\mathrm{d}r=\mathrm{d}t$, $r:0\to 2$, $t:9\to 5$. よって，$\int_0^{2\pi}\mathrm{d}\theta\int_0^2\frac{r}{\sqrt{9-r^2}}\mathrm{d}r=2\pi\int_9^5\frac{-\frac{1}{2}\mathrm{d}t}{\sqrt{t}}=\pi\int_5^9 t^{-1/2}\mathrm{d}t=\pi\left[2t^{1/2}\right]_5^9=2\pi(3-\sqrt{5})$. (3) 極座標を使うと $\Pi=\{(r,\theta)\mid 0\leqq r\leqq 2\cos\theta,\ 0\leqq\theta\leqq\pi/2\}$. このとき $\int_0^{\pi/2}\mathrm{d}\theta\int_0^{2\cos\theta}(r\cos\theta)(r\sin\theta)r\mathrm{d}r=\int_0^{\pi/2}\left[\frac{1}{4}\cos\theta\sin\theta r^4\right]_0^{2\cos\theta}\mathrm{d}\theta=4\int_0^{\pi/2}\cos^5\theta\sin\theta\mathrm{d}\theta$. ここで $\cos\theta=t$ とすると $-\sin\theta\mathrm{d}\theta=\mathrm{d}t$, $\theta:0\to\pi/2$, $t:1\to 0$. よって $4\int_0^{\pi/2}\cos^5\theta\sin\theta\mathrm{d}\theta=4\int_1^0(-t^5)\mathrm{d}t=4\left[\frac{1}{6}t^6\right]_0^1=\frac{2}{3}$. (4) $x=2X$, $y=3Y$ とすると，$\tilde{R}=\{(X,Y)\mid X^2+Y^2\leqq 1, 0\leqq X, 0\leqq Y\}$. このとき $J=\begin{vmatrix}\frac{\partial x}{\partial X} & \frac{\partial x}{\partial Y}\\ \frac{\partial y}{\partial X} & \frac{\partial y}{\partial Y}\end{vmatrix}=6$. よって $\iint_{\tilde{R}}(4X^2+9Y^2)\cdot 6\mathrm{d}X\mathrm{d}Y$. 次に，$(X,Y)$ に対して極座標を用いると $\Pi=\{(r,\theta)\mid 0\leqq r\leqq 1,\ 0\leqq\theta\leqq\pi/2\}$. また，このとき $4X^2+9Y^2=4r^2\cos^2\theta+9r^2\sin^2\theta=r^2(4\cos^2\theta+9\sin^2\theta)=r^2(9-5\cos^2\theta)$. このとき $6\int_0^{\pi/2}\mathrm{d}\theta\int_0^1 r^3(9-5\cos^2\theta)\mathrm{d}r=6\int_0^{\pi/2}(9-5\cos^2\theta)\mathrm{d}\theta\int_0^1 r^3\mathrm{d}r$. ここで $9-5\cos^2\theta=9-5\cdot\frac{1+\cos 2\theta}{2}=\frac{13-5\cos 2\theta}{2}$ より $6\int_0^{\pi/2}(9-5\cos^2\theta)\mathrm{d}\theta\int_0^1 r^3\mathrm{d}r=6\left[\frac{1}{4}r^4\right]_0^1\cdot\frac{1}{2}\left[13\theta-\frac{5}{2}\sin 2\theta\right]_0^{\pi/2}=\frac{39}{8}\pi$.

4.8 球座標を使うと $\Pi=\{(r,\phi,\theta)\mid 0\leqq r\leqq 2,\ 0\leqq\phi\leqq\pi/2,\ 0\leqq\theta\leqq\pi/2\}$. このとき，$\sqrt{x^2+y^2}=\sqrt{r^2\sin^2\phi}=r\sin\phi$ ($0\leqq r$, $0\leqq\phi\leqq\pi/2$ のとき $0\leqq\sin\phi$ より). よって $I=\iiint_\Pi r\sin\phi r^2\sin\phi\mathrm{d}r\mathrm{d}\phi\mathrm{d}\theta=\int_0^2 r^3\mathrm{d}r\cdot\int_0^{\pi/2}\sin^2\phi\mathrm{d}\phi\cdot\int_0^{\pi/2}\mathrm{d}\theta=\left[\frac{1}{4}r^4\right]_0^2\cdot\frac{1}{2}\left[\phi-\frac{1}{2}\sin 2\phi\right]_0^{\pi/2}\cdot[\theta]_0^{\pi/2}=\frac{\pi^2}{2}$.

4.9 (1) $I_{\epsilon_1,\epsilon_2}=\int_{\epsilon_1}^1\frac{1}{\sqrt{x}}\mathrm{d}x\cdot\int_{\epsilon_2}^1\frac{1}{\sqrt[3]{y}}\mathrm{d}y=[2\sqrt{x}]_{\epsilon_1}^1\cdot\left[\frac{3}{2}y^{2/3}\right]_{\epsilon_2}^1=2(1-\sqrt{\epsilon_1})\frac{3}{2}(1-\epsilon_2^{2/3})=3(1-\sqrt{\epsilon_1})(1-\epsilon_2^{2/3})$. よって $I=\lim_{\epsilon_1,\epsilon_2\to+0}I_{\epsilon_1,\epsilon_2}=3$. (2) 極座標に変換すると $\Pi=\{(r,\theta)\mid 0\leqq r\leqq 1, 0\leqq\theta<2\pi\}$, $I=\iint_\Pi\frac{r\mathrm{d}r\mathrm{d}\theta}{\sqrt{1-r^2}}$. いま，

$\Pi_\epsilon = \{(r,\theta) \mid 0 \leqq r \leqq 1-\epsilon, 0 \leqq \theta < 2\pi\}$ と定義し，同じく，$I_\epsilon = \iint_{\Pi_\epsilon} \frac{r\mathrm{d}r\mathrm{d}\theta}{\sqrt{1-r^2}}$ とすると，$I_\epsilon = 2\pi \int_{\Pi_\epsilon} \frac{r\mathrm{d}r}{\sqrt{1-r^2}}$．ここで $1-r^2 = t$ とすると $-2r\mathrm{d}r = \mathrm{d}t, r : 0 \to 1-\epsilon, t : 1 \to 2\epsilon-\epsilon^2$．よって $I_\epsilon = 2\pi \int_1^{2\epsilon-\epsilon^2} \frac{1}{t^{1/2}} \left(-\frac{1}{2}\right) \mathrm{d}t = \pi \int_{2\epsilon-\epsilon^2}^1 t^{-1/2}\mathrm{d}t = \pi \left[2t^{1/2}\right]_{2\epsilon-\epsilon^2}^1 = 2\pi(1-\sqrt{2\epsilon-\epsilon^2})$．よって $I = \lim_{\epsilon\to+0} I_\epsilon = 2\pi$．(3) $I_c = \int_1^c \mathrm{d}y \int_0^1 \frac{x}{(1+x^2+y)^2}\mathrm{d}x = \int_1^c \left[-\frac{1}{2(x^2+y+1)}\right]_0^1 \mathrm{d}y = \frac{1}{2}\int_1^c \left(\frac{1}{y+1} - \frac{1}{y+2}\right)\mathrm{d}y = \frac{1}{2}\left[\log\frac{y+1}{y+2}\right]_1^c = \frac{1}{2}\left(\log\frac{c+1}{c+2} - \log\frac{2}{3}\right)$．よって $I = \lim_{c\to\infty} I_c = \frac{1}{2}\lim_{c\to\infty} \left(\log\frac{1+1/c}{1+2/c} + \log\frac{3}{2}\right) = \frac{1}{2}\log\frac{3}{2}$．

4.10　積分領域 R は $R = \{(x,y) \mid 1 \leqq x \leqq 2, 1 \leqq y \leqq 3-x\}$ であり，R 内では常に $z_1 > z_2$．よって，求める体積は $\iint_R (z_1(x,y) - z_2(x,y))\mathrm{d}x\mathrm{d}y = \iint_R (x^2 - x + y)\mathrm{d}x\mathrm{d}y = \int_1^2 \mathrm{d}x \int_1^{3-x} (x^2 - x + y)\mathrm{d}y = \int_1^2 \left[x^2y - xy + \frac{1}{2}y^2\right]_1^{3-x} \mathrm{d}x = \left[-\frac{1}{4}x^4 + \frac{7}{6}x^3 - \frac{5}{2}x^2 + 4x\right]_1^2 = \frac{11}{12}$．

4.11　$z_x = 2x, z_y = 2y$ より $\sqrt{1+z_x^2+z_y^2} = \sqrt{1+4x^2+4y^2}$．極座標で表すと $z \leqq 3$ は $x^2+y^2 \leqq 3$ つまり $\Pi = \{(r,\theta) \mid 0 \leqq r \leqq \sqrt{3}, 0 \leqq \theta < 2\pi\}$ より $S = \iint_\Pi \sqrt{1+4r^2}r\mathrm{d}r\mathrm{d}\theta = 2\pi\int_0^{\sqrt{3}} \sqrt{1+4r^2}r\mathrm{d}r$．ここで $1+4r^2 = t$ とすると $8r\mathrm{d}r = \mathrm{d}t, r : 0 \to \sqrt{3}, t : 1 \to 13$ より，$S = 2\pi\int_1^{13} t^{1/2}\frac{1}{8}\mathrm{d}t = \frac{\pi}{4}\left[\frac{2}{3}t^{3/2}\right]_1^{13} = \frac{\pi}{6}(13\sqrt{13}-1)$．

5.1　(1) $\dfrac{\mathrm{d}\boldsymbol{a}}{\mathrm{d}t} = (-\sin t, \cos t, 2)$　(2) $\left|\dfrac{\mathrm{d}\boldsymbol{a}}{\mathrm{d}t}\right| = \sqrt{(-\sin t)^2 + \cos^2 t + 2^2} = \sqrt{5}$

(3) $\dfrac{\mathrm{d}}{\mathrm{d}t}(\boldsymbol{a}\cdot\boldsymbol{b}) = \dfrac{\mathrm{d}}{\mathrm{d}t}(t\cos t + t\sin t + 2t^3) = (1+t)\cos t + (1-t)\sin t + 6t^2$

(4)
$$\frac{\mathrm{d}}{\mathrm{d}t}(\boldsymbol{a}\times\boldsymbol{b}) = \frac{\mathrm{d}}{\mathrm{d}t}\begin{vmatrix} \boldsymbol{i} & \boldsymbol{j} & \boldsymbol{k} \\ \cos t & \sin t & 2t \\ t & t & t^2 \end{vmatrix}$$
$$= \frac{\mathrm{d}}{\mathrm{d}t}(t^2\sin t - 2t^2, 2t^2 - t^2\cos t, t\cos t - t\sin t)$$
$$= (t^2\cos t + 2t\sin t - 4t, t^2\sin t - 2t\cos t + 4t, (1-t)\cos t - (1+t)\sin t)$$

(5)
$$\int \boldsymbol{a}\,\mathrm{d}t = \int (\cos t, \sin t, 2t)\,\mathrm{d}t = \left(\int \cos t\,\mathrm{d}t, \int \sin t\,\mathrm{d}t, \int 2t\,\mathrm{d}t\right)$$
$= (\sin t, -\cos t, t^2) + \boldsymbol{C}$　($\boldsymbol{C}$ は任意の定ベクトル)

5.2　$\dfrac{\mathrm{d}\boldsymbol{r}(\theta)}{\mathrm{d}\theta} = (-\sin\theta, \cos\theta, 1)$ から

$$\int_{\pi}^{2\pi}\left|\frac{\mathrm{d}\boldsymbol{r}}{\mathrm{d}\theta}\right|\mathrm{d}\theta=\int_{\pi}^{2\pi}\sqrt{(-\sin\theta)^2+\cos^2\theta+1^2\mathrm{d}\theta}$$
$$=\sqrt{2}\int_{\pi}^{2\pi}\mathrm{d}\theta=\sqrt{2}\pi.$$

5.3 図示するとおりである．なお，原点を始点として (x,y) を終点とするベクトルを反時計方向に90度回転させてから (x,y) が始点となるように平行移動させると $\boldsymbol{a}(x,y)=(-y,x)$ になる．

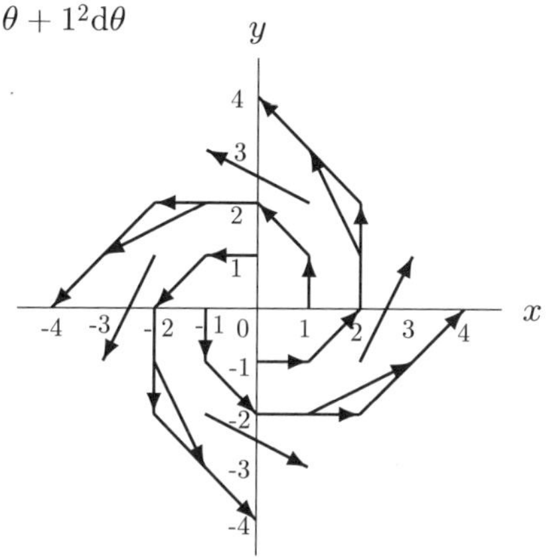

5.4 (1) 点 $(1,2,3)$ では $f(1,2,3)=1-4+9=6$. よって，求める等位曲面は平面 $x-2y+3z=6$.

(2) $f(3,0,0)=\dfrac{1}{3^2+0^2+0^2+1}=\dfrac{1}{10}$. よって, 求める等位曲面は, $f(x,y,z)=\dfrac{1}{x^2+y^2+z^2+1}=\dfrac{1}{10}$ を満たし，$x^2+y^2+z^2=9$, 原点を中心にした半径3の球面.

5.5 (1) 流線が満たす微分方程式は $\dfrac{\mathrm{d}x}{x}=\dfrac{\mathrm{d}y}{y}=\dfrac{\mathrm{d}z}{z}$.

よって $\displaystyle\int\frac{1}{x}\mathrm{d}x=\int\frac{1}{y}\mathrm{d}y=\int\frac{1}{z}\mathrm{d}z$.

$\displaystyle\int\frac{1}{x}\mathrm{d}x=\int\frac{1}{y}\mathrm{d}y$ から

$$\begin{aligned}\log|x|&=\log|y|+C_1\quad(C_1\text{は任意定数})\\ \log|x|&=\log|y|+\log C_2\quad(C_1=\log C_2)\\ \log|x|&=\log C_2|y|\\ x&=\pm C_2y\\ x&=C_3y\quad(C_3=\pm C_2)\end{aligned}$$

これが $(x,y,z)=(1,1,1)$ を通るので $C_3=1$. よって　$x=y$.

同じようにして $\displaystyle\int\frac{1}{y}\mathrm{d}y=\int\frac{1}{z}\mathrm{d}z$ から $y=z$.

したがって求める流線は $x=y=z$.

(2) 流線が満たす微分方程式は $\dfrac{\mathrm{d}x}{-x^2}=\dfrac{\mathrm{d}y}{xy}=\dfrac{\mathrm{d}z}{y}$.

$\dfrac{\mathrm{d}x}{-x^2} = \dfrac{\mathrm{d}y}{xy}$ から

$$\begin{aligned}
\int \frac{1}{-x}\mathrm{d}x &= \int \frac{1}{y}\mathrm{d}y \\
\log|x| &= -\log|y| + C_1 \quad (C_1\text{は任意定数}) \\
\log|x| &= -\log|y| + \log C_2 \quad (C_2 = e^{C_2}\text{は任意定数}) \\
\log|x| &= \log\frac{C_2}{|y|} \\
xy &= \pm C_2 \\
xy &= C_3 \quad (C_3 = \pm C_2\text{は任意定数}).
\end{aligned}$$

これが $(x, y, z) = (1, 1, 1)$ を通るので $C_3 = 1$. よって $xy = 1$.
また, $\dfrac{\mathrm{d}y}{xy} = \dfrac{\mathrm{d}z}{y}$ と $xy = 1$ から

$$\begin{aligned}
\frac{\mathrm{d}y}{1} &= \frac{\mathrm{d}z}{y} \\
\int y\mathrm{d}y &= \int \mathrm{d}z \\
z &= \frac{y^2}{2} + C_4 \quad (C_4\text{は任意定数}).
\end{aligned}$$

これが $(x, y, z) = (1, 1, 1)$ を通るので $C_4 = \dfrac{1}{2}$. よって $z = \dfrac{y^2}{2} + \dfrac{1}{2}$.
したがって求める流線は曲面 $xy = 1$ と曲面 $z = \dfrac{y^2}{2} + \dfrac{1}{2}$ の交線.

5.6

$$\begin{aligned}
(1)\quad \nabla\varphi &= \left(\frac{\partial}{\partial x}, \frac{\partial}{\partial y}, \frac{\partial}{\partial z}\right)\sqrt{x^2+y^2+z^2} \\
&= \left(\frac{\partial}{\partial x}\sqrt{x^2+y^2+z^2}, \frac{\partial}{\partial y}\sqrt{x^2+y^2+z^2}, \frac{\partial}{\partial z}\sqrt{x^2+y^2+z^2}\right) \\
&= \left(\frac{x}{\sqrt{x^2+y^2+z^2}}, \frac{y}{\sqrt{x^2+y^2+z^2}}, \frac{z}{\sqrt{x^2+y^2+z^2}}\right) \\
&= \frac{1}{\sqrt{x^2+y^2+z^2}}(x, y, z)
\end{aligned}$$

$$(2)\quad \nabla\varphi = \left(\frac{\partial}{\partial x}, \frac{\partial}{\partial y}, \frac{\partial}{\partial z}\right)(xy^2z^3)$$

$$= \left(\frac{\partial}{\partial x}(xy^2z^3),\ \frac{\partial}{\partial y}(xy^2z^3),\ \frac{\partial}{\partial z}(xy^2z^3)\right)$$
$$= \left(y^2z^3,\ 2xyz^3,\ 3xy^2z^2\right)$$

5.7 $\nabla f(u,v,w) = \left(\frac{\partial f}{\partial x}, \frac{\partial f}{\partial y}, \frac{\partial f}{\partial z}\right)$ (p. 91 定理 3.5 を 3 変数に拡張して)

$$= \left(\frac{\partial f}{\partial u}\frac{\partial u}{\partial x} + \frac{\partial f}{\partial v}\frac{\partial v}{\partial x} + \frac{\partial f}{\partial w}\frac{\partial w}{\partial x}, \frac{\partial f}{\partial u}\frac{\partial u}{\partial y} + \frac{\partial f}{\partial v}\frac{\partial v}{\partial y} + \frac{\partial f}{\partial w}\frac{\partial w}{\partial y}, \frac{\partial f}{\partial u}\frac{\partial u}{\partial z} + \frac{\partial f}{\partial v}\frac{\partial v}{\partial z} + \frac{\partial f}{\partial w}\frac{\partial w}{\partial z}\right)$$
$$= \frac{\partial f}{\partial u}\left(\frac{\partial u}{\partial x}, \frac{\partial u}{\partial y}, \frac{\partial u}{\partial z}\right) + \frac{\partial f}{\partial v}\left(\frac{\partial v}{\partial x}, \frac{\partial v}{\partial y}, \frac{\partial v}{\partial z}\right) + \frac{\partial f}{\partial w}\left(\frac{\partial w}{\partial x}, \frac{\partial w}{\partial y}, \frac{\partial w}{\partial z}\right)$$
$$= \frac{\partial f}{\partial u}\nabla u + \frac{\partial f}{\partial v}\nabla v + \frac{\partial f}{\partial w}\nabla w$$

5.8 (1)

p. 147 公式 (2) より $\nabla(r\,e^{-r}) = (\nabla r)\,e^{-r} + r\,\nabla e^{-r}$

p. 149 (5.10) と p. 147 公式 (4) より $= \frac{\boldsymbol{r}}{r}\,e^{-r} + r\,(e^{-r})'\,\nabla r$

p. 149 (5.10) より $= \frac{\boldsymbol{r}}{r}\,e^{-r} - r\,e^{-r}\,\frac{\boldsymbol{r}}{r}$

$= \frac{1-r}{r}\,e^{-r}\,\boldsymbol{r}$

(2)

p. 147 公式 (3) より $\nabla\left(\frac{e^{-r}}{r}\right) = \frac{(\nabla e^{-r})\,r - e^{-r}\,\nabla r}{r^2}$

p. 147 公式 (4) と p. 149(5.10) より $= \frac{\{(e^{-r})'\,\nabla r\}\,r - e^{-r}\,\frac{\boldsymbol{r}}{r}}{r^2}$

p. 149 (5.10) より $= \frac{-e^{-r}\,\boldsymbol{r} - e^{-r}\,\frac{\boldsymbol{r}}{r}}{r^2}$

$= -\frac{r+1}{r^3}\,e^{-r}\,\boldsymbol{r}$

5.9 スカラー場 $\varphi(x,y,z) = x^2 + y^2 - z$ が与えられていると考えると，与えられた曲面は φ の等位曲面 $\varphi = 0$ である．φ の勾配は $\nabla\varphi(x,y,z) = \left(\frac{\partial\varphi}{\partial x}, \frac{\partial\varphi}{\partial y}, \frac{\partial\varphi}{\partial z}\right) = (2x,\ 2y,\ -1)$ であるので P では $(x,y,z) = (0,1,1)$ より

$$\nabla\varphi(0,1,1) = (0,2,-1)\,, \quad |\nabla\varphi(0,1,1)| = \sqrt{0^2 + 2^2 + (-1)^2} = \sqrt{5}.$$

よって，P における曲面の単位法線ベクトルは $\frac{\nabla\varphi(0,1,1)}{|\nabla\varphi(0,1,1)|} = \left(0, \frac{2}{\sqrt{5}}, -\frac{1}{\sqrt{5}}\right)$.

P の位置ベクトルを $\boldsymbol{r}_0 = (0,1,1)$，接平面上の任意の点の位置ベクトルを $\boldsymbol{p} = (x,y,z)$ とすると　$\nabla\varphi(0,1,1)\cdot(\boldsymbol{p}-\boldsymbol{r}_0) = 0.$

この左辺は $\nabla\varphi(0,1,1)\cdot(\boldsymbol{p}-\boldsymbol{r}_0) = (0,2,-1)\cdot(x-0,y-1,z-1) = 2y-z-1$ であるので，曲面の P における接平面の方程式は　$2y-z=1.$

5.10　等高線と垂直な方向の勾配が最大.

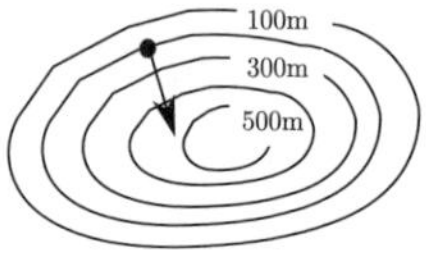

5.11　$\nabla\varphi = \left(\dfrac{-2x}{(x^2+y^2+z^2)^2}, \dfrac{-2y}{(x^2+y^2+z^2)^2}, \dfrac{-2z}{(x^2+y^2+z^2)^2}\right)$　だから

$(-1,0,1)$ での勾配は $\nabla\varphi(-1,0,1) = \left(\dfrac{1}{2}, 0, -\dfrac{1}{2}\right).$

$(-1,0,1)$ での方向微分係数の最大値は

$|\nabla\varphi(-1,0,1)| = \sqrt{\left(\dfrac{1}{2}\right)^2 + 0^2 + \left(-\dfrac{1}{2}\right)^2} = \dfrac{\sqrt{2}}{2}.$ $(-1,0,1)$ での

最大傾斜方向は $\dfrac{\nabla\varphi(-1,0,1)}{|\nabla\varphi(-1,0,1)|} = \left(\dfrac{1}{2}, 0, -\dfrac{1}{2}\right) \Big/ \dfrac{\sqrt{2}}{2} = \left(\dfrac{\sqrt{2}}{2}, 0, -\dfrac{\sqrt{2}}{2}\right).$

5.12

$$\begin{aligned}\nabla\cdot\boldsymbol{a} &= \left(\frac{\partial}{\partial x}, \frac{\partial}{\partial y}, \frac{\partial}{\partial z}\right)\cdot(e^x, x, -e^{-z})\\ &= \frac{\partial e^x}{\partial x} + \frac{\partial x}{\partial y} + \frac{\partial(-e^{-z})}{\partial z}\\ &= e^x + 0 + e^{-z} = e^x + e^{-z}.\end{aligned}$$

よって $(x,y,z) = (1,2,0)$ では $\nabla\cdot\boldsymbol{a} = e+1.$

5.13　$\boldsymbol{a} = (a_x, a_y, a_z), \boldsymbol{b} = (b_x, b_y, b_z)$ とする.

(2)

$$\begin{aligned}\nabla\cdot(\boldsymbol{a}+\boldsymbol{b}) &= \left(\frac{\partial}{\partial x}, \frac{\partial}{\partial y}, \frac{\partial}{\partial z}\right)\cdot(a_x+b_x,\ a_y+b_y,\ a_z+b_z)\\ &= \frac{\partial}{\partial x}(a_x+b_x) + \frac{\partial}{\partial y}(a_y+b_y) + \frac{\partial}{\partial z}(a_z+b_z)\\ &= \frac{\partial\,a_x}{\partial x} + \frac{\partial\,b_x}{\partial x} + \frac{\partial\,a_y}{\partial y} + \frac{\partial\,b_y}{\partial y} + \frac{\partial\,a_z}{\partial z} + \frac{\partial\,b_z}{\partial z}\\ &= \left(\frac{\partial\,a_x}{\partial x} + \frac{\partial\,a_y}{\partial y} + \frac{\partial\,a_z}{\partial z}\right) + \left(\frac{\partial\,b_x}{\partial x} + \frac{\partial\,b_y}{\partial y} + \frac{\partial\,b_z}{\partial z}\right)\end{aligned}$$

$$= \left(\frac{\partial}{\partial x}, \frac{\partial}{\partial y}, \frac{\partial}{\partial z}\right)\cdot(a_x,\, a_y,\, a_z) + \left(\frac{\partial}{\partial x}, \frac{\partial}{\partial y}, \frac{\partial}{\partial z}\right)\cdot(b_x,\, b_y,\, b_z)$$
$$= \nabla\cdot\boldsymbol{a} + \nabla\cdot\boldsymbol{b}$$

(3)

$$\begin{aligned}
\nabla\cdot(\varphi\,\boldsymbol{a}) &= \left(\frac{\partial}{\partial x}, \frac{\partial}{\partial y}, \frac{\partial}{\partial z}\right)\cdot(\varphi\,a_x\,, \varphi\,a_y\,, \varphi\,a_z) \\
&= \frac{\partial}{\partial x}(\varphi\,a_x) + \frac{\partial}{\partial y}(\varphi\,a_y) + \frac{\partial}{\partial z}(\varphi\,a_z) \\
&= \left(\frac{\partial\varphi}{\partial x}a_x + \varphi\frac{\partial a_x}{\partial x}\right) + \left(\frac{\partial\varphi}{\partial y}a_y + \varphi\frac{\partial a_y}{\partial y}\right) + \left(\frac{\partial\varphi}{\partial z}a_z + \varphi\frac{\partial a_z}{\partial z}\right) \\
&= \left(\frac{\partial\varphi}{\partial x}a_x + \frac{\partial\varphi}{\partial y}a_y + \frac{\partial\varphi}{\partial z}a_z\right) + \left(\varphi\frac{\partial a_x}{\partial x} + \varphi\frac{\partial a_y}{\partial y} + \varphi\frac{\partial a_z}{\partial z}\right) \\
&= \left(\frac{\partial\varphi}{\partial x}, \frac{\partial\varphi}{\partial y}, \frac{\partial\varphi}{\partial z}\right)\cdot(a_x,\, a_y,\, a_z) + \varphi\left(\frac{\partial a_x}{\partial x} + \frac{\partial a_y}{\partial y} + \frac{\partial a_z}{\partial z}\right) \\
&= \left(\left(\frac{\partial}{\partial x}, \frac{\partial}{\partial y}, \frac{\partial}{\partial z}\right)\varphi\right)\cdot(a_x,\, a_y,\, a_z) + \varphi\left(\left(\frac{\partial}{\partial x}, \frac{\partial}{\partial y}, \frac{\partial}{\partial z}\right)\cdot(a_x,\, a_y,\, a_z)\right) \\
&= (\nabla\varphi)\cdot\boldsymbol{a} + \varphi\,(\nabla\cdot\boldsymbol{a}).
\end{aligned}$$

5.14 p.150 (5.14) から $\nabla r^n = n\,r^{n-2}\,\boldsymbol{r}$,
p.38 例題 1.23(1) から $\boldsymbol{r}\cdot\boldsymbol{r} = |\boldsymbol{r}|^2 = r^2$,
p.161 (5.19) から $\nabla\cdot\boldsymbol{r} = 3$. よって
$\nabla\cdot(r^n\,\boldsymbol{r}) = (\nabla r^n)\cdot\boldsymbol{r} + r^n\,(\nabla\cdot\boldsymbol{r}) = n\,r^n + 3\,r^n = (n+3)\,r^n$

5.15 $\dfrac{1}{r} = (x^2+y^2+z^2)^{-\frac{1}{2}}$ から $\dfrac{\partial}{\partial x}(\dfrac{1}{r}) = -\dfrac{x}{r^3}$. $\dfrac{\partial^2}{\partial x^2}(\dfrac{1}{r}) = -\dfrac{1}{r^3} + \dfrac{3x^2}{r^5}$.
同じように $\dfrac{\partial^2}{\partial y^2}(\dfrac{1}{r}) = -\dfrac{1}{r^3} + \dfrac{3y^2}{r^5}$, $\dfrac{\partial^2}{\partial z^2}(\dfrac{1}{r}) = -\dfrac{1}{r^3} + \dfrac{3z^2}{r^5}$. よって,
$\Delta(\dfrac{1}{r}) = \dfrac{\partial^2}{\partial x^2}(\dfrac{1}{r}) + \dfrac{\partial^2}{\partial y^2}(\dfrac{1}{r}) + \dfrac{\partial^2}{\partial z^2}(\dfrac{1}{r}) = 0$. これらの式は $(x,y,z) \neq (0,0,0)$ で成り立つ.

5.16

$$\nabla\times\boldsymbol{a} = \begin{vmatrix} \boldsymbol{i} & \boldsymbol{j} & \boldsymbol{k} \\ \dfrac{\partial}{\partial x} & \dfrac{\partial}{\partial y} & \dfrac{\partial}{\partial z} \\ e^z & xy & -e^{-x} \end{vmatrix}$$
$$= \left(\frac{\partial(-e^{-x})}{\partial y} - \frac{\partial(xy)}{\partial z},\; \frac{\partial(e^z)}{\partial z} - \frac{\partial(-e^{-x})}{\partial x},\; \frac{\partial(xy)}{\partial x} - \frac{\partial(e^z)}{\partial y}\right)$$

$$= (0,\, e^{z} - e^{-x},\, y).$$

よって $(x,y,z) = (1,2,0)$ では $\nabla \times \boldsymbol{a} = (0,\, 1 - e^{-1},\, 2)$.

5.17　$\boldsymbol{a} = (a_x,\, a_y,\, a_z), \boldsymbol{b} = (b_x,\, b_y,\, b_z)$ とする.

(1)
$$\nabla \times (c\boldsymbol{a}) = \nabla \times (\, c\,(a_x,\, a_y,\, a_z)\,) = \nabla \times (c\,a_x,\, c\,a_y,\, c\,a_z)$$
$$= \begin{vmatrix} \boldsymbol{i} & \boldsymbol{j} & \boldsymbol{k} \\ \dfrac{\partial}{\partial x} & \dfrac{\partial}{\partial y} & \dfrac{\partial}{\partial z} \\ c\,a_x & c\,a_y & c\,a_z \end{vmatrix} = c \begin{vmatrix} \boldsymbol{i} & \boldsymbol{j} & \boldsymbol{k} \\ \dfrac{\partial}{\partial x} & \dfrac{\partial}{\partial y} & \dfrac{\partial}{\partial z} \\ a_x & a_y & a_z \end{vmatrix} = c\, \nabla \times \boldsymbol{a}$$

(2)
$$\nabla \times (\boldsymbol{a} + \boldsymbol{b}) = \nabla \times (\,(a_x,\, a_y,\, a_z) + (b_x,\, b_y,\, b_z)\,)$$
$$= \nabla \times (a_x + b_x,\, a_y + b_y,\, a_z + b_z)$$
$$= \begin{vmatrix} \boldsymbol{i} & \boldsymbol{j} & \boldsymbol{k} \\ \dfrac{\partial}{\partial x} & \dfrac{\partial}{\partial y} & \dfrac{\partial}{\partial z} \\ a_x + b_x & a_y + b_y & a_z + b_z \end{vmatrix} = \begin{vmatrix} \boldsymbol{i} & \boldsymbol{j} & \boldsymbol{k} \\ \dfrac{\partial}{\partial x} & \dfrac{\partial}{\partial y} & \dfrac{\partial}{\partial z} \\ a_x & a_y & a_z \end{vmatrix} + \begin{vmatrix} \boldsymbol{i} & \boldsymbol{j} & \boldsymbol{k} \\ \dfrac{\partial}{\partial x} & \dfrac{\partial}{\partial y} & \dfrac{\partial}{\partial z} \\ b_x & b_y & b_z \end{vmatrix}$$
$$= \nabla \times \boldsymbol{a} + \nabla \times \boldsymbol{b}$$

(3)
$$\nabla \times (\varphi\,\boldsymbol{a}) = \nabla \times (\,\varphi\,(a_x,\, a_y,\, a_z)\,) = \nabla \times (\varphi\,a_x,\, \varphi\,a_y,\, \varphi\,a_z)$$
$$= \begin{vmatrix} \boldsymbol{i} & \boldsymbol{j} & \boldsymbol{k} \\ \dfrac{\partial}{\partial x} & \dfrac{\partial}{\partial y} & \dfrac{\partial}{\partial z} \\ \varphi\,a_x & \varphi\,a_y & \varphi\,a_z \end{vmatrix}$$
$$= \left(\frac{\partial(\varphi\,a_z)}{\partial y} - \frac{\partial(\varphi\,a_y)}{\partial z},\; \frac{\partial(\varphi\,a_x)}{\partial z} - \frac{\partial(\varphi\,a_z)}{\partial x},\; \frac{\partial(\varphi\,a_y)}{\partial x} - \frac{\partial(\varphi\,a_x)}{\partial y} \right)$$
$$= \Bigg(\left(\frac{\partial \varphi}{\partial y}\, a_z + \varphi \frac{\partial a_z}{\partial y} \right) - \left(\frac{\partial \varphi}{\partial z}\, a_y + \varphi \frac{\partial a_y}{\partial z} \right),$$
$$\left(\frac{\partial \varphi}{\partial z}\, a_x + \varphi \frac{\partial a_x}{\partial z} \right) - \left(\frac{\partial \varphi}{\partial x}\, a_z + \varphi \frac{\partial a_z}{\partial x} \right),$$
$$\left(\frac{\partial \varphi}{\partial x}\, a_y + \varphi \frac{\partial a_y}{\partial x} \right) - \left(\frac{\partial \varphi}{\partial y}\, a_x + \varphi \frac{\partial a_x}{\partial y} \right) \Bigg)$$
$$= \left(\frac{\partial \varphi}{\partial y}\, a_z - \frac{\partial \varphi}{\partial z}\, a_y,\; \frac{\partial \varphi}{\partial z}\, a_x - \frac{\partial \varphi}{\partial x}\, a_z,\; \frac{\partial \varphi}{\partial x}\, a_y - \frac{\partial \varphi}{\partial y}\, a_x \right)$$
$$+ \varphi\, \left(\frac{\partial a_z}{\partial y} - \frac{\partial a_y}{\partial z},\; \frac{\partial a_x}{\partial z} - \frac{\partial a_z}{\partial x},\; \frac{\partial a_y}{\partial x} - \frac{\partial a_x}{\partial y} \right)$$

$$= \begin{vmatrix} \boldsymbol{i} & \boldsymbol{j} & \boldsymbol{k} \\ \dfrac{\partial \varphi}{\partial x} & \dfrac{\partial \varphi}{\partial y} & \dfrac{\partial \varphi}{\partial z} \\ a_x & a_y & a_z \end{vmatrix} + \varphi \begin{vmatrix} \boldsymbol{i} & \boldsymbol{j} & \boldsymbol{k} \\ \dfrac{\partial}{\partial x} & \dfrac{\partial}{\partial y} & \dfrac{\partial}{\partial z} \\ a_x & a_y & a_z \end{vmatrix}$$

$$= (\nabla\varphi) \times \boldsymbol{a} + \varphi \; (\nabla \times \boldsymbol{a})$$

5.18 $\nabla \times (r^n \boldsymbol{r}) = (\nabla r^n) \times \boldsymbol{r} + r^n (\nabla \times \boldsymbol{r})$ ($p.170$ (5.22) より)

$= n r^{n-2} \boldsymbol{r} \times \boldsymbol{r} + \boldsymbol{0}$ ($p.150$ (5.14) と $p.169$ (5.21) より)

$= \boldsymbol{0} + \boldsymbol{0}$ ($p.44$ 定理 1.4 の 5 より)

$= \boldsymbol{0}$

5.19 $\boldsymbol{a} = (a_x, a_y, a_z)$ とする．また，現れる 2 階偏導関数はすべて連続であるとする．通常の関数はこの条件を満たすので偏微分する変数の順序を変えてもよい（p.86 定理 3.1）．よって $\dfrac{\partial^2}{\partial x \partial y} = \dfrac{\partial^2}{\partial y \partial x}$，$\dfrac{\partial^2}{\partial y \partial z} = \dfrac{\partial^2}{\partial z \partial y}$，$\dfrac{\partial^2}{\partial z \partial x} = \dfrac{\partial^2}{\partial x \partial z}$ としてよい．

(5.26)

$$\nabla \times (\nabla\varphi) = \left(\tfrac{\partial}{\partial x}, \tfrac{\partial}{\partial y}, \tfrac{\partial}{\partial z}\right) \times \left(\tfrac{\partial \varphi}{\partial x}, \tfrac{\partial \varphi}{\partial y}, \tfrac{\partial \varphi}{\partial z}\right)$$

$$= \begin{vmatrix} \boldsymbol{i} & \boldsymbol{j} & \boldsymbol{k} \\ \frac{\partial}{\partial x} & \frac{\partial}{\partial y} & \frac{\partial}{\partial z} \\ \frac{\partial \varphi}{\partial x} & \frac{\partial \varphi}{\partial y} & \frac{\partial \varphi}{\partial z} \end{vmatrix}$$

$$= \left(\tfrac{\partial^2 \varphi}{\partial z \partial y} - \tfrac{\partial^2 \varphi}{\partial y \partial z}, \; \tfrac{\partial^2 \varphi}{\partial x \partial z} - \tfrac{\partial^2 \varphi}{\partial z \partial x}, \; \tfrac{\partial^2 \varphi}{\partial y \partial x} - \tfrac{\partial^2 \varphi}{\partial x \partial y}\right)$$

$$= (0, 0, 0)$$

$$= \boldsymbol{0}$$

(5.27)

$$\nabla \cdot (\nabla \times \boldsymbol{a}) = \left(\tfrac{\partial}{\partial x}, \tfrac{\partial}{\partial y}, \tfrac{\partial}{\partial z}\right) \cdot \begin{vmatrix} \boldsymbol{i} & \boldsymbol{j} & \boldsymbol{k} \\ \frac{\partial}{\partial x} & \frac{\partial}{\partial y} & \frac{\partial}{\partial z} \\ a_x & a_y & a_z \end{vmatrix}$$

$$= \left(\tfrac{\partial}{\partial x}, \tfrac{\partial}{\partial y}, \tfrac{\partial}{\partial z}\right) \cdot \left(\tfrac{\partial a_z}{\partial y} - \tfrac{\partial a_y}{\partial z}, \; \tfrac{\partial a_x}{\partial z} - \tfrac{\partial a_z}{\partial x}, \; \tfrac{\partial a_y}{\partial x} - \tfrac{\partial a_x}{\partial y}\right)$$

$$= \tfrac{\partial}{\partial x}\left(\tfrac{\partial a_z}{\partial y} - \tfrac{\partial a_y}{\partial z}\right) + \tfrac{\partial}{\partial y}\left(\tfrac{\partial a_x}{\partial z} - \tfrac{\partial a_z}{\partial x}\right) + \tfrac{\partial}{\partial z}\left(\tfrac{\partial a_y}{\partial x} - \tfrac{\partial a_x}{\partial y}\right)$$

$$= \tfrac{\partial^2 a_z}{\partial y \partial x} - \tfrac{\partial^2 a_y}{\partial z \partial x} + \tfrac{\partial^2 a_x}{\partial z \partial y} - \tfrac{\partial^2 a_z}{\partial x \partial y} + \tfrac{\partial^2 a_y}{\partial x \partial z} - \tfrac{\partial^2 a_x}{\partial y \partial z}$$

$$= 0$$

(5.28)

左辺 $= \nabla \times (\nabla \times \boldsymbol{a})$

$$= \left(\frac{\partial}{\partial x}, \frac{\partial}{\partial y}, \frac{\partial}{\partial z}\right) \times \begin{vmatrix} \boldsymbol{i} & \boldsymbol{j} & \boldsymbol{k} \\ \frac{\partial}{\partial x} & \frac{\partial}{\partial y} & \frac{\partial}{\partial z} \\ a_x & a_y & a_z \end{vmatrix}$$

$$= \left(\frac{\partial}{\partial x}, \frac{\partial}{\partial y}, \frac{\partial}{\partial z}\right) \times \left(\frac{\partial a_z}{\partial y} - \frac{\partial a_y}{\partial z}, \ \frac{\partial a_x}{\partial z} - \frac{\partial a_z}{\partial x}, \ \frac{\partial a_y}{\partial x} - \frac{\partial a_x}{\partial y}\right)$$

$$= \begin{vmatrix} \boldsymbol{i} & \boldsymbol{j} & \boldsymbol{k} \\ \frac{\partial}{\partial x} & \frac{\partial}{\partial y} & \frac{\partial}{\partial z} \\ \frac{\partial a_z}{\partial y} - \frac{\partial a_y}{\partial z} & \frac{\partial a_x}{\partial z} - \frac{\partial a_z}{\partial x} & \frac{\partial a_y}{\partial x} - \frac{\partial a_x}{\partial y} \end{vmatrix}$$

$$= \left(\frac{\partial^2 a_y}{\partial x \partial y} - \frac{\partial^2 a_x}{\partial y^2} - \frac{\partial^2 a_x}{\partial z^2} + \frac{\partial^2 a_z}{\partial x \partial z}, \right.$$
$$\frac{\partial^2 a_z}{\partial y \partial z} - \frac{\partial^2 a_y}{\partial z^2} - \frac{\partial^2 a_y}{\partial x^2} + \frac{\partial^2 a_x}{\partial y \partial x},$$
$$\left. \frac{\partial^2 a_x}{\partial z \partial x} - \frac{\partial^2 a_z}{\partial x^2} - \frac{\partial^2 a_z}{\partial y^2} + \frac{\partial^2 a_y}{\partial z \partial y} \right)$$

右辺 $= \nabla (\nabla \cdot \boldsymbol{a}) - (\nabla \cdot \nabla) \boldsymbol{a}$

$$= \left(\frac{\partial}{\partial x}, \frac{\partial}{\partial y}, \frac{\partial}{\partial z}\right) \left(\left(\frac{\partial}{\partial x}, \frac{\partial}{\partial y}, \frac{\partial}{\partial z}\right) \cdot (a_x, a_y, a_z) \right)$$
$$- \left(\left(\frac{\partial}{\partial x}, \frac{\partial}{\partial y}, \frac{\partial}{\partial z}\right) \cdot \left(\frac{\partial}{\partial x}, \frac{\partial}{\partial y}, \frac{\partial}{\partial z}\right) \right) (a_x, a_y, a_z)$$

$$= \left(\frac{\partial}{\partial x}, \frac{\partial}{\partial y}, \frac{\partial}{\partial z}\right) \left(\frac{\partial a_x}{\partial x} + \frac{\partial a_y}{\partial y} + \frac{\partial a_z}{\partial z} \right) - \left(\frac{\partial^2}{\partial x^2} + \frac{\partial^2}{\partial y^2} + \frac{\partial^2}{\partial z^2} \right) (a_x, a_y, a_z)$$

$$= \left(\frac{\partial^2 a_x}{\partial x^2} + \frac{\partial^2 a_y}{\partial y \partial x} + \frac{\partial^2 a_z}{\partial z \partial x}, \ \frac{\partial^2 a_x}{\partial x \partial y} + \frac{\partial^2 a_y}{\partial y^2} + \frac{\partial^2 a_z}{\partial z \partial y}, \ \frac{\partial^2 a_x}{\partial x \partial z} + \frac{\partial^2 a_y}{\partial y \partial z} + \frac{\partial^2 a_z}{\partial z^2} \right)$$
$$- \left(\frac{\partial^2 a_x}{\partial x^2} + \frac{\partial^2 a_x}{\partial y^2} + \frac{\partial^2 a_x}{\partial z^2}, \ \frac{\partial^2 a_y}{\partial x^2} + \frac{\partial^2 a_y}{\partial y^2} + \frac{\partial^2 a_y}{\partial z^2}, \ \frac{\partial^2 a_z}{\partial x^2} + \frac{\partial^2 a_z}{\partial y^2} + \frac{\partial^2 a_z}{\partial z^2} \right)$$

$$= \left(\frac{\partial^2 a_y}{\partial y \partial x} + \frac{\partial^2 a_z}{\partial z \partial x} - \frac{\partial^2 a_x}{\partial y^2} - \frac{\partial^2 a_x}{\partial z^2}, \right.$$
$$\frac{\partial^2 a_x}{\partial x \partial y} + \frac{\partial^2 a_z}{\partial z \partial y} - \frac{\partial^2 a_y}{\partial x^2} - \frac{\partial^2 a_y}{\partial z^2},$$
$$\left. \frac{\partial^2 a_x}{\partial x \partial z} + \frac{\partial^2 a_y}{\partial y \partial z} - \frac{\partial^2 a_z}{\partial x^2} - \frac{\partial^2 a_z}{\partial y^2} \right)$$

よって　左辺=右辺.

5.20

(1)　$\nabla\varphi, \nabla\psi$ はベクトルであるので p.172 (5.23) から

$$\nabla ((\nabla\varphi) \cdot (\nabla\psi)) = ((\nabla\varphi) \cdot \nabla) \nabla\psi + ((\nabla\psi) \cdot \nabla) \nabla\varphi$$
$$+ (\nabla\varphi) \times (\nabla \times (\nabla\psi)) + (\nabla\psi) \times (\nabla \times (\nabla\varphi)).$$

ここで p.175 (5.26) から

$$\nabla \times (\nabla\varphi) = \mathbf{0}, \ \nabla \times (\nabla\psi) = \mathbf{0}.$$

よって

$$(\nabla\varphi)\times(\nabla\times(\nabla\psi))+(\nabla\psi)\times(\nabla\times(\nabla\varphi))$$
$$=(\nabla\varphi)\times\mathbf{0}+(\nabla\psi)\times\mathbf{0}=0+0=0.$$

よって

$$\nabla\left((\nabla\varphi)\cdot(\nabla\psi)\right)=\left((\nabla\varphi)\cdot\nabla\right)\nabla\psi+\left((\nabla\psi)\cdot\nabla\right)\nabla\varphi.$$

(2)　p.170 (5.22) から

$$\nabla\times(\varphi\nabla\varphi)=\nabla\varphi\times(\nabla\varphi)+\varphi\nabla\times(\nabla\varphi).$$

$\nabla\varphi$ はベクトル関数だから (p.44 定理 1.4 の 5) で $\boldsymbol{x}=\nabla\varphi$ とすると右辺第 1 項は

$$\nabla\varphi\times(\nabla\varphi)=\mathbf{0}.$$

また，p.175(5.26) から右辺第 2 項は

$$\nabla\times(\nabla\varphi)=\mathbf{0}.$$

よって

$$\nabla\times(\varphi\nabla\varphi)=\mathbf{0}.$$

(3)　p.172 (5.23) より

$$\nabla(\boldsymbol{a}\cdot\boldsymbol{a})=2(\boldsymbol{a}\cdot\nabla)\boldsymbol{a}+2\boldsymbol{a}\times(\nabla\times\boldsymbol{a}).$$

よって

$$(\boldsymbol{a}\cdot\nabla)\,\boldsymbol{a}=\frac{1}{2}\nabla\left(\boldsymbol{a}\cdot\boldsymbol{a}\right)-\boldsymbol{a}\times(\nabla\times\boldsymbol{a}).$$

6.1　C は t をパラメータとして $\boldsymbol{r}(t)=(1+2t,-1+t,1-2t)$ $(0\leqq t\leqq 1)$ で表される．C 上では，$x+y+z=(1+2t)+(-1+t)+(1-2t)=1+t$. $\left(\frac{\mathrm{d}x}{\mathrm{d}t},\frac{\mathrm{d}y}{\mathrm{d}t},\frac{\mathrm{d}z}{\mathrm{d}t}\right)=\frac{\mathrm{d}\boldsymbol{r}}{\mathrm{d}t}=(2,1,-2)$, $\left|\frac{\mathrm{d}\boldsymbol{r}}{\mathrm{d}t}\right|=\sqrt{2^2+1^2+(-2)^2}=3$ より

$$\int_{\mathrm{C}}\varphi\,\mathrm{d}s=\int_0^1\varphi\frac{\mathrm{d}s}{\mathrm{d}t}\mathrm{d}t=\int_0^1\varphi\left|\frac{\mathrm{d}\boldsymbol{r}}{\mathrm{d}t}\right|\mathrm{d}t=\int_0^1(1+t)3\mathrm{d}t=3\left[t+\frac{t^2}{2}\right]_0^1=\frac{9}{2}.$$

6.2　p.140 (5.5) より，a から b までの曲線の長さを表す.

6.3　C 上では $(x,y,z)=(\cos\theta,\sin\theta,\theta)$, $\varphi=x^2+y=\cos^2\theta+\sin\theta$ だから

$$\int_{\mathrm{C}}\varphi(x,y,z)\,\mathrm{d}s=\int_0^\pi\varphi(x,y,z)\,\frac{\mathrm{d}s}{\mathrm{d}\theta}\,\mathrm{d}\theta=\int_0^\pi\varphi(x,y,z)\,\left|\frac{\mathrm{d}\boldsymbol{r}}{\mathrm{d}\theta}\right|\,\mathrm{d}\theta$$
$$=\int_0^\pi\varphi(x,y,z)\,\left|(-\sin\theta,\cos\theta,1)\right|\,\mathrm{d}\theta$$
$$=\int_0^\pi\varphi(x,y,z)\sqrt{(-\sin\theta)^2+\cos^2\theta+1^2}\,\mathrm{d}\theta$$

$$
\begin{aligned}
&= \int_0^\pi \varphi(x,y,z)\sqrt{2}\,\mathrm{d}\theta = \sqrt{2}\int_0^\pi \left(\cos^2\theta + \sin\theta\right)\,\mathrm{d}\theta \\
&= \sqrt{2}\int_0^\pi \left(\frac{1+\cos 2\theta}{2} + \sin\theta\right)\,\mathrm{d}\theta = \sqrt{2}\left[\frac{\theta}{2} + \frac{\sin 2\theta}{4} - \cos\theta\right]_0^\pi \\
&= \sqrt{2}\left(\frac{\pi}{2} + 2\right) = \frac{\sqrt{2}}{2}\pi + 2\sqrt{2}. \\
&\quad \int_\mathrm{C} \varphi(x,y,z)\,\mathrm{d}x = \int_0^\pi (x^2+y)\,\frac{\mathrm{d}x}{\mathrm{d}\theta}\,\mathrm{d}\theta \\
&= \int_0^\pi (\cos^2\theta + \sin\theta)\,\frac{\mathrm{d}\,\cos\theta}{\mathrm{d}\theta}\,\mathrm{d}\theta \\
&= \int_0^\pi (\cos^2\theta + \sin\theta)\,(-\sin\theta)\,\mathrm{d}\theta = -\int_0^\pi (\cos^2\theta\,\sin\theta + \sin^2\theta)\,\mathrm{d}\theta \\
&= -\int_0^\pi \left(\cos^2\theta\,\sin\theta + \frac{1-\cos 2\theta}{2}\right)\,\mathrm{d}\theta \\
&= -\left[-\frac{\cos^3\theta}{3} + \frac{\theta}{2} - \frac{\sin 2\theta}{4}\right]_0^\pi = -\frac{2}{3} - \frac{\pi}{2}. \\
&\quad \int_\mathrm{C} \varphi(x,y,z)\,\mathrm{d}y = \int_0^\pi (x^2+y)\,\frac{\mathrm{d}y}{\mathrm{d}\theta}\,\mathrm{d}\theta \\
&= \int_0^\pi (\cos^2\theta + \sin\theta)\,\frac{\mathrm{d}\,\sin\theta}{\mathrm{d}\theta}\,\mathrm{d}\theta = \int_0^\pi (\cos^2\theta + \sin\theta)\,\cos\theta\,\mathrm{d}\theta \\
&= \int_0^\pi (1 - \sin^2\theta + \sin\theta)\,\cos\theta\,\mathrm{d}\theta = \left[\sin\theta - \frac{\sin^3\theta}{3} + \frac{\sin^2\theta}{2}\right]_0^\pi \\
&= 0. \\
&\quad \int_\mathrm{C} \varphi(x,y,z)\,\mathrm{d}z = \int_0^\pi (x^2+y)\,\frac{\mathrm{d}z}{\mathrm{d}\theta}\,\mathrm{d}\theta \\
&= \int_0^\pi (\cos^2\theta + \sin\theta)\,\frac{\mathrm{d}\theta}{\mathrm{d}\theta}\,\mathrm{d}\theta. = \int_0^\pi (\cos^2\theta + \sin\theta)\,\mathrm{d}\theta \\
&= \int_0^\pi \left(\frac{1+\cos 2\theta}{2} + \sin\theta\right)\,\mathrm{d}\theta = \left[\frac{\theta}{2} + \frac{\sin 2\theta}{4} - \cos\theta\right]_0^\pi \\
&= \frac{\pi}{2} + 2.
\end{aligned}
$$

6.4　(1)　C_1 上では $\boldsymbol{a} = (t^2, -t, 2t)$，$\dfrac{\mathrm{d}\boldsymbol{r}}{\mathrm{d}t} = (2, 2t, 1)$．よって

$$
\begin{aligned}
\int_{\mathrm{C}_1} \boldsymbol{a}\cdot\mathrm{d}\boldsymbol{r} &= \int_0^1 \boldsymbol{a}\cdot\frac{\mathrm{d}\boldsymbol{r}}{\mathrm{d}t}\,\mathrm{d}t \\
&= \int_0^1 (t^2, -t, 2t)\cdot(2, 2t, 1)\,\mathrm{d}t
\end{aligned}
$$

$$= 2\int_0^1 t\,\mathrm{d}t = \Big[t^2\Big]_0^1 = 1.$$

(2) C_2 上では $\boldsymbol{a} = (t, -t^2, 2t^2)$, $\dfrac{\mathrm{d}\boldsymbol{r}}{\mathrm{d}t} = (4t, 1, 2t)$. よって

$$\begin{aligned}\int_{\mathrm{C}_1} \boldsymbol{a}\cdot\mathrm{d}\boldsymbol{r} &= \int_0^1 \boldsymbol{a}\cdot\frac{\mathrm{d}\boldsymbol{r}}{\mathrm{d}t}\,\mathrm{d}t \\ &= \int_0^1 (t, -t^2, 2t^2)\cdot(4t, 1, 2t)\,\mathrm{d}t \\ &= \int_0^1 (3t^2 + 4t^3)\,\mathrm{d}t = \Big[t^3 + t^4\Big]_0^1 = 2.\end{aligned}$$

6.5 $(0,0,0)$ から $(\pi,0,0)$ に至る線分は $\mathrm{C}_1 : \boldsymbol{r} = (\pi t, 0, 0)$ $(0 \leqq t \leqq 1)$, $(\pi,0,0)$ から $(\pi, 2\pi, 3\pi)$ に至る線分は $\mathrm{C}_2 : \boldsymbol{r} = (\pi, 2\pi t, 3\pi t)$ $(0 \leqq t \leqq 1)$, $(\pi, 2\pi, 3\pi)$ から $(0,0,0)$ に至る線分は $\mathrm{C}_3 : \boldsymbol{r} = (\pi - \pi t, 2\pi - 2\pi t, 3\pi - 3\pi t)$ $(0 \leqq t \leqq 1)$ と表す.

C_1 上では $\boldsymbol{a} = (\sin x, \sin y, \sin z) = (\sin \pi t, 0, 0)$, $\dfrac{\mathrm{d}\boldsymbol{r}}{\mathrm{d}t} = (\pi, 0, 0)$ だから

$$\begin{aligned}\int_{\mathrm{C}_1} \boldsymbol{a}\cdot\mathrm{d}\boldsymbol{r} &= \int_0^1 \boldsymbol{a}\cdot\frac{\mathrm{d}\boldsymbol{r}}{\mathrm{d}t}\,\mathrm{d}t = \int_0^1 (\sin \pi t, 0, 0)\cdot(\pi, 0, 0)\,\mathrm{d}t \\ &= \int_0^1 \pi \sin \pi t\,\mathrm{d}t = \Big[-\cos \pi t\Big]_0^1 = 2.\end{aligned}$$

C_2 上では $\boldsymbol{a} = (\sin \pi, \sin 2\pi t, \sin 3\pi t)$, $\dfrac{\mathrm{d}\boldsymbol{r}}{\mathrm{d}t} = (0, 2\pi, 3\pi)$ だから

$$\begin{aligned}\int_{\mathrm{C}_2} \boldsymbol{a}\cdot\mathrm{d}\boldsymbol{r} &= \int_0^1 \boldsymbol{a}\cdot\frac{\mathrm{d}\boldsymbol{r}}{\mathrm{d}t}\,\mathrm{d}t = \int_0^1 (\sin \pi, \sin 2\pi t, \sin 3\pi t)\cdot(0, 2\pi, 3\pi)\,\mathrm{d}t \\ &= \int_0^1 (2\pi \sin 2\pi t + 3\pi \sin 3\pi t)\,\mathrm{d}t \\ &= \Big[-\cos 2\pi t - \cos 3\pi t\Big]_0^1 = 2.\end{aligned}$$

C_3 上では $\boldsymbol{a} = (\sin(\pi - \pi t), \sin(2\pi - 2\pi t), \sin(3\pi - 3\pi t))$

$$= (\sin \pi t, -\sin 2\pi t, \sin 3\pi t)$$

$\dfrac{\mathrm{d}\boldsymbol{r}}{\mathrm{d}t} = (-\pi, -2\pi, -3\pi)$ だから

$$\begin{aligned}\int_{\mathrm{C}_3} \boldsymbol{a}\cdot\mathrm{d}\boldsymbol{r} &= \int_0^1 \boldsymbol{a}\cdot\frac{\mathrm{d}\boldsymbol{r}}{\mathrm{d}t}\,\mathrm{d}t \\ &= \int_0^1 (\sin \pi, -\sin 2\pi t, \sin 3\pi t)\cdot(-\pi, -2\pi, -3\pi)\,\mathrm{d}t\end{aligned}$$

$$= \int_0^1 (-\pi \sin \pi t + 2\pi \sin 2\pi t - 3\pi \sin 3\pi t)\, \mathrm{d}t$$

$$= \Big[\cos \pi t - \cos 2\pi t + \cos 3\pi t\Big]_0^1 = -4.$$

よって $\int_{\mathrm{C}} \boldsymbol{a} \cdot \mathrm{d}\boldsymbol{r} = \int_{\mathrm{C}_1} \boldsymbol{a} \cdot \mathrm{d}\boldsymbol{r} + \int_{\mathrm{C}_2} \boldsymbol{a} \cdot \mathrm{d}\boldsymbol{r} + \int_{\mathrm{C}_3} \boldsymbol{a} \cdot \mathrm{d}\boldsymbol{r} = 0.$

6.6　$u = x, v = y, 2x + 2y + z = 2$ から $z = -2u - 2v + 2$ であるので $\boldsymbol{r}(u, v) = (u, v, -2u - 2v + 2)$. よって，$\dfrac{\partial \boldsymbol{r}}{\partial u} = (1, 0, -2)$,　$\dfrac{\partial \boldsymbol{r}}{\partial v} = (0, 1, -2)$.

$$\frac{\partial \boldsymbol{r}}{\partial u} \times \frac{\partial \boldsymbol{r}}{\partial v} = \begin{vmatrix} \boldsymbol{i} & \boldsymbol{j} & \boldsymbol{k} \\ 1 & 0 & -2 \\ 0 & 1 & -2 \end{vmatrix} = (2, 2, 1), \quad \left|\frac{\partial \boldsymbol{r}}{\partial u} \times \frac{\partial \boldsymbol{r}}{\partial v}\right| = \sqrt{2^2 + 2^2 + 1} = 3.$$

(1) 積分領域は $\mathrm{D} : 0 \leqq u \leqq 1, 0 \leqq v \leqq (1 - u)$ になり，

$$\int_{\mathrm{S}} \mathrm{d}S = \iint_{\mathrm{D}} \left|\frac{\partial \boldsymbol{r}}{\partial u} \times \frac{\partial \boldsymbol{r}}{\partial v}\right| \mathrm{d}u\mathrm{d}v = \iint_{\mathrm{D}} 3\, \mathrm{d}u\mathrm{d}v$$

$$= 3 \int_0^1 \int_0^{1-u} \mathrm{d}v\mathrm{d}u = 3 \int_0^1 (1 - u)\, \mathrm{d}u = 3\left(1 - \frac{1}{2}\right) = \frac{3}{2}.$$

(2) S上では $\varphi = x + y + z = (u) + (v) + (-2u - 2v + 2) = -u - v + 2.$

$$\int_{\mathrm{S}} \varphi\, \mathrm{d}S = \iint_{\mathrm{D}} \varphi \left|\frac{\partial \boldsymbol{r}}{\partial u} \times \frac{\partial \boldsymbol{r}}{\partial v}\right| \mathrm{d}u\mathrm{d}v = \iint_{\mathrm{D}} 3\,\varphi\, \mathrm{d}u\mathrm{d}v$$

$$= \iint_{\mathrm{D}} 3(-u - v + 2)\, \mathrm{d}u\mathrm{d}v = 3 \int_0^1 \left(\int_0^{1-u} (-u - v + 2)\mathrm{d}v\right) \mathrm{d}u$$

$$= 3 \int_0^1 \left[-uv - \frac{v^2}{2} + 2v\right]_{v=0}^{1-u} \mathrm{d}u = 3 \int_0^1 \left(\frac{u^2}{2} - 2u + \frac{3}{2}\right) \mathrm{d}u$$

$$= 3\left(\frac{1}{6} - 1 + \frac{3}{2}\right) = 2.$$

$\dfrac{\partial \boldsymbol{r}}{\partial u} \times \dfrac{\partial \boldsymbol{r}}{\partial v} = \left(\dfrac{\partial(y, z)}{\partial(u, v)}, \dfrac{\partial(z, x)}{\partial(u, v)}, \dfrac{\partial(x, y)}{\partial(u, v)}\right) = (2, 2, 1)$ の向きは題意を満たし

$$\int_{\mathrm{S}} \varphi\, \mathrm{d}y\mathrm{d}z = \iint_{\mathrm{D}} \varphi \frac{\partial(y, z)}{\partial(u, v)} \mathrm{d}u\mathrm{d}v = \iint_{\mathrm{D}} 2\,\varphi\, \mathrm{d}u\mathrm{d}v = \frac{4}{3},$$

$$\int_{\mathrm{S}} \varphi\, \mathrm{d}z\mathrm{d}x = \iint_{\mathrm{D}} \varphi \frac{\partial(z, x)}{\partial(u, v)} \mathrm{d}u\mathrm{d}v = \iint_{\mathrm{D}} 2\,\varphi\, \mathrm{d}u\mathrm{d}v = \frac{4}{3},$$

$$\int_{\mathrm{S}} \varphi\, \mathrm{d}x\mathrm{d}y = \iint_{\mathrm{D}} \varphi \frac{\partial(x, y)}{\partial(u, v)} \mathrm{d}u\mathrm{d}v = \iint_{\mathrm{D}} \varphi\, \mathrm{d}u\mathrm{d}v = \frac{2}{3}.$$

6.7　(1) $2x+2y+z=2$ から $z=f(x,y)=-2x-2y+2$.

(2) $\varphi(x,y,z)=x+y+z$ から

$\varphi(x,y,f(x,y))=x+y+(-2x-2y+2)=-x-y+2$.

(3) 積分領域は $\mathrm{D}:0\leqq x\leqq 1, 0\leqq y\leqq(1-x)$ であり，

$\dfrac{\partial f}{\partial x}=\dfrac{\partial}{\partial x}(-2x-2y+2)=-2$, $\dfrac{\partial f}{\partial y}=\dfrac{\partial}{\partial y}(-2x-2y+2)=-2$. よって

$$\begin{aligned}\int_{\mathrm{S}}\varphi\,\mathrm{d}S &= \iint_{\mathrm{D}}\varphi(x,y,f(x,y))\sqrt{\left(\frac{\partial f}{\partial x}\right)^2+\left(\frac{\partial f}{\partial y}\right)^2+1^2}\,\mathrm{d}x\mathrm{d}y\\ &= \iint_{\mathrm{D}}(-x-y+2)\sqrt{(-2)^2+(-2)^2+1)}\,\mathrm{d}x\mathrm{d}y\\ &= \iint_{\mathrm{D}}3(-x-y+2)\,\mathrm{d}x\mathrm{d}y = 3\int_0^1\left(\int_0^{1-x}(-x-y+2)\mathrm{d}y\right)\mathrm{d}x\\ &= 3\int_0^1\left[-xy-\frac{y^2}{2}+2y\right]_{y=0}^{1-x}\mathrm{d}x = 3\int_0^1\left(\frac{x^2}{2}-2x+\frac{3}{2}\right)\mathrm{d}x\\ &= 3\left(\frac{1}{6}-1+\frac{3}{2}\right)=2.\end{aligned}$$

6.8　S 上では，$\boldsymbol{a}=(xy,yz,zx)=(\cos\theta\sin\theta, z\sin\theta, z\cos\theta)$ であり，

$$\frac{\partial\boldsymbol{r}}{\partial z}=(0,0,1),\quad \frac{\partial\boldsymbol{r}}{\partial\theta}=(-\sin\theta,\cos\theta,0) \text{ より}$$

$$\frac{\partial\boldsymbol{r}}{\partial z}\times\frac{\partial\boldsymbol{r}}{\partial\theta}=\begin{vmatrix}\boldsymbol{i} & \boldsymbol{j} & \boldsymbol{k}\\ 0 & 0 & 1\\ -\sin\theta & \cos\theta & 0\end{vmatrix}=(-\cos\theta,-\sin\theta,0).$$

z 軸から遠ざかる方に向きを定めると，法線ベクトルは $-\dfrac{\partial\boldsymbol{r}}{\partial\theta}\times\dfrac{\partial\boldsymbol{r}}{\partial z}$ よって，

$$\begin{aligned}\int_{\mathrm{S}}\boldsymbol{a}\cdot\mathrm{d}\boldsymbol{S} &= \iint_{\mathrm{D}}\boldsymbol{a}\cdot\left(-\frac{\partial\boldsymbol{r}}{\partial\theta}\times\frac{\partial\boldsymbol{r}}{\partial z}\right)\mathrm{d}\theta\mathrm{d}z\\ &= \iint_{\mathrm{D}}(\cos\theta\sin\theta, z\sin\theta, z\cos\theta)\cdot(\cos\theta,\sin\theta,0)\,\mathrm{d}\theta\mathrm{d}z\\ &= \int_0^1\int_0^{2\pi}(\cos^2\theta\sin\theta+z\sin^2\theta)\,\mathrm{d}\theta\mathrm{d}z\\ &= \int_0^1\int_0^{2\pi}\left(\cos^2\theta\sin\theta+z\frac{1-\cos 2\theta}{2}\right)\mathrm{d}\theta\mathrm{d}z\end{aligned}$$

$$= \int_0^1 \left[\frac{-\cos^3\theta}{3} + \frac{z\theta}{2} - \frac{z\sin 2\theta}{4} \right]_{\theta=0}^{2\pi} \mathrm{d}z = \int_0^1 \pi z \, \mathrm{d}z = \frac{\pi}{2}.$$

6.9　(1) S 上では，$\boldsymbol{a}(u,v) = (z(u,v), x(u,v), y(u,v)) = (\sqrt{1-u^2}, u, v)$ であり

$$\frac{\partial \boldsymbol{r}}{\partial u} = \left(1, 0, -\frac{u}{\sqrt{1-u^2}}\right), \quad \frac{\partial \boldsymbol{r}}{\partial v} = (0,1,0) \text{ より}$$

$$\frac{\partial \boldsymbol{r}}{\partial u} \times \frac{\partial \boldsymbol{r}}{\partial v} = \begin{vmatrix} \boldsymbol{i} & \boldsymbol{j} & \boldsymbol{k} \\ 1 & 0 & -\dfrac{u}{\sqrt{1-u^2}} \\ 0 & 1 & 0 \end{vmatrix} = \left(\frac{u}{\sqrt{1-u^2}}, 0, 1\right).$$ この z 成分が

負になるように向きを定めると，$-\dfrac{\partial \boldsymbol{r}}{\partial u} \times \dfrac{\partial \boldsymbol{r}}{\partial v} = \left(-\dfrac{u}{\sqrt{1-u^2}}, 0, -1\right)$. よって，

$$\begin{aligned}
\int_S \boldsymbol{a} \cdot \mathrm{d}\boldsymbol{S} &= \iint_D \boldsymbol{a} \cdot \left(-\frac{\partial \boldsymbol{r}}{\partial u} \times \frac{\partial \boldsymbol{r}}{\partial v}\right) \mathrm{d}u\mathrm{d}v \\
&= \iint_D (\sqrt{1-u^2}, u, v) \cdot \left(-\frac{u}{\sqrt{1-u^2}}, 0, -1\right) \mathrm{d}u\mathrm{d}v \\
&= \iint_D (-u-v)\mathrm{d}u\mathrm{d}v = \int_0^3 \left(\int_0^2 (-u-v)\mathrm{d}u\right) \mathrm{d}v \\
&= \int_0^3 \left[-\frac{u^2}{2} - vu\right]_{u=0}^2 \mathrm{d}v = \int_0^3 (-2-2v)\,\mathrm{d}v = \left[-2v - v^2\right]_0^3 = -15.
\end{aligned}$$

(2) 曲面 S 上では，$\boldsymbol{a}(x,y) = (z, x, y) = (\sqrt{1-x^2}, x, y)$ であり，

$\left(-\dfrac{\partial z}{\partial x}, -\dfrac{\partial z}{\partial y}, 1\right) = \left(\dfrac{x}{\sqrt{1-x^2}}, 0, 1\right)$. この z 成分が負になるように向きを定めると，法線ベクトルは $-\left(-\dfrac{\partial z}{\partial x}, -\dfrac{\partial z}{\partial y}, 1\right) = \left(-\dfrac{x}{\sqrt{1-x^2}}, 0, -1\right)$. よって，

$$\begin{aligned}
\int_S \boldsymbol{a} \cdot \mathrm{d}\boldsymbol{S} &= \iint_D \boldsymbol{a} \cdot \left(-\left(-\frac{\partial z}{\partial x}, -\frac{\partial z}{\partial y}, 1\right)\right) \mathrm{d}x\mathrm{d}y \\
&= \iint_D (\sqrt{1-x^2}, x, y) \cdot \left(-\frac{x}{\sqrt{1-x^2}}, 0, -1\right) \mathrm{d}x\mathrm{d}y \\
&= \iint_D (-x-y)\mathrm{d}x\mathrm{d}y = \int_0^3 \left(\int_0^2 (-x-y)\mathrm{d}x\right) \mathrm{d}y \\
&= \int_0^3 \left[-\frac{x^2}{2} - yx\right]_{x=0}^2 \mathrm{d}y = \int_0^3 (-2-2y)\,\mathrm{d}y = \left[-2y - y^2\right]_0^3 = -15.
\end{aligned}$$

6.10

体積分は $\int_{\mathrm{V}} \varphi(x,y,z)\,\mathrm{d}V = \iiint_{\mathrm{V}} x\,\mathrm{d}x\mathrm{d}y\mathrm{d}z$

$$= \int_0^1 \left(\int_0^{1-x} \left(\int_0^{2-2x-2y} x\,\mathrm{d}z \right) \mathrm{d}y \right) \mathrm{d}x = \int_0^1 x \left(\int_0^{1-x} \left(\int_0^{2-2x-2y} \mathrm{d}z \right) \mathrm{d}y \right) \mathrm{d}x$$

$$= \int_0^1 x \left(\int_0^{1-x} (2-2x-2y)\,\mathrm{d}y \right) \mathrm{d}x = \int_0^1 x \left[2(1-x)y - y^2 \right]_{y=0}^{1-x} \mathrm{d}x$$

$$= \int_0^1 x(1-x)^2 \mathrm{d}x = \int_0^1 (x^3 - 2x^2 + x)\mathrm{d}x = \frac{1}{4} - \frac{2}{3} + \frac{1}{2} = \frac{1}{12}.$$

体積は $\int_{\mathrm{V}} \mathrm{d}V = \iiint_{\mathrm{V}} \mathrm{d}x\mathrm{d}y\mathrm{d}z = \int_0^1 \left(\int_0^{1-x} \left(\int_0^{2-2x-2y} \mathrm{d}z \right) \mathrm{d}y \right) \mathrm{d}x$

$$= \int_0^1 (1-x)^2 \mathrm{d}x = \int_0^1 (x^2 - 2x + 1)\mathrm{d}x = \frac{1}{3} - 1 + 1 = \frac{1}{3}.$$

7.1　表面からの流出量は，ベクトル場の曲面上の面積分 (p.199 (6.23)) で求まる．さらに，ガウスの発散定理を使う．$\nabla \cdot \boldsymbol{a} = \left(\frac{\partial}{\partial x}, \frac{\partial}{\partial y}, \frac{\partial}{\partial z} \right) \cdot (x, 2y, 3z) = 1 + 2 + 3 = 6$ であるので，S で囲まれる立体を V とすると，

$$\int_{\mathrm{S}} \boldsymbol{a} \cdot \boldsymbol{n}\,\mathrm{d}s = \int_{\mathrm{V}} \nabla \cdot \boldsymbol{a}\,\mathrm{d}V = 6 \int_{\mathrm{V}} \mathrm{d}V = 6 \left(\frac{4}{3} \pi r^3 \right) = 8\,\pi\,r^3 \ [m^3/秒].$$

7.2

(1)　$y = x^2$ に沿った線積分では

$\mathrm{d}y = 2\,x\mathrm{d}x$ であり，

$$\int_0^1 \left\{ (x^2 + x^4)\,\mathrm{d}x + x^3\,(2x)\mathrm{d}x \right\}$$

$$= \int_0^1 (3x^4 + x^2)\mathrm{d}x = \frac{3}{5} + \frac{1}{3} = \frac{14}{15}.$$

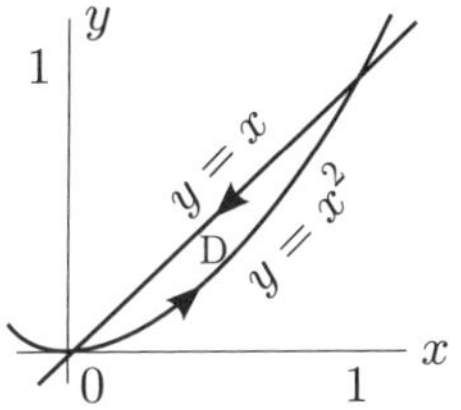

$y = x$ に沿った線積分は $\mathrm{d}y = \mathrm{d}x$ であり，

$$\int_1^0 \left\{ 2x^2\,\mathrm{d}x + x^2\,\mathrm{d}x \right\} = -\int_0^1 3x^2\,\mathrm{d}x = -1.$$

よって　$\oint_{\mathrm{C}} \left\{ (x^2 + y^2)\,\mathrm{d}x + xy\,\mathrm{d}y \right\} = \frac{14}{15} - 1 = -\frac{1}{15}.$

(2)　グリーンの定理から

$$\oint_{\mathrm{C}} \left\{ (x^2 + y^2)\,\mathrm{d}x + xy\,\mathrm{d}y \right\} = \iint_{\mathrm{D}} \left\{ \frac{\partial}{\partial x}(xy) - \frac{\partial}{\partial y}(x^2 + y^2) \right\} \mathrm{d}x\mathrm{d}y$$

$$= \iint_{\mathrm{D}} (y - 2y)\,\mathrm{d}x\mathrm{d}y = -\int_0^1 \int_{x^2}^{x} y\,\mathrm{d}y\,\mathrm{d}x = -\int_0^1 \left[\frac{y^2}{2} \right]_{y=x^2}^{x} \mathrm{d}x$$

$$= -\int_0^1 \left(\frac{x^2}{2} - \frac{x^4}{2}\right) \mathrm{d}x = -\left(\frac{1}{6} - \frac{1}{10}\right) = -\frac{1}{15}.$$

7.3　グリーンの定理 (7.2) に $F = -y, G = x$ を代入することによって

$$\frac{1}{2}\int_{\mathrm{C}} (x\,\mathrm{d}y - y\,\mathrm{d}x) = \frac{1}{2}\iint_{\mathrm{D}} \left(\frac{\partial x}{\partial x} - \frac{\partial(-y)}{\partial y}\right) \mathrm{d}x\mathrm{d}y$$
$$= \frac{1}{2}\iint_{\mathrm{D}} 2\,\mathrm{d}x\mathrm{d}y = \iint_{\mathrm{D}} \mathrm{d}x\mathrm{d}y = (\mathrm{D}\text{ の面積}).$$

7.4　［ストークスの定理を用いた解き方］

(1), (2), (3) とも $\displaystyle\int_{\mathrm{S}} (\nabla \times \boldsymbol{a}) \cdot \boldsymbol{n}\,\mathrm{d}S \underset{(7.10)}{=} \oint_{\mathrm{C}} \boldsymbol{a} \cdot \mathrm{d}\boldsymbol{r} \underset{(7.11)}{=} 4\pi.$

［S 上で回転の面積分を実際に求める解き方］

S 上で回転は例題 **7.3** で求めたとおり，$\nabla \times \boldsymbol{a} = (x, 0, -z+1)$.

(1)　$\boldsymbol{r}(r,\theta) = (r\cos\theta, r\sin\theta, 0)$ $(0 \leqq r \leqq 2,\ 0 \leqq \theta \leqq 2\pi)$ で S を表す.

S 上では，$\nabla \times \boldsymbol{a} = (x, 0, -z+1) = (r\cos\theta, 0, 1)$,

$\dfrac{\partial \boldsymbol{r}}{\partial r} = (\cos\theta, \sin\theta, 0)$,　$\dfrac{\partial \boldsymbol{r}}{\partial \theta} = (-r\sin\theta, r\cos\theta, 0)$,

$\dfrac{\partial \boldsymbol{r}}{\partial r} \times \dfrac{\partial \boldsymbol{r}}{\partial \theta} = \begin{vmatrix} \boldsymbol{i} & \boldsymbol{j} & \boldsymbol{k} \\ \cos\theta & \sin\theta & 0 \\ -r\sin\theta & r\cos\theta & 0 \end{vmatrix} = (0, 0, r)$: $r \geqq 0$ より条件満足．よって，

$$\int_{\mathrm{S}} (\nabla \times \boldsymbol{a}) \cdot \boldsymbol{n}\,\mathrm{d}S \underset{(6.23)}{=} \int_0^{2\pi}\int_0^2 (r\cos\theta, 0, 1) \cdot (0, 0, r)\,\mathrm{d}r\mathrm{d}\theta$$
$$= \int_0^{2\pi}\int_0^2 r\,\mathrm{d}r\mathrm{d}\theta$$
$$= \int_0^{2\pi} \left[\frac{r^2}{2}\right]_0^2 \mathrm{d}\theta$$
$$= 2\int_0^{2\pi} \mathrm{d}\theta = 4\pi.$$

(2)　$\boldsymbol{r} = (x, y, 4 - x^2 - y^2) = (r\cos\theta, r\sin\theta, 4 - r^2)$ $(0 \leqq r \leqq 2,\ 0 \leqq \theta \leqq 2\pi)$ で S を表す.

S 上では，$\nabla \times \boldsymbol{a} = (x, 0, -z+1) = (r\cos\theta, 0, -(4-r^2)+1)$
$= (r\cos\theta, 0, r^2 - 3)$.　$\dfrac{\partial \boldsymbol{r}}{\partial r} = (\cos\theta, \sin\theta, -2r)$,　$\dfrac{\partial \boldsymbol{r}}{\partial \theta} = (-r\sin\theta, r\cos\theta, 0)$,

$$\frac{\partial \boldsymbol{r}}{\partial r}\times\frac{\partial \boldsymbol{r}}{\partial \theta}=\begin{vmatrix} \boldsymbol{i} & \boldsymbol{j} & \boldsymbol{k} \\ \cos\theta & \sin\theta & -2r \\ -r\sin\theta & r\cos\theta & 0 \end{vmatrix}=(2r^2\cos\theta, 2r^2\sin\theta, r)$$: 条件満足．よって，

$$\begin{aligned}
\int_S (\nabla\times\boldsymbol{a})\cdot\boldsymbol{n}\,\mathrm{d}S &\underset{(6.23)}{=} \int_0^{2\pi}\int_0^2 (r\cos\theta, 0, r^2-3)\cdot(2r^2\cos\theta, 2r^2\sin\theta, r)\,\mathrm{d}r\mathrm{d}\theta \\
&= \int_0^{2\pi}\int_0^2 (2r^3\cos^2\theta + r^3 - 3r)\,\mathrm{d}r\mathrm{d}\theta \\
&= \int_0^{2\pi}\left[\frac{r^4}{2}\cos^2\theta + \frac{r^4}{4} - \frac{3r^2}{2}\right]_{r=0}^{2}\mathrm{d}\theta \\
&= \int_0^{2\pi}(8\cos^2\theta - 2)\,\mathrm{d}\theta \\
&= \int_0^{2\pi}(4(1+\cos 2\theta) - 2)\,\mathrm{d}\theta \\
&= \Big[2\theta + 2\sin 2\theta\Big]_0^{2\pi} = 4\pi.
\end{aligned}$$

(3)　$\boldsymbol{r}(\varphi,\theta) = (2\sin\varphi\cos\theta, 2\sin\varphi\sin\theta, 2\cos\varphi)$
$\left(0 \leqq \varphi \leqq \frac{\pi}{2},\ 0 \leqq \theta \leqq 2\pi\right)$ でSを表す (§4.5 ②球座標).

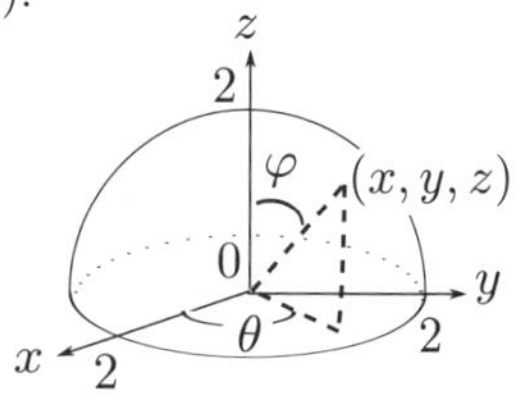

S上では，$\nabla\times\boldsymbol{a} = (x, 0, -z+1)$

$$= (2\sin\varphi\cos\theta, 0, 1-2\cos\varphi),$$

$$\frac{\partial \boldsymbol{r}}{\partial \varphi} = (2\cos\varphi\cos\theta, 2\cos\varphi\sin\theta, -2\sin\varphi),$$

$$\frac{\partial \boldsymbol{r}}{\partial \theta} = (-2\sin\varphi\sin\theta, 2\sin\varphi\cos\theta, 0),$$

$$\frac{\partial \boldsymbol{r}}{\partial \varphi}\times\frac{\partial \boldsymbol{r}}{\partial \theta} = \begin{vmatrix} \boldsymbol{i} & \boldsymbol{j} & \boldsymbol{k} \\ 2\cos\varphi\cos\theta & 2\cos\varphi\sin\theta & -2\sin\varphi \\ -2\sin\varphi\sin\theta & 2\sin\varphi\cos\theta & 0 \end{vmatrix}$$

$= (4\sin^2\varphi\cos\theta, 4\sin^2\varphi\sin\theta, 4\cos\varphi\sin\varphi)$: z 成分 $\geqq 0$ で条件満足．よって，

$$\begin{aligned}
\int_S (\nabla\times\boldsymbol{a})\cdot\boldsymbol{n}\,\mathrm{d}S &= \int_0^{2\pi}\int_0^{\frac{\pi}{2}} (2\sin\varphi\cos\theta, 0, 1-2\cos\varphi) \\
&\qquad\cdot(4\sin^2\varphi\cos\theta, 4\sin^2\varphi\sin\theta, 4\cos\varphi\sin\varphi)\,\mathrm{d}\varphi\mathrm{d}\theta \\
&= \int_0^{2\pi}\int_0^{\frac{\pi}{2}} (8\sin^3\varphi\cos^2\theta - 8\cos^2\varphi\sin\varphi + 4\cos\varphi\sin\varphi)\,\mathrm{d}\varphi\mathrm{d}\theta \\
&= \int_0^{2\pi}\int_0^{\frac{\pi}{2}} \Big(8\sin\varphi(1-\cos^2\varphi)\cos^2\theta - 8\cos^2\varphi\sin\varphi + 4\cos\varphi\sin\varphi\Big)\,\mathrm{d}\varphi\mathrm{d}\theta
\end{aligned}$$

$$= \int_0^{2\pi} \left[-8\cos\varphi\cos^2\theta + \frac{8}{3}\cos^3\varphi\cos^2\theta + \frac{8}{3}\cos^3\varphi - 2\cos^2\varphi \right]_{\varphi=0}^{\frac{\pi}{2}} \mathrm{d}\theta$$
$$= \int_0^{2\pi} \left(\frac{16}{3}\cos^2\theta - \frac{2}{3} \right) \mathrm{d}\theta$$
$$= \int_0^{2\pi} \left(\frac{8}{3}(1+\cos 2\theta) - \frac{2}{3} \right) \mathrm{d}\theta$$
$$= \left[2\theta + \frac{4}{3}\sin 2\theta \right]_0^{2\pi} = 4\pi.$$

7.5　$\nabla \times (\varphi \nabla \psi) \underset{\text{p.170 (5.22)}}{=} \nabla\varphi \times \nabla\psi + \varphi\,(\nabla \times (\nabla\psi)) \underset{\text{p.175 (5.26)}}{=} \nabla\varphi \times \nabla\psi.$

よって $\displaystyle\int_{\mathrm{S}} (\nabla\varphi \times \nabla\psi) \cdot \boldsymbol{n}\mathrm{d}S = \int_{\mathrm{S}} (\nabla \times (\varphi\nabla\psi)) \cdot \boldsymbol{n}\mathrm{d}S \underset{\text{ストークスの定理}}{=} \oint_{\mathrm{C}} \varphi\nabla\psi \cdot \mathrm{d}\boldsymbol{r}.$

同じようにして $\displaystyle\int_{\mathrm{S}} (\nabla\psi \times \nabla\varphi) \cdot \boldsymbol{n}\mathrm{d}S = \oint_{\mathrm{C}} \psi\nabla\varphi \cdot \mathrm{d}\boldsymbol{r}.$ ここで

$\nabla\psi \times \nabla\varphi \underset{\text{p.44 定理1.4の1}}{=} -\nabla\varphi \times \nabla\psi$ だから $\displaystyle\int_{\mathrm{S}} (\nabla\varphi \times \nabla\psi) \cdot \boldsymbol{n}\mathrm{d}S = -\oint_{\mathrm{C}} \psi\nabla\varphi \cdot \mathrm{d}\boldsymbol{r}.$

索　引

た

な

は

■著者紹介

中谷 広正(なかたに ひろまさ)／工学博士，大阪大学

1974年　大阪大学基礎工学部情報工学科卒業
1976年　大阪大学大学院基礎工学研究科物理系専攻情報工学分野前期課程修了
　　　　静岡大学名誉教授
現在　　静岡理工科大学および常葉大学で非常勤講師

新谷 誠(あらや まこと)／博士（理学），大阪市立大学

1992年　北海道教育大学函館分校教育学部中学校課程卒業
1994年　弘前大学大学院理学研究科修士課程情報科学専攻修了
1997年　大阪市立大学大学院理学研究科後期博士課程数学専攻修了
現在　　静岡大学学術院情報学領域 教授

宮崎 佳典(みやざき よしのり)／博士（工学），筑波大学

1993年　筑波大学第三学群情報学類卒業
1998年　筑波大学大学院工学研究科博士課程電子・情報工学専攻単位取得満期退学
現在　　静岡大学学術院情報学領域 教授

松田 健(まつだ たけし)／博士（理学），東京工業大学

2002年　東京理科大学理学部応用数学科卒業
2004年　東京理科大学大学院理学研究科数学専攻修士課程修了
2010年　東京工業大学総合理工学研究科知能システム科学専攻博士課程修了
現在　　長崎県立大学情報システム学部情報セキュリティ学科 准教授

■装幀　岡孝治

理工系(りこうけい)のためのベクトル解析(かいせき)
多変数関数(たへんすうかんすう)の微分積分(びぶんせきぶん)

2016年5月25日　第1刷発行
2024年4月10日　第4刷発行

著者　中谷広正，新谷誠，宮崎佳典，松田健

発行所　**東京図書株式会社**
〒102-0072 東京都千代田区飯田橋3-11-19
振替 00140-4-13803 電話 03(3288)9461
http://www.tokyo-tosho.co.jp

ISBN 978-4-489-02237-1